高 分 辨 率
遥感影像的分割与分类

周　惠　高红民　著

东南大学出版社
SOUTHEAST UNIVERSITY PRESS
·南京·

内 容 简 介

本书系统地介绍了高分辨率遥感影像分割与分类过程中的具体框架模型和实现方法,主要内容分为13章,包括常用的高光谱影像数据集和分类精度评价指标,实验数据翔实,分割与分类方法步骤清晰,能够有效地指导实验实训的顺利开展。本书涉及高分辨率遥感影像分割、特征提取、影像分类等诸多相关技术,具学术价值及实践指导意义。

本书既可用作遥感技术与应用、地球信息科学、土地资源管理等相关专业的研究生和高年级本科生、工程技术人员的专业参考书,又可用作高等院校计算机应用技术、网络工程、人工智能和大数据等相关专业课程的教材、实验实训指导书。

图书在版编目(CIP)数据

高分辨率遥感影像的分割与分类 / 周惠,高红民著
. — 南京 : 东南大学出版社,2023.12
ISBN 978 - 7 - 5766 - 1143 - 4

Ⅰ. ①高… Ⅱ. ①周… ②高… Ⅲ. ①高分辨率-遥感图像-图像处理-研究 Ⅳ. ①TP751

中国国家版本馆 CIP 数据核字(2023)第 255762 号

责任编辑:魏晓平 责任校对:咸玉芳 封面设计:毕 真 责任印制:周荣虎

高分辨率遥感影像的分割与分类
Gao Fenbianlü Yaogan Yingxiang De Fenge Yu Fenlei

著　　者	周　惠　高红民
出版发行	东南大学出版社
出版人	白云飞
社　　址	南京市四牌楼 2 号(邮编:210096　电话:025 - 83793330)
网　　址	http://www.seupress.com
电子邮箱	press@seupress.com
经　　销	全国各地新华书店
印　　刷	广东虎彩云印刷有限公司
开　　本	700 mm×1000 mm　1/16
印　　张	17.5
字　　数	353 千字
版　　次	2023 年 12 月第 1 版
印　　次	2023 年 12 月第 1 次印刷
书　　号	ISBN　978 - 7 - 5766 - 1143 - 4
定　　价	59.00 元

序
PREFACE

高分辨率包括高光谱分辨率、高空间分辨率、高辐射分辨率和高时间分辨率,其中高光谱分辨率和高空间分辨率遥感技术的发展十分迅速。高光谱分辨率遥感是高光谱遥感的全称,高光谱遥感影像包含丰富的空间、光谱和辐射三重信息,且光谱分辨率可达纳米级,是一个由二维地表空间信息和第三维光谱信息构成的立方体结构数据,包含了数百个窄带光谱通道,这对地物的正确辨识极为有利。研究表明,高光谱遥感影像在精准农业、土地利用和军事侦察等领域具有重要应用价值。高光谱影像分类是促进高光谱遥感应用的一项关键技术,因此数十年来,高光谱影像分类一直是高光谱遥感领域的一大研究热点。近些年,卷积神经网络因其出色的特征表示能力广泛应用于高光谱遥感影像分类,许多学者提出了大量新颖的分类算法和思路。虽然现有的许多方法能取得很高的精度,但这些方法普遍参数量较大,使得模型计算代价高,导致分类速度较慢。而且,卷积神经网络分类模型在面对小样本问题时,容易过拟合,限制其向更深层次发展,模型的分类精度受限。存在上述现象的主要原因是目前大多数分类模型的设计缺少对高光谱遥感影像特征结构的充分考虑,例如光谱特征存在的"异物同谱"问题,会使得分类图容易出现严重的内部噪声。此外,在模型不断加深的过程中,网络末端提取到的特征只包含语义信息,而丢失了浅层的纹理特征,这种特征损失在小样本条件下非常不利。而且现有方法难以有效地将空间特征和光谱特征在分类过程中互补利用，也阻碍了模型在小样本情况下分类性能的提高。

随着卫星遥感技术的发展，遥感影像的空间分辨率逐渐提高，一些影像的空间分辨率提高到米级，甚至厘米级。高分辨率遥感技术给传统的影像处理方法带来了挑战，于是学者们提出了面向对象的分析方法，这种分析方法不再基于像元，而是基于由若干像元组成的对象。面向对象方法的基础是要求准确地获取对象，而这一点依赖于影像分割技术。影像分割是高分辨率遥感影像信息提取的主要技术，也是将遥感数据转化为有用信息的关键步骤。目标区域能否被准确地分割出来，决定了后续影像特征提取和影像分析过程的性能，对于影像理解十分重要。因此，复杂场景中目标区域的准确分割是分析和研究高分辨率遥感影像的关键。影像分割的目的是将影像分割为若干对象区域，同一个对象区域内的像元相似性较高，而不同对象区域之间差异较大。鉴于遥感影像特殊的成像方式，很难直接应用传统的图像分割算法。高分辨率遥感影像的空间分辨率高、纹理信息丰富，但光谱信息相对不足，且通常需要从不同的尺度分析遥感影像，高分辨率遥感影像的分割需要考虑这些特征。遥感影像分割方法包括基于像元的分割方法、基于边缘检测的分割方法、基于对象或区域的分割方法、基于物理模型的分割方法以及利用深度学习模型的分割方法，例如许多基于神经网络的影像分割模型，已经达到了较高准确率。激活函数和阈值函数的选择在影像分割过程中非常关键，例如传统的 Sigmoid 和 Tanh 函数都存在过饱和与梯度色散等问题，而 ReLU 函数虽然在一定程度上提高了网络的训练效率，但是这种激活函数设置负轴神经元的输出为零，这都会导致某些影像特征信息的丢失，不可避免地会降低网络的分割精度。传统 PCNN 模型中采用的指数衰减阈值函数，阈值下降缓慢，在影像分割过程中使用此阈值函数会增加算法的计算时间和复杂度。

因此，迫切需要加强在高分辨率遥感影像的分割与分类方面新理论、新技术和新方法的研究、发展和创新。本书作者的研究成果基于高光谱遥感影像结构特征,从提高对其空间特征和光谱特征的提取效率出发开展研究,解决了现有分类方法在特征提取与利用上存在不足的问题,在小样本条件下取得了较高的分类精度,在保证取得高精度的前提下,显著减小模型的计算代价,且使其在小样本条件下取得良好的分类表现。此外,改进现有的基于神经网络的影像分割模型,使用线性递减的阈值函数来改进 PCNN 阈值函数,以降低算法的复杂性,减少影像分割时间;设计了将 Softsign 函数和 ReLU 函数有机地结合在一起的 SReLU 激活函数,并基于该激活函数设计了一个多层感知器模型,引入主成分分析方法,加速神经网络模型的收敛,有效地提高了高分辨率遥感影像分割的精度。

本书归纳和总结了当前高分辨率遥感领域新的科技发展动态,特别是作者们近年来在高光谱分辨率遥感影像分类和高空间分辨率遥感影像分割方面的一些重要研究成果,着重针对相关理论和关键问题进行了较系统和详尽的阐述。

参与该书撰写的是两位长期从事高分辨率遥感影像处理与应用研究的青年科技工作者,他们充满活力和进取精神,长期密切跟踪国际发展前沿,坚持不懈地在高分辨率遥感影像的分割与分类方面进行深入研究和应用实验,坚持理论与实践的紧密结合以及理论创新和技术创新,研究和提出了一系列的高分辨率影像处理模型算法,形成了自己的特色。

我赞赏该书作者们在这一新领域的不懈努力、不停追求和不断的进步,祝贺他们在高分辨率遥感影像分割与分类方面所取得的重要成果。该书的出版能够引导更多青年学者进入高分辨率遥感影像处理技术研究领域,将在我国高分辨率遥感发展中发挥重要的促进作用!

中国科学院空天信息创新研究院　高连如
2023 年 10 月于北京

前　言
FOREWORD

遥感影像作为人们对地观测中普遍采用的技术,具有多点位、多波段、多时相等诸多优势,在气象预报、环境监测、灾害防控等领域有着不可或缺的作用。近年来,随着传感器信息采集及处理水平的不断提高,高分辨率——高光谱分辨率、高空间分辨率、高辐射分辨率和高时间分辨率已经成为当今对地观测技术发展的趋势,特别是高光谱分辨率和高空间分辨率遥感技术的发展十分迅速,应用领域也不断扩大,正在成为我国经济建设、国防安全及信息服务等领域重要的信息源,为城市发展规划、土地资源管理、突发灾害应急响应等职能部门提供关键的决策支持信息和有效数据。

遥感影像呈现出精细化应用的发展趋势,高分辨率遥感影像能够提供更加丰富而细致的变化信息,具有信息量丰富、光谱分辨率高、波段范围宽等优势,蕴含了更加准确的可辨识地物特征信息。特征信息的提取以及在此基础上的分割和分类是将高光谱遥感数据转换为可用知识的重要手段,是高光谱遥感影像处理研究的核心,也是将其服务于应用的必要环节。然而,在高光谱遥感影像采集高质量地物光谱信息的同时,众多的光谱波段也给其处理带来了一些新问题。首先,超高维度的图像数据使处理过程极易陷入"维数灾难",常规的分割及分类方法难以适用。其次,相邻波段信息间的相互干扰以及较小的波段差异增加了遥感影像的冗余度,加大了特征提取过程中噪声抑制的难度,这是对分类器分类面拟合能力的巨大挑战。最后，样本数据维数与样本数量间的不匹配所导致的"小样本"问题也制约着分类精度的提高。此外，为了优化高分辨率遥感影像的分类精度，不仅需要有效的分类方法，高效的几何配准、影像分割等相关技术也是高分辨率遥感影像成功分类的重要保证。因此，有必要基于高分辨率遥感影像自身的数据特性，对高光谱分辨率遥感影像的分类与高空间分辨率遥感影像的分割方法展开深入研究。

针对高分辨率遥感影像的分割与分类，目前国内外研究机构和学者已经开展了广泛的模型与算法的研究，取得了许多宝贵的研究成果，提供了大量的优秀文献。尽管如此，目前系统介绍高分辨率遥感影像的分割与分类及相关技术理论、方法和应用的书籍非常少，即便是已有的书籍也大都将视角局限于分割与分类方法本身，而对影像分割与分类所涉及的相关技术缺少全面和系统的介绍，这就造成了许多初涉该领域的学者和工程技术人员感到学习起来相当困难，不利于进一步深入进行高分辨率遥感影像分割与分类的研究和应用。为此，笔者在总结多年高分辨率遥感影像分割与分类及相关技术研究工作的基础上，综合国内外机构和学者的研究成果著成此书。

本书系统地介绍了高分辨率遥感影像分割与分类的相关概念、原理、方法和新进展。共分为 13 章，第一章主要介绍了高分辨率遥感的相关概念、高光谱分辨率遥感影像分类和高空间分辨率遥感影像分割的技术与方法、常用的高光谱影像数据集及分类精度评价指标；第二至十一章主要介绍了高光谱分辨率遥感影像的分类方法及应用，主要包括多分支融合网络、基于 CNN 的双边融合网络、小卷积特征重用模型、基于多尺度近端特征拼接网络、深度置信网络、局部与混合扩张卷积融合网络、预激活残差注意力网络、基于多判别器生成对抗网络和 3D-2D 多分支特征融合和密集注意力网络模型在高光谱影像分类中的应用研究，以及基于多目标粒子群优化算法和博弈论的高光谱影像降维方法对分类效果的提升。第十二和十三章主要介绍了高空间分辨率遥感影像的分割方法及应用，主要包括基于 SReLU 的分割方法和用于快速目标识别的影像分割方法在高分辨率遥感影像中的应用研究。

本书第一至四、八至十章由周惠著写，第五至七、十一至十三章由周惠、高红民著写，全书由周惠统稿。本书的写作是在笔者及其研究团队近年来科研工作的基础上完成的，先后得到江苏省自然科学基金（BK20211201）、水利部数字孪生流域重点实验室开放研究基金（Z0202042022）、江苏省工业感知及智能制造装备工程研究中心开放基金（ZK22-05-13）、南京工业职业技术大学引进人才科研启动基金（YK21-05-05）和南京工业职业技术大学校本教育研究课题（ZBYB22-07）资助。其研究方法为高分辨率遥感影像分割和分类中所涉及的新技术、新方向。

向所有的参考文献作者及为本书出版付出辛勤劳动的同志们表示衷心的感谢！同时，特别感谢岳兆新在本书著写中给予的帮助。限于水平有限，书中难免有缺点和不完善之处，恳请批评指正。

周惠

2023 年 10 月

于南京工业职业技术大学

目　录
CONTENTS

第一章

高分辨率遥感影像

随着经济建设和卫星技术的发展,研制、发射和运行高分辨率对地观测卫星的国家和高分辨率卫星数量都日益增多。可以说,人类对地观测已进入高分时代。

遥感探测器分辨率的提高,使得探测地物的精细特征成为可能,同时使得遥感数据的应用从单纯的定性向定量方向发展[1-2]。遥感对地物的探测主要包含三方面的内容:地物的几何特征、物质组成及演化特征。对这些特征的精细探测需要依靠高空间分辨率遥感、高时间分辨率遥感、高光谱分辨率遥感以及高辐射分辨率遥感数据,这些数据统称为高分遥感数据[3-4]。

高分辨率遥感数据以其独特的优势在自然资源调查、精细农业和城市管理等领域发挥着重要的作用[5-9]。在自然资源调查领域,高分遥感数据能够大力支撑土地利用调查、矿产资源开发与环境监测、基础地质与资源能源调查、生态环境调查、地质灾害监测与应急调查等重点领域的应用需求,同时也储备了大量基础性、战略性资源,推动了空间信息产业的发展。

本书在详细介绍各类光学高分遥感数据特点的基础上,重点阐述了高光谱分辨率遥感影像的波段选择和分类方法及应用,以及高空间分辨率遥感影像的分割方法及应用,为高分数据的广泛应用积累经验。

1.1 引言

高分辨率数据通常包括高空间分辨率、高光谱分辨率、高时间分辨率,以及高辐射分辨率遥感数据。

空间分辨率(Spatial Resolution)是遥感影像单个像素所能描述的最小地物尺寸,反映的是卫星分辨目标的能力。一般而言,空间分辨率优于 1 m 的光学成像卫星所获取的数据称为高空间分辨率遥感数据。卫星遥感数据空间分辨率的不断提高,使地物的大小、形状、空间特征及与其他地物的空间关系等在遥感影像上一览无余,可以和航空摄影相媲美。

光谱分辨率(Spectral Resolution)是指传感器可以检测到的最小波段间隔,间隔越小,波段越多,光谱分辨率就越高。随着光谱分辨率的提高,地物的快速和精细识别越来越依赖高光谱信息,且由传统的图像分析转变为依赖高光谱信息对地物波谱进行定量分析和理解。目前高光谱遥感能够在可见光/近红外/短波红外波谱内(350~2500 nm)获取数百幅电磁波段非常狭窄的遥感影像,因此高光谱遥感影像能够提供每个像元的完整且连续的光谱曲线,是在二维遥感基础上增加光谱维的独特三维遥感。通过对地物光谱特征的分析,可快速准确区分地物种类,并对地表物质成分进行定量分析,从而识别出更丰富、更精细的信息。高光谱技术的最大特点和优势是可以获得和重建像元光谱,从而依据光谱特征直接识别地物类型、成分及组成,反演地物物理和化学参量。目前应用效果较好的有澳大利亚HyMap、加拿大CASI等机载成像光谱仪,其光谱分辨率最高可达5 nm。

时间分辨率(Temporal Resolution)是指重复观测同一地区所需要的时间,是评价遥感系统动态监测能力的重要指标。依据观测对象自然历史演变和社会生产过程的周期可分为5种类型:超短期的,如台风、地震、滑坡等,以分钟、小时计;短期的,如洪水、旱涝、森林火灾、作物长势等,以日计;中期的,如土地利用、作物估产等,一般以月或季度计;长期的,如自然保护、海岸变迁、沙化与绿化等,以年计;超长期的,如新构造运动、火山喷发等地质现象,可长达数十年以上。在实际应用中,需根据研究对象采用不同的时间分辨率遥感数据。随着遥感动态监测时间分辨率的提高,遥感变化监测将突破对地物空间特征变化的研究而发展为对事物或现象演化过程的动态研究。目前中国发射的高分四号卫星时间分辨率可达分钟级,这使得获取目标区域的动态变化过程数据成为可能。

辐射分辨率(Radiometric Resolution)是指遥感器对光谱信号强弱的敏感程度和区分辨别能力,是各波段传感器接收辐射数据的动态范围,即最暗至最亮灰度值之间的分级数目——量化比特数,一般用位深表示。按照编码方式的不同,通常将位深≥10 bit的遥感影像定义为高辐射分辨率影像。高辐射分辨率遥感影像能更精细地获得各类地物细节结构和光谱信息,增强影像的解译能力和可靠性,提高遥感分析的准确度。

1.2　高分辨率遥感

高分辨率遥感就是对遥感数据的质量和数量要求很高的遥感技术。如卫星影像的地面分辨率由10 m、5 m、2 m、1 m,甚至0.6 m逐步提高。

高分辨率遥感影像的产生,不仅使土地利用、城市规划、环境监测等民用需求有了更便利、更详细的数据来源,而且对于军事目标识别、战场环境仿真来说有着更为重要的意义[10]。

航天遥感技术经过多年的发展，无论在光谱分辨率、空间分辨率、时间分辨率等方面都有巨大的进步，已经形成高光谱、高空间分辨率、全天时、全天候、实时/准实时的对地观测能力。这些先进的航天遥感技术为监测全球变化、区域环境变化等需求提供了大量的宏观、现实性资料，造福于人类及其安居环境。尤其是自法国发射了 SPOT-1 号卫星以后，基于传输型的高空间分辨率卫星遥感影像的应用已经引起了世界各国的普遍关注。

随着对地观测技术的进步以及人们对地球资源和环境的认识不断深化，用户对高分辨率遥感数据的质量和数量的要求在不断提高。高分辨率卫星影像主要包括的特征有：地物纹理信息丰富；成像光谱波段多；重访时间短。

遥感的根本目标是为了从影像上提取信息，获取知识。一般来说，遥感影像信息提取包括分类和识别。遥感影像目标识别一般针对人工地物进行，不仅依据其光谱特征，还在很大程度上依据目标形状、空间语义关系等，其落脚点往往是小尺度的目标类别归属，通常数据源为高空间分辨率的航空影像和卫星影像，因为影像空间分辨率的提高更能反映人工行为的影响和干预。人工地物是空间地理信息库中的重要元素，主要包括建筑物、桥梁、道路和大型工程构筑物（如机场等）。而在城市区域高分辨率遥感影像中，80%的目标是建筑物和道路，因而关于建筑物和道路提取的研究相对较多，它们也分别是面状和线状目标提取的典型代表。

高分辨率遥感卫星最初是用来获取敌对国家经济、军事情报，以及地理空间数据。到 1999 年，美国空间成像公司第一颗商业高分辨率遥感卫星 IKONOS 的发射成功，开创了商业高分辨率遥感卫星的新时代。美国商业高分辨率卫星产业在短短 7 年内取得了巨大的进展，在轨运行的 1 m 分辨率以上的卫星有 4 颗，分别是空间成像公司的 IKONOS(1 m)、数字地球公司的 QuickBird(0.61 m)、轨道影像公司的 Orbview-3(1 m) 和以色列成像卫星国际公司的 EROS-b1(0.5 m)。尽管美国是世界军民两用成像卫星市场的主导者，但其他国家部分分辨率稍低的卫星也对其形成一定的竞争。其中主要包括：以色列的 EROS-a 卫星，分辨率为 1～1.8 m；法国的 SPOT 卫星，分辨率为 2.5 m；中国台湾地区的"华卫 2 号"卫星，分辨率为 2 m。而在 2006 年，部分国家还发射了一些分辨率在 1 m 以内的光学成像卫星，包括：以色列的 EROS-b 卫星，分辨率为 0.7 m；俄罗斯的"资源-dk"卫星，分辨率为 1 m；印度的"制图星-2"，分辨率为 1 m；韩国的"多用途卫星-2"(KOMPSAT-2)，分辨率为 1 m。基于提升市场竞争力的考虑，2007 年美国发射了分辨率可以达到 0.5 m 以内的高分辨率卫星"世界观测"(WorldView，0.5 m) 和"轨道观测-5"(Orbview-5，0.41 m)。可以肯定，今后发射的卫星，其影像空间分辨率将会越来越高，大有接近甚至超过军用卫星的发展趋势。高空间分辨率遥感信息能够较好地满足诸多用户的需求，并促进了高光谱分辨率遥感的发展。同时资源调查、农作物长势、病虫害、土壤状况、地质勘查等领域,对光谱分辨率要求的不断提高,使光谱分辨率从微米级的多光谱向纳米级的超光谱发展。有效载荷品种从可见光、中红外、热红外、微波向超光谱、多频多极化合成孔径雷达扩展。EO-1卫星内装高光谱成像仪(hyperion),共有 220 个波段(0.4～2.5 μm 范围内),30 m 地面分辨率,用于地物波谱测量和成像、海洋水色要素测量以及大气水汽/气溶胶/云参数测量等,其性能比 EOSTERRA 卫星上的 modis(36 个波段)要好得多。在已研发的成像光谱仪中,美国的 LEWIS 卫星(发射失败)携带的超光谱成像仪(HIS),利用两个焦平面探测器,在 0.4～2.5 μm 光谱范围,提供 384 个光谱段的影像数据,光谱分辨率达 5 nm。重复获得一次新的信息需要的时间间隔,对于分析地物动态变迁、监测环境具有重要的作用[11]。在农业遥感应用上,用于进行作物长势动态、灾害等地表变化快的监测,对高时间分辨率遥感影像的使用提出了极高的要求。遥感影像的时间分辨率已可达从几天到几小时的重访周期[12]。

　　由于目前高辐射分辨率数据在自然资源调查中应用的报道较少,大多数还停留在对数据的分析处理等研究层面。高时间分辨率传感器具备大区域、高频次的快速监测能力。其强实时性的特点使遥感科学者可以借鉴视频图像处理技术,精确提取目标变化信息,实现高频次遥感时间序列分析应用。高空间分辨率影像能够为我们提供丰富的地物形状、纹理等信息,因此对于提升地物识别的精度有很大帮助,如今,多颗卫星都可以有偿提供空间分辨率高达米和亚米级的遥感影像数据。本书的高分辨率遥感影像主要是指高光谱分辨率和高空间分辨率的遥感影像,重点关注高光谱遥感影像的分类与高分辨率遥感影像的分割。

1.3　高光谱影像分类

1.3.1　研究现状

　　高光谱影像(Hyperspectral Image,HSI)数据将地物的空间信息和光谱信息紧密结合在一起,在空间维度上,包括地物的几何结构信息,反映其纹理与形状特征,以及不同类别地物的空间分布情况;在光谱维度上,包含地物丰富的连续光谱信息[13],反映其物质成分特性。HSI 分类技术作为提取地物特征信息的重要手段之一,引起国内外大量研究者的关注。

　　根据是否利用训练场地来获取先验的类别知识,现有的 HSI 分类方法大体可以分为非监督分类与监督分类两类。前者无需先验知识,直接根据地物的光谱统计特性,按照相似性进行分类,此类方法不需要训练样本,前期工作量小,简单易行。如 ISODATA 分类[14]和 K-均值分类法[15]。但是由于没有借助先验信息,此类方法的分类结果仅将样本区分为若干类别,无法确定类别的属性,类别属性通过分类结束后目视判读或实地调查确定,故难以达到令人满意的分类效果。后者根据训练样本,选择特征参数,确定判别函数和相应的判别准则,据此对类别未知的待测样本进行分类判别。因为充分利用了先验知识,尤其在地物类型对应的光谱特征差异较小的情况下,监督分类方法通常分类效果更好。比较典型的有逻辑回归[16-17]、支持向量机(Support Vector Machine,SVM)[18-20]、极限学习机[21]和神经网络[22]等。

HSI 上的像元与光谱特征曲线一一对应,覆盖波段多达数百个甚至上千个,光谱分辨率已经达到了纳米级别,包含了极为丰富且详细的地物信息,只要根据地物的光谱反射率,就可以判断其所属类别。因此涌现出许多以光谱空间为基础的监督分类方法,此类方法使用光谱曲线来识别不同的地面物体,包括光谱最小距离匹配法、光谱角度匹配法、K 近邻[23]、多项式逻辑回归[16-17],极限学习机[21]等。虽然这些方法能够充分利用光谱信息,但它们忽略了丰富的空间相关信息。"同物异谱"和"异物同谱"现象的存在,以及影像空间分辨率不高的特点,会生成与地物不相符的混合像元,这严重影响了基于光谱空间的分类方法最终的地物分类精度。

随着研究的深入,学者们利用空间信息识别 HSI 中的地物,涌现出以特征空间为基础的分类方法。此类方法主要通过地物在特征空间的统计特性建立模型,代表性的方法有决策树法[24]、人工神经网络法[22]和支持向量机分类(SVM)[18-20]等。此类方法更受学者青睐,如 Sun 等[25]提出波段加权的 SVM 模型,用于分类高光谱影像;Li 等[21]用径向基函数实现核极限学习机,取得比核 SVM 更好的分类性能;Wei 等[26]将高光谱像素函数化处理,用函数化主成分分析对函数化数据进行特征降维,并用核极限学习机来分类降维后的数据。总之,引入空间信息后,HSI 的分类效果得到显著提升。

随后,学者们尝试将空间信息与光谱信息相结合识别 HSI 中的地物,此类综合方法同时提取 HSI 的空间特性与光谱特征,故分类精度得以进一步提高。如 Benediktsson 等[27]采用多路形态学操作设计了光谱空间分类器;Yu 等[28]将基于子空间的 SVM 分类方法与自适应马尔科夫随机场(MRF)方法相结合,对光谱和空间信息进行建模;文献[29-30]引入稀疏表示分析和处理高光谱影像;一种基于光谱空间特征的学习方法在文献[31]中被提出,该方法以分层的方式利用光谱和空间特征、采用基于核的极限学习机对影像像素进行分类;文献[32]将三维离散小波变换与 MRF 相结合用于 HSI 分类;文献[33]提出了一种新的可鉴别低层Gabor滤波方法用于高光谱数据分类,在精度和计算时间方面性能优异。

上述各种机器学习方法虽然显著提高了 HSI 的分类效果,但仍然存在如下问题:一方面,高光谱数据具有内在复杂性及标记样本缺乏的特点,严重制约监督分类算法的精度提升；另一方面，这些方法仅提取手动设计(hand-crafted)特征，高度依赖于领域知识。特征提取模型只具有浅层结构，特征提取能力有限，因此分类性能容易遭遇瓶颈。

深度学习方法能够以端到端的方式从原始数据中自动学习分层特征表示，从而避免了手动设计特征的提取。近年来，深度学习因其在图像分类、目标检测、自然语言处理等多个领域的显著表现受到越来越多的关注，人们基于深度学习在高光谱数据分类上开展了大量的研究工作。

Chen 等[34]首先引入一种深度学习框架——堆栈自动编码器，学习 HSI 的光谱特征和空间特征；Liu 等[35]结合堆栈去噪自动编码器和基于超像素的空间约束，改进了高光谱影像的分类性能；文献[36]提出了一种堆栈稀疏自动编码器，通过学习特征映射函数自适应地从未标记数据中构造特征；文献[37]提出 CDSAE 框架用于高光谱影像分类，在不降低高光谱影像分类精度的前提下，降低模型的复杂度；文献[38-39]引入了深度置信网络进行高光谱影像分类。虽然上述深度学习模型[34-39]可以提取深层次特征，但输入样本必须被处理成一维向量，无法充分利用高光谱影像的空间信息。且这些网络模型相邻层的节点大多采用全连接形式，模型中参数量巨大，分类时会出现过拟合现象；此外 HSI 的有限标记样本使这些深度学习模型受限于小样本尺寸问题，这些问题均不利于高光谱影像的分类。

针对上述问题，科研工作者们考虑将 CNN 应用于高光谱数据分类过程，构建了许多基于 CNN 的 HSI 分类模型[40-45]。较之堆栈自动编码与深度置信网络，CNN 能直接处理二维或三维格式的输入数据，不会损坏影像数据的原始空间结构，从而能更有效地表达空间相关信息，在 HSI 上表现出更优秀的分类性能。

本书的第二至十一章对高光谱遥感影像的分类方法进行了改进，并验证了分类效果。

1.3.2　高光谱影像数据集

为了验证后续章节高分辨率遥感影像分割与分类方法的有效性，本书主要使用的实验数据集如下：

1) Indian Pines 影像

这幅高光谱影像是 1992 年由 AVIRIS 传感器在印第安纳州西北部的农业地区拍摄的。它由 0.4~2.45 μm 波长范围内的 220 个连续波段组成，去掉 20 个吸水带(104~108,150~163、220)，实际用于训练的波段是 200 个。其空间尺寸为 145 像素×145 像素，空间分辨率为 20 m。如表 1-1 所示，研究区域有 16 种地物类型，包括玉米 Corn、燕麦 Oats、小麦 Wheat、树林 Woods 等。影像中共有 21 025 个像素，其中 10 249 个像素是地物像素，10 776 个像素是背景像素。图 1-1 是

Indian Pines 影像的地面真值图。

表 1 - 1　Indian Pines：地物类别、名称和样本数

类别	名称	样本数/个
C1	Alfalfa	46
C2	Corn-notill	1428
C3	Corn-mintill	830
C4	Corn	237
C5	Grass-pasture	483
C6	Grass-trees	730
C7	Grass-pasture-mowed	28
C8	Hay-windrowed	478
C9	Oats	20
C10	Soybean-notill	972
C11	Soybean-mintill	2455
C12	Soybean-clean	593
C13	Wheat	205
C14	Woods	1265
C15	Buildings-grass-trees-drives	386
C16	Stone-steel-towers	93
合计		10 249

图 1 - 1　Indian Pines 影像的地面真值图

2) Salinas 影像

这幅高光谱影像是 AVIRIS 传感器在加利福尼亚州萨利纳斯(Salinas)山谷上空拍摄的。它由 224 个连续的波段组成,去掉 20 个吸水带(108 - 112、154 - 167、224),实际用于训练的波段是 204 个。其空间尺寸为 512 像素×217 像素,空间分辨率为 3.7 m。如表 1 - 2 所示,研究区域有 16 种地物类型和 54 129 个标记像素。图 1 - 2 是 Salinas 影像的地面真值图。

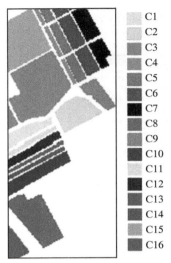

图 1 - 2 Salinas 影像的地面真值图

表 1 - 2 Salinas:地物类别、名称和样本数

类别	名称	样本数/个
C1	Brocoli_green_weeds_1	2009
C2	Brocoli_green_weeds_2	3726
C3	Fallow	1976
C4	Fallow_rough_plow	1394
C5	Fallow_smooth	2678
C6	Stubble	3959
C7	Celery	3579
C8	Grapes_untrained	11 271
C9	Soil_vinyard_develop	6203
C10	Corn_senesced_green_weeds	3278
C11	Lettuce_romaine_4wk	1068
C12	Lettuce_romaine_5wk	1927
C13	Lettuce_romaine_6wk	916
C14	Lettuce_romaine_7wk	1070
C15	Vinyard_untrained	7268
C16	Vinyard_vertical_trellis	1807
合计		54 129

3) Pavia University 影像

这幅高光谱影像是 ROSIS 传感器在意大利北部帕维亚大学(Pavia University)上空拍摄的。它由 103 个光谱波段组成,其空间尺寸为 610 像素×340 像素,空间分辨率为 1.3 m。如表 1-3 所示,研究区域有 9 种地物类型和 42 776 个标记像素。图 1-3 是 Pavia University 影像的地面真值图。

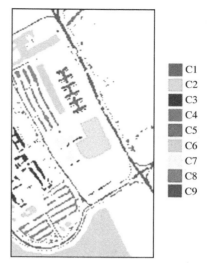

图 1-3　Pavia University 影像的地面真值图

表 1-3　Pavia University:地物类别、名称和样本数

类别	名称	样本数/个
C1	Asphalt	6631
C2	Meadows	18 649
C3	Gravel	2099
C4	Trees	3064
C5	Painted metal sheets	1345
C6	Bare soil	5029
C7	Bitumen	1330
C8	Self-blocking bricks	3682
C9	Shadows	947
合计		42 776

4) KSC 影像

这幅高光谱影像是 AVIRIS 传感器于 1996 年 3 月在美国佛罗里达州肯尼迪太空中心拍摄的,波长范围为 $0.4\sim2.45\ \mu m$,在去除吸水带以及低信噪比波段后,实际用于训练的波段是 176 个。其空间尺寸为 512 像素×614 像素,空间分辨率为 18 m。如表 1-4 所示,研究区域有 13 种地物类型和 5211 个样本。

表 1-4   KSC:地物类别、名称和样本数

类别	名称	样本数/个
C1	Scrub	761
C2	Willow swamp	243
C3	CP hammock	256
C4	Slash pine	252
C5	Oak/Broadleaf	161
C6	Hardwood	229
C7	Swamp	105
C8	Graminoid marsh	431
C9	Spartina marsh	520
C10	Cattail marsh	404
C11	Salt marsh	419
C12	Mud flats	503
C13	Water	927
合计		5211

5) Grass_DFC_2013 影像

这幅高光谱影像是由 ITERS CASI-1500 传感器在美国得克萨斯州休斯敦及其周边农村地区获取的,其空间尺寸为 349 像素×1905 像素,空间分辨率为 2.5 m。含有 144 个波段,波段范围是 0.38~1.05 μm。如表 1-5 所示,研究区域有 15 种地物类型和 15 029 个样本。

表 1-5   Grass_DFC_2013:地物类别、名称和样本数

类别	名称	样本数/个
C1	Healthy grass	1251
C2	Stressed grass	1254
C3	Synthetic grass	697
C4	Trees	1244
C5	Soil	1242
C6	Water	325
C7	Residential	1268

类别	名称	样本数/个
C8	Commercial	1244
C9	Road	1252
C10	Highway	1227
C11	Railway	1235
C12	Parking lot 1	1233
C13	Parking lot 2	469
C14	Tennis court	428
C15	Running track	660
合计		15 029

6）Washington DC 影像

这幅高光谱影像是由 Hydice 传感器在华盛顿购物中心上空拍摄的,其空间尺寸为 307 像素×1280 像素,空间分辨率很高,可以达到 1 m 左右。含有 191 个波段,波段范围为 0.4～2.4 μm。如表 1-6 所示,研究区域有 7 种地物类型和 8079 个样本。

表 1-6　Washington DC:地物类别、名称和样本数

类别	名称	样本数/个
C1	Water	1224
C2	Trees	405
C3	Grass	1928
C4	Path	175
C5	Roofs	3834
C6	Street	416
C7	Shadow	97
合计		8079

1.3.3　评价指标

表征分类精度的指标有很多,其中最常用的是总体精度、平均精度以及 Kappa 系数。

1）总体精度

总体精度(Overall Accuracy,OA)是指模型对数据集进行预测以后,其中正

确的样本数目占所有分类样本数目的比例,它能够衡量整体精度。OA 越高说明分类效果越好,其数学公式如式(1.1)所示:

$$OA = \frac{\sum\limits_{i=1}^{n} x_{ii}}{\sum\limits_{i=1}^{n} N_i} \tag{1.1}$$

式中:n 是类别的数目;x_{ii} 的一般形式 x_{ij} 是第 i 类样本被分为第 j 类的数目;N_i 是第 i 类像元的总数目。

2) 平均精度

平均精度(Average Accuracy,AA)是指模型进行预测之后,其中每一类中正确的样本数目占那一类分类样本数目的比例的平均值,相对于整体精度,它能够更加关注样本不平衡的类,因而它能够衡量各个类的总体分类情况。AA 越高说明模型在各个类别上的分类效果越好,其数学公式如式(1.2)所示:

$$AA = \frac{1}{n} \sum_{i=1}^{n} \frac{x_{ii}}{N_i} \tag{1.2}$$

3) Kappa 系数

Kappa 系数(Kappa)用于评估所有类别分类的一致性,具体计算公式如式(1.3)所示:

$$Kappa = \frac{N \cdot \sum\limits_{i}^{r} x_{ii} - \sum (x_{i+} \cdot x_{+i})}{N^2 - \sum (x_{i+} \cdot x_{+i})} \tag{1.3}$$

式中:r 是误差矩阵的行数;x_{ii} 是 i 行 i 列(主对角线)上的值;x_{i+} 和 x_{+i} 分别是第 i 行的和与第 i 列的和;N 是样本总数。Kappa 系数的值越大,整体分类效果越好。Kappa 系数的统计值与分类精度的对应关系如表 1-7 所示。

表 1-7　Kappa 统计值与分类精度的对应关系

Kappa 统计值	分类精度
≤0.00	较差
>0.00~0.2	差
>0.2~0.4	正常
>0.4~0.6	好
>0.6~0.8	较好
>0.8~1.0	非常好

综上，本书后续章节所有实验均选择 OA、AA 和 Kappa 作为分类性能的评价指标。

1.4　高分辨率遥感影像的分割

近年来，随着卫星遥感技术的发展，遥感影像的空间分辨率逐渐提高，一些影像的空间分辨率提高到米级，甚至厘米级[46]。高分辨率遥感影像（High-resolution Remote Sensing Images，HRSI）已广泛应用于交通建设[47-48]、资源与环境[49-50]、农林[51-52]和灾害评估[53-55]。此外，高分辨率遥感技术科学地整合了全球定位系统和地理信息系统，成为加强国家安全的重要组成部分[56]。这给传统的图像处理方法带来了挑战，于是提出了面向对象的分析方法，这种分析方法不再基于像元，而是基于由若干像元组成的对象，面向对象方法的基础，是要求准确地获取对象，而这一点依赖于影像分割技术。影像分割是 HRSI 信息提取的主要技术，也是将遥感数据转化为人们需要的信息这一过程的关键步骤[57]。特征区域的分割效率直接关系到后续区域描述和目标识别的准确率。因此，如果能够将目标区域准确地分割出来，有助于提高后续影像特征提取和影像分析过程的性能，并进一步实现更高水平的影像理解[58]。因此，在复杂背景下准确分割目标区域是分析和研究高分辨率遥感影像的关键[59]。

把像元合并为对象这一过程，在遥感中，称为影像分割。影像分割是指将影像分割为若干对象区域，每个对象区域内的像元之间具有较好的相似性，同时保证对象区域之间有较大的异质性。这种相似性通常是指灰度、色彩、形状和纹理等特征。在计算机视觉领域，已经产生了很多种影像分割算法，但是这些算法往往难以直接应用到遥感影像上，这是因为遥感影像的成像方式具有特殊性。对于高分辨率遥感影像而言，其空间分辨率高、纹理信息非常丰富，但是其光谱信息相对不足，再加上遥感影像的分析通常要从不同的尺度着手，因此如何更好地对高分辨率遥感影像进行分割是亟待解决的问题。接下来总结适合高分辨率遥感影像的分割方法，在后续章节改进现有方法并验证其有效性。

高分辨率遥感影像的分割方法大体上可以分为两类：自上而下型和自下而上型。自上而下型又称为知识驱动型，是根据知识规则和先验模型来直接指导分割过程。自下而上型，又称为数据驱动型，是根据影像数据自身的特征直接对影像进行分割，通常所说的遥感影像分割多属于这一类型[60]。然而，更多学者倾向于从分割原理入手对分割算法进行分类。按照分割原理来分，可将遥感影像分割方法分为如下四类：

（1）传统的基于像元的分割方法，包括阈值法、最近邻法、聚类法等。阈值法是最简单的影像分割算法,一般单波段影像是由不同灰度级的像元所组成的,这一点可以从影像的直方图上明确看出,不同的灰度级都有对应的像元数量,选择合理的阈值就可以将影像分割为若干对象区域[61]。这种方法原理简单,不需要先验知识,设计容易且速度快,特别是当影像上感兴趣目标所在区域的灰度值与周围相差较大时,能有效地执行分割,但是当影像中像元间的灰度差异较小,或者灰度范围重叠较大时,这种方法的结果往往不够理想。根本原因就是阈值法只考虑了像元灰度这一单一属性,忽略了其他诸多信息,所以这种方法在对高分辨率遥感影像进行分割时,难以扩展到多波段彩色空间,因此较少被采用[62]。

(2)基于边缘检测的分割方法,通常是寻找影像中灰度值突变的地方来确定局部区域的边缘。这种突变可以通过对影像灰度变化求导来检测边缘位置,例如一阶导数的峰值点和二阶导数的零点位置。常用的一阶算子有 Roberts、Prewitts、Sobel 算子等,二阶算子有 Laplacian、Canny 等。由于这些算子对噪声异常敏感,因此在对影像进行边缘检测前要先进行影像滤波,但实际上滤波会在一定程度上降低边缘检测的精度。边缘检测法的另一个难点在于如何生成一个封闭边界,特别是在边界模糊或者边界过多时,很难获得一个理想的闭合边界。

(3)基于对象或区域的分割方法,主要是依据像素之间的相似性来形成局部区域,从而获取分割结果。这类方法按照分割方向可分为两类,一类是区域生长,另一类是区域分裂(与合并)。区域生长是从影像中选取若干像元作为种子,然后从这些种子出发,选取适当的相似性度量指标,对种子邻域的像元进行判断,将相似的邻域像元与对应种子连接,如此重复,直到所有的像元都被归并到相应的种子区域中。而区域分裂是从整幅影像出发,将同质性较差、异质性较强的区域分裂开,形成子区域,然后继续对子区域进行区域分裂,如此重复,直至所有子区域都被视为满足条件的同质区域,则分裂停止。在分裂的基础上,也可以同时结合区域合并应用于影像分割。基于区域的方法对噪声不敏感,而且容易扩展到多波段的遥感影像上,因此,这类方法在遥感中常常被采用。该类方法随着德国 Definiens Imaging 公司商业化遥感影像处理软件易康(eCognition)的诞生而引起了广泛的关注。易康软件中基于面向对象的思想提出了一种分形网络演化算法(FNEA),结合模糊分类的理论,通过多参数的调节来不断地优化多尺度分割的结果,是目前该类算法中效果最好的。

(4)基于物理模型的分割方法,影像的物理模型是从影像的成像过程得来的,物理模型描述了影像数据与真实的地表特征、大气作用、光照条件及成像硬件设备等因素之间的关系。对于高分辨率影像而言,由于其丰富的地表细节信息,使得许多外界的条件变化,如太阳光照射、阴影等都会对成像过程产生较大影响,加上"同物异谱"和"异物同谱"现象的存在,获取较好的影像分割结果异常困难。因此,通常基于物理模型的方法,都要求满足一定的约束和条件,这在实际应用中就受到很大的局限。这类方法由于原理复杂,目前采用较少。但是由于物理模型具有严格的解析意义,因此仍然是一个值得研究的方向。

(5) 其他方法。除此之外,在上述方法的基础上,又衍生出一些新的数学方法,也获得了广泛的应用。由于遥感影像通常是多波段的灰度图像,因此将灰度图像的分割方法扩展到彩色空间即可应用于遥感影像。数字影像在实际的处理过程中,往往被看作一个影像矩阵,因此,可以结合矩阵论的思想扩展基本的分割方法,以此提升分割结果的准确性。基于数学形态学运算的分割方法已经被广泛应用到遥感影像中,包括腐蚀运算、膨胀运算、开运算和闭运算等。但是这种方法显然只能应用于单波段图像处理,因此优先获取多波段遥感影像的主成分,然后对包含所需信息最多的主成分进行形态学运算。形态学最著名的分割方法就是分水岭算法[63],其实质就是一个对二值图像进行连续腐蚀的过程,速度快但是容易产生过分割现象[64]。基于马尔科夫随机场的分割方法,从统计学角度对原始影像进行重建,例如提取影像的纹理特征参数等[65]。基于小波变换的分割方法,就是将数字信号转换为频率进行运算处理,可以较好地保留影像数据的结构信息。深度学习方法近来也被应用于影像分割中。深度学习是基于神经网络的方法,而神经网络早已被应用于图像处理和模式识别中。近年来,由于深度学习模型在视觉应用中的成功,已有大量的工作致力于利用深度学习模型开发影像分割方法,例如完全卷积像素标记网络、编码器-解码器架构、多尺度和基于金字塔的方法、递归网络、视觉注意力模型,以及生成对抗模型等。此外,深度学习网络已经生成了新一代的图像分割模型,其性能显著提高,在主要的指标上达到了最高的准确率。本书第十二至十三章对基于神经网络模型的高分辨率影像分割方法进行了改进,且验证了改进方法的有效性。

参考文献

[1] FILION R,BERNIER M,PANICONI C,et al. Remote sensing for mapping soil moisture and drainage potential in semi-arid regions:Applications to the Campidano plain of Sardinia,Italy[J]. Science of the Total Environment,2016,543:862 - 876.

[2] 王润生. 遥感地质技术发展的战略思考[J]. 国土资源遥感,2008,20(1):1 - 12.

[3] 诸艳,魏贵群. 高分遥感在自然资源调查中的应用综述[J]. 建筑工程技术与设计,2020(32):329.

[4] 陈玲,贾佳,王海庆. 高分遥感在自然资源调查中的应用综述[J]. 国土资源遥感,2019,31(1):1－7.

[5] 张达,郑玉权. 高光谱遥感的发展与应用[J]. 光学与光电技术,2013,11(3):7.

[6] LI M M, STEIN A, BIJKER W, et al. Urban land use extraction from very high resolution remote sensing imagery using a Bayesian network[J]. ISPRS Journal of Photogrammetry and Remote Sensing,2016,122:192－205.

[7] WU M Q, HUANG W J, NIU Z, et al. Fine crop mapping by combining high spectral and high spatial resolution remote sensing data in complex heterogeneous areas[J]. Computers and Electronics in Agriculture,2017,139:1－9.

[8] ZHOU Q B, YU Q Y, LIU J, et al. Perspective of Chinese GF-1 high-resolution satellite data in agricultural remote sensing monitoring[J]. 农业科学学报(英文版),2017,16(2):242－251.

[9] ZHANG X L, XIAO P F, FENG X Z, et al. Separate segmentation of multi-temporal high-resolution remote sensing images for object-based change detection in urban area[J]. Remote Sensing of Environment,2017,201:243－255.

[10] 明冬萍,骆剑承,沈占锋,等. 高分辨率遥感影像信息提取与目标识别技术研究[J]. 测绘科学,2005,30(3):18－20.

[11] 赵会芹,于博,陈方,等. 基于高分辨率卫星遥感影像滑坡提取方法研究现状[J]. 遥感技术与应用,2023,38(1):108－115.

[12] 赵书河. 高分辨率遥感数据处理方法实验研究[J]. 地学前缘,2006,13(3):60－68.

[13] GAO L R, HONG D F, YAO J, et al. Spectral superresolution of multispectral imagery with joint sparse and low-rank learning[J]. IEEE Transactions on Geoscience and Remote Sensing,2021,59(3):2269－2280.

[14] BALL G, HALL D. ISODATA, a novel method of data analysis and pattern classification[R]. Stanford University, CA,1965.

[15] MACQUEEN J B. Some methods for classification and analysis of multivariate observations[C]// Proceedings of the Fifth Berkeley Symposium on Mathematical Statistics and Probability,1967. Berkeley: University of California Press,1967.

[16] WU Z B, WANG Q C, PLAZA A, et al. Real-time implementation of the sparse multinomial logistic regression for hyperspectral image classification on GPUs[J]. IEEE Geoscience and Remote Sensing Letters,2015,12(7):

1456 - 1460.

[17] KHODADADZADEH M, LI J, PLAZA A, et al. A subspace-based multinomial logistic regression for hyperspectral image classification[J]. IEEE Geoscience and Remote Sensing Letters, 2014, 11(12): 2105 - 2109.

[18] ZHOU M D, SHU J, CHEN Z G. Classification of hyperspectral remote sensing image based on genetic algorithm and SVM[C]// Proceedings of SPIE-Remote Sensing and Modeling of Ecosystems for Sustainability Ⅶ. San Diego, California, USA. SPIE, 2010: 7809(1):78090A-78090A9.

[19] TAN K, DU P J. Classification of hyperspectral image based on morphological profiles and multi-kernel SVM[C]//2010 2nd Workshop on Hyperspectral Image and Signal Processing: Evolution in Remote Sensing. June 14 - 16, 2010, Reykjavik, Iceland. IEEE, 2010: 1 - 4.

[20] MELGANI F, BRUZZONE L. Classification of hyperspectral remote sensing images with support vector machines[J]. IEEE Transactions on Geoscience and Remote Sensing, 2004, 42(8): 1778 - 1790.

[21] LI J J, DU Q, LI W, et al. Optimizing extreme learning machine for hyperspectral image classification[J]. Journal of Applied Remote Sensing, 2015, 9(1): 097296.

[22] ROJAS-MORALEDA R, VALOUS N A, GOWEN A, et al. A frame-based ANN for classification of hyperspectral images: Assessment of mechanical damage in mushrooms[J]. Neural Computing and Applications, 2017, 28(1): 969 - 981.

[23] TU B, HUANG S Y, FANG L Y, et al. Hyperspectral image classification via weighted joint nearest neighbor and sparse representation[J]. IEEE Journal of Selected Topics in Applied Earth Observations and Remote Sensing, 2018, 11(11): 4063 - 4075.

[24] WANG M, GAO K, WANG L J, et al. A novel hyperspectral classification method based on C5. 0 decision tree of multiple combined classifiers[C]//2012 Fourth International Conference on Computational and Information Sciences. August 17 - 19, 2012, Chongqing, China. IEEE, 2012: 373 - 376.

[25] SUN W W, LIU C, XU Y, et al. A band-weighted support vector machine method for hyperspectral imagery classification[J]. IEEE Geoscience and Remote Sensing Letters, 2017, 14(10): 1710 - 1714.

[26] WEI Y T, XIAO G R, DENG H, et al. Hyperspectral image classification

using FPCA-based kernel extreme learning machine[J]. Optik, 2015, 126 (23): 3942 - 3948.

[27] BENEDIKTSSON J A, PESARESI M, AMASON K. Classification and feature extraction for remote sensing images from urban areas based on morphological transformations[J]. IEEE Transactions on Geoscience and Remote Sensing, 2003, 41(9): 1940 - 1949.

[28] YU H Y, GAO L R, LI J, et al. Spectral-spatial hyperspectral image classification using subspace-based support vector machines and adaptive Markov random fields[J]. Remote Sensing, 2016, 8(4): 355.

[29] YU H Y, GAO L R, ZHANG B. Union of random subspace-based group sparse representation for hyperspectral imagery classification[J]. Remote Sensing Letters, 2018, 9(6): 534 - 540.

[30] GAN L, XIA J S, DU P J, et al. Dissimilarity-weighted sparse representation for hyperspectral image classification[J]. IEEE Geoscience and Remote Sensing Letters, 2017, 14(11): 1968 - 1972.

[31] ZHOU Y C, WEI Y T. Learning hierarchical spectral-spatial features for hyperspectral image classification[J]. IEEE Transactions on Cybernetics, 2016, 46(7): 1667 - 1678.

[32] CAO X Y, XU L, MENG D Y, et al. Integration of 3-dimensional discrete wavelet transform and Markov random field for hyperspectral image classification[J]. Neurocomputing, 2017, 226: 90 - 100.

[33] HE L, LI J, PLAZA A, et al. Discriminative low-rank Gabor filtering for spectral-spatial hyperspectral image classification[J]. IEEE Transactions on Geoscience and Remote Sensing, 2017, 55(3): 1381 - 1395.

[34] CHEN Y S, LIN Z H, ZHAO X, et al. Deep learning-based classification of hyperspectral data[J]. IEEE Journal of Selected Topics in Applied Earth Observations and Remote Sensing, 2014, 7(6): 2094 - 2107.

[35] LIU Y Z, CAO G, SUN Q S, et al. Hyperspectral classificationviadeep networks and superpixel segmentation[J]. International Journal of Remote Sensing, 2015, 36(13): 3459 - 3482.

[36] TAO C, PAN H B, LI Y S, et al. Unsupervised spectral-spatial feature learning with stacked sparse autoencoder for hyperspectral imagery classification[J]. IEEE Geoscience and Remote Sensing Letters, 2015, 12 (12): 2438 - 2442.

［37］ZHOU P C, HAN J W, CHENG G, et al. Learning compact and discriminative stacked autoencoder for hyperspectral image classification[J]. IEEE Transactions on Geoscience and Remote Sensing, 2019, 57(7): 4823－4833.

［38］CHEN Y S, ZHAO X, JIA X P. Spectral-spatial classification of hyperspectral data based on deep belief network[J]. IEEE Journal of Selected Topics in Applied Earth Observations and Remote Sensing, 2015, 8(6): 2381－2392.

［39］ZHONG P, GONG Z Q, LI S T, et al. Learning to diversify deep belief networks for hyperspectral image classification[J]. IEEE Transactions on Geoscience and Remote Sensing, 2017, 55(6): 3516－3530.

［40］王燕, 王丽. 面向高光谱图像分类的局部 Gabor 卷积神经网络[J]. 计算机科学, 2020, 47(6): 151－156.

［41］ZHAO W Z, DU S H. Spectral-spatial feature extraction for hyperspectral image classification: A dimension reduction and deep learning approach[J]. IEEE Transactions on Geoscience and Remote Sensing, 2016, 54(8): 4544－4554.

［42］李绣心, 凌志刚, 邹文. 基于卷积神经网络的半监督高光谱图像分类[J]. 电子测量与仪器学报, 2018, 32(10): 95－102.

［43］PAN B, SHI Z W, XU X. MugNet: Deep learning for hyperspectral image classification using limited samples[J]. ISPRS Journal of Photogrammetry and Remote Sensing, 2018, 145: 108－119.

［44］赵漫丹, 任治全, 吴高昌, 等. 利用卷积神经网络的高光谱图像分类[J]. 测绘科学技术学报, 2017, 34(5): 501－507.

［45］宋晗, 杨炜暾, 耿修瑞, 等. 基于卷积神经网络与主动学习的高光谱图像分类[J]. 中国科学院大学学报, 2020, 37(2): 169－176.

［46］TANG H L, LIU K, AI B, et al. Comparison analysis between different fusion methods for the case of WorldView-2 images[J]. Beijing Surveying and Mapping, 2013(5): 1－7.

［47］ZHOU S G, CHEN C, YUE J P. Extracting roads from highresolution RS images based on shape priors and graph cuts[J]. Acta Geodaetica et Cartographica Sinica, 43(1), 2014, 60－65.

［48］CAO Y G, WANG Z P, SHENG L, et al. Fusion of pixelbased and object-based features for road centerline extraction from high-resolution satellite imagery[J]. Acta Geodaetica et Cartographica Sinica, 2016, 45(10): 1231－1240.

［49］CHEN Y, ZHAO J S, CHEN Y Y. ENVI based urban green space information extraction with high resolution remote sensing data[J]. Engineering of Surveying and Mapping, 2015, 24(4): 33 - 36.

[50] SHEN L, TANG H, WANG S D, et al. River extraction from the high resolution remote sensing image based on spatially correlated pixels template and adaboost algorithm [J]. Acta Geodaetica et artographica Sinica, 2013, 42(3): 344 - 350.

[51] CHEN J, CHEN T Q, MEI X M, et al. Hilly farmland extraction from high resolution remote sensing image based on optimal scale selection[J]. Transactions of the Chinese Society of Agricultural Engineering (Transactions of the CSAE), 2014, 30(5): 99 - 107.

[52] CHEN J, CHEN T Q, LIU H M, et al. Hierarchical extraction of farmland from high-resolution remote sensing imagery [J]. Transactions of the Chinese Society of Agricultural Engineering (Transactions of the CSAE), 2015, 31(3): 190 - 198.

[53] GAN T, LI J P, LI X Q, et al. Object-oriented method of building damage extraction from high-resolution images[J]. Engineering of Surveying and Mapping, 2015(4): 11 - 15.

[54] LIU Y, LI Q. Damaged building detection from high resolution remote sensing images by integrating multiple features [J]. Geomatics & Spatial Information Technology, 2018, 41(6):61 - 64.

[55] YUAN Y Y, MAO H Y, PENG L, et al. Research and implementation of high resolution image disaster recognition[J]. Computer Knowledge and Technology, 2018(14):199 - 202.

[56] ZHANG C, LI Z X, LI P S, et al, Urban-rural land use plan monitoring based on high spatial resolution remote sensing imagery classification[J]. Transactions of the Chinese Society for Agricultural Machinery, 2015, 46 (11):323 - 329.

[57] WANG L, LIU Q Y. The methods summary of optimal segmentation scale selection in high-resolution remote sensing images multi-scale segmentation [J]. Geomatics & Spatial Information Technology, 2015(3):166 - 169.

[58] ZHU C J, YANG S Z, CUI S C, et al. Accuracy evaluating method for object-based segmentation of high resolution remote sensing image [J]. High Power Laser and Particle Beams, 2015, 27(6): 061007.

[59] ZHAO Q, GU L, LI Y. High resolution remote sensing image segmentation

based on region similarity[J]. Chinese Journal of Scientific Instrument，2018，39（2）：257 – 264.

[60] DEY V, ZHANG Y, ZHONG M. A review on image segmentation techniques with remote sensing perspective[M]. Vienna, Austria：IAPRS, 2010.

[61] ZHANG Z, JIANG J, WANG H Q. A new segmentation algorithm to stock time series based on PIP approach[C]//2007 International Conference on Wireless Communications, Networking and Mobile Computing. September 21 – 25, 2007, Shanghai, China. IEEE, 2007：5609 – 5612.

[62] TARABALKA Y, CHANUSSOT J, BENEDIKTSSON J A. Segmentation and classification of hyperspectral images using minimum spanning forest grown from automatically selected markers[J]. IEEE Transactions on Systems, Man, and Cybernetics, Part B (Cybernetics), 2010, 40(5)：1267 –1279.

[63] TARABALKA Y, CHANUSSOT J, BENEDIKTSSON J A. Segmentation and classification of hyperspectral images using watershed transformation [J]. Pattern Recognition, 2010, 43(7)：2367 – 2379.

[64] PESARESI M, BENEDIKTSSON J A. A new approach for the morphological segmentation of high-resolution satellite imagery[J]. IEEE Transactions on Geoscience and Remote Sensing, 2001, 39(2)：309 – 320.

[65] LI J, BIOUCAS-DIAS J M, PLAZA A. Spectral-spatial hyperspectral image segmentation using subspace multinomial logistic regression and Markov random fields[J]. IEEE Transactions on Geoscience and Remote Sensing, 2012, 50(3)：809 – 823.

思考题

1. 说说高分辨率数据的类型和含义。

2. 什么是遥感？作为对地观测系统,遥感与常规手段相比有什么特点？

3. 根据你对遥感技术的理解,谈谈高分辨率遥感技术的定义和适用场景。

4. 常用且公开的高光谱影像数据集有哪些？如何获取这些数据集用于实验过程？

5. 表征分类精度的常用评价指标有哪些？

第二章

多分支融合网络在高光谱影像分类中的应用

高光谱影像(HSI)包含丰富的光谱信息,有数据量大和光谱分辨率高等特点,应用前景广泛。目前卷积神经网络(Convolutional Neural Networks, CNN)已成功地应用于 HSI 分类,然而 HSI 的标记样本有限,现有的基于 CNN 的 HSI 分类方法普遍受制于小样本量和类别不平衡问题,面临巨大的挑战。本章使用一种多分支融合的 CNN 模型用于 HSI 分类,该模型在一个普通的 CNN 上合并多个分支,从而能够有效地提取 HSI 特征。此外,在分支中引入 1×1 卷积层以减少参数的数量,提高分类效率。并且引入 L2 正则化改善该模型在小样本集下的泛化性能。在三幅基准高光谱影像上的实验结果表明,该多分支融合卷积神经网络模型在小训练集下具有良好的分类效果。

2.1 引言

高光谱影像(HSI)有数百个连续波段,包含极其丰富的光谱信息,具有巨大的潜在应用价值。高光谱遥感是遥感科学的一个重要研究领域[1],亦是当前的研究热点之一[2]。近年来,高光谱遥感技术已广泛应用于植被研究[3]、精准农业[4-5]、大气与环境分析[6]等多个领域。地面物体的分类和识别是大多数高光谱遥感应用的第一步,也是最重要的一步,在高光谱遥感技术的应用和推广中发挥着关键作用[7]。因此,研究高效实用的 HSI 分类方法,对于充分利用高光谱遥感技术的应用潜力具有重要意义。

国内外的研究者经过多年的探索,已提出了大量的 HSI 分类方法。典型的方法包括人工神经网络[8]、支持向量机[9-10]、随机森林[11]等。还有一些高性能的方法如基于稀疏表示[12]和使用核[13]的 HSI 分类方法也应运而生。

目前,深度学习技术在语音识别、自然语言处理和计算机视觉等许多机器学习任务中都取得了巨大的成功。在光学遥感、雷达遥感、空中遥感等遥感研究方面也表现突出。Hinton 等人 2006 年提出深度置信网络 (Deep Belief Networks, DBN)[14]之后,随着可训练数据的增加以及计算机软硬件基础设施的改进,深度学习的潜在价值被逐渐发掘出来并成功地应用于 HSI 分类。Chen 等人首次将深度学习模型应用于 HSI 分类[15]；随后 Tao 等利用基于稀疏约束的自动编码器对高光谱数据进行分类[16]；Zhong 等提出一种多样化的深度置信网络应用于 HSI，获得了良好的分类结果[17]；在不使用标记信息的情况下，也可以使用 DBN 对 HSI 进行光谱-空间分类[18]。但是由于前述方法中不同层之间是全连接的，因此这些方法不仅需要训练大量的参数，而且泛化能力也较差。此外，这些方法只能从一维（1D）训练数据中提取特征，故无法有效地提取高光谱数据的空间信息。

卷积神经网络（CNN）具有稀疏连接和参数共享的特点，不仅可以大幅减少深度模型中的参数数量，而且能够有效地提取影像中包含的光谱和空间特征，因此在 HSI 分类中效果良好。例如，Liang 等[19]利用 CNN 在稀疏表示分类框架上提取高光谱数据的深度特征。根据 CNN 和递归神经网络的特点，Wu 等[20]提出使用卷积递归神经网络学习更多的可判别特征用于高光谱数据分类。Yu 等[21]在他们提出的 CNN 结构中使用 1×1 的卷积层，并且通过一个小的训练集优化其 CNN 模型的参数。然而，HSI 数据中可用的训练样本不足会导致卷积网络的过拟合，再加上小样本量和类别不平衡问题，如何有效地将 CNN 应用于 HSI 分类是一个巨大的挑战。针对上述问题，本章提出了一种多分支融合网络。

主要贡献如下：

（1）提出了一种多分支融合网络，在原始 CNN 上融合多个浅层分支，这些分支中的浅层网络能够扩展信息流，使得该多分支融合网络能够学习复杂且有用的跨信道集成特征，并且帮助网络训练。最终有效地提高 HSI 分类效果。

（2）为了更好地提取 HSI 的特征，在分支中引入 1×1 卷积层，从而显著减少此多分支融合的 CNN 模型中的参数数量，提高 HSI 分类效率。

（3）采用 L2 正则化的方法以提高该模型在小样本量下的泛化性能。

本章的其余部分组织如下：2.2 节介绍了用于 HSI 分类的多分支融合 CNN 模型；模型有效性验证及实验细节见 2.3 节；2.4 节对本章节进行了总结。

2.2　用于 HSI 分类的多分支融合 CNN 模型

2.2.1　数据预处理

本章的 CNN 模型仅基于光谱信息对 HSI 进行分类。为了有效地提取样本的光谱特征，首先需要消除影像数据中的冗余信息，并且突出影像数据的类间差异。具体预处理的步骤如下：

（1）使用式（2.1）计算各类影像的光谱平均值，使用式（2.2）计算每个波段上所有类别的总距离。

$$S_{kj} = \dfrac{\sum\limits_{i=1}^{n_k} V_{ij}}{n_k}, k \in [1,C], j \in [1,B] \tag{2.1}$$

$$D_j = \sum_{k=1}^{C-1} \sum_{p=k+1}^{C} |S_{kj} - S_{pj}|, j \in [1,B] \tag{2.2}$$

式中：n_k 是第 k 类样本的总数；V_{ij} 是第 i 个样品在第 j 波段的谱值；C 和 B 分别是 HSI 中的类别数和波段数；S_{kj} 表示第 j 个波段第 k 类影像的光谱平均值；D_j 是第 j 个波段所有类别的总距离。

（2）波段选择，即去除一些波段以突出影像的类间差异，并且确保保留的波段数为平方数，从而将光谱向量转换为光谱特征图。在特定波段上所有类别的总距离越小，则对应波段的类间差异越小。类间差异较小的波段往往会干扰模型对有用特征的提取，导致分类结果不好，因此需要去除一些总距离较小的波段。虽然这会破坏光谱特征的连续性，但同时它消除了大量的冗余信息，削弱了波段间的相关性，增强了 HSI 影像数据的类间差异，从而提高分类精度。需要注意的是，并非删除的波段越多，效果越好。因为被删除的波段可能包含有用信息，如果去除过多的波段，同时也会丢失一些有用信息，影响最终的 HSI 分类结果。因此，如何合理控制去除的波段数量以确保分类结果的优化非常重要。

（3）如图 2-1 所示，将步骤 2 处理后得出的一维光谱向量转换为二维（2D）的光谱特征图，从而进一步增强类间差异。这一步骤影响了光谱波段的连续性，同时可以进一步削弱波段间的强相关性。

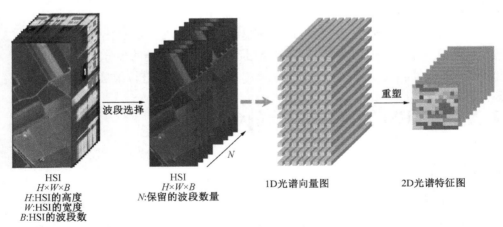

图 2-1　高光谱影像数据预处理过程

（4）如式（2.3）所示，将步骤 3 得到的光谱特征图进行 Z 值归一化处理。其中

μ 和 σ 分别为一个波段的平均值和标准差。x 是步骤 3 得到的光谱特征图,x' 是经过 Z 值归一化处理后的数据。

$$x' = (x - \mu)/\sigma \qquad (2.3)$$

2.2.2　多分支融合 CNN 模型

本章的多分支融合网络由一个原始的卷积神经网络和多个分支组成,后续将详细描述原始的 CNN 和多分支融合网络的结构。

1) 原始的卷积神经网络

普通 CNN 的输入是二维光谱特征图,输出为相应的类别。此网络结构共有 8 个卷积层,所有的卷积层都由 3×3 的卷积核组成。卷积运算的步长为 1,并使用填充方法,这意味着卷积层不会改变输入的特征图的大小。每个卷积层的输出通过批量归一化(Batch Normalization,BN)和校正线性单元(Rectified Linear Unit, ReLU)处理,即 Conv→BN→ReLU。采用最大池化和平均池化方法,其中最大池化为重叠池,平均池化为非重叠池。输出端采用全局平均池化,最终分类使用 Softmax 层。具体的体系结构如图 2-2 所示。

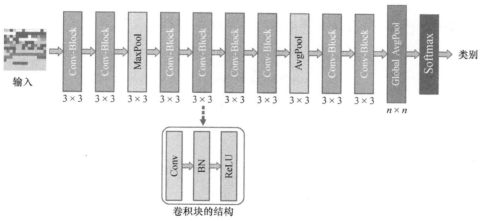

图 2-2　原始 CNN 结构图(3×3 等表示卷积核大小)

2) 多分支融合网络

传统的基于 CNN 的方法通过加深或拓宽网络以提高 CNN 模型的性能,但这往往会导致其他问题。一方面,随着如通道数、卷积核的大小等超参数数量的增加,训练参数也会迅速增加,必然导致网络的设计难度和运算复杂度的加大。另一方面,当网络层次越来越深时,虽然其性能会提高,但同时训练难度亦会增加。因此如果网络的深度过深,甚至会导致 CNN 模型性能的降低。在许多基于 CNN 的

HSI 分类方法中通过选择相邻的像素块获取包含空间信息的样本,为了避免非均匀噪声的影响,像素块不能太大。此类模型通过将一维光谱向量转换为二维特征图获取样本数据。由于波段的数量有限,特征图的尺寸较小,在逐层提取影像特征的过程中,卷积操作和池化操作会逐步缩小特征图的尺寸。若输入卷积神经网络的原始影像尺寸太小,不可避免地会限制网络深度的增加。因此,包含空间信息的模型和方法客观上都限制了网络深度的增加,必须尝试采用其他方法提高用于 HSI 分类的 CNN 模型的性能。

  针对前述问题,本章阐述一种多分支融合网络。如图 2-3 所示,此多分支融合网络在 2.2.1 节的原始 CNN 模型中间增加了两个分支,并且使用 1×1 卷积层形成浅层网络,1×1 卷积层和 3×3 卷积层交替排列,通过拼接操作将浅层网络中提取出的特征聚合到主网络中。这种具有交替小卷积的浅层网络可以扩展多分支融合网络的信息流,并允许网络学习集成的中间层的特征,从而有效地提高 CNN 模型的性能。由于浅层网络易于收敛,有助于深度网络训练,弥补了多分支融合网络在深度上的不足。此外,不同尺度的卷积滤波器使得此网络模型能够从高光谱影像中提取多尺度特征。与拓宽或加深原始 CNN 的方法相比,将浅层网络合并到原始的 CNN 中能够更加有效地提高 HSI 分类精度。更重要的是,采用 1×1 卷积层能够减少网络参数的数量,从而提高 HSI 的分类效率。

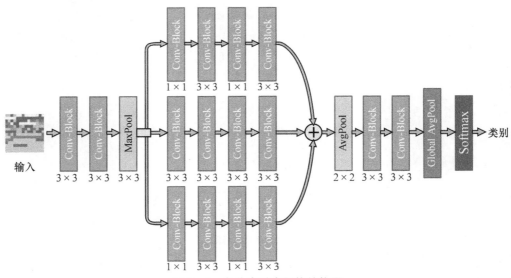

图 2-3　多分支融合网络结构图

  参考 DenseNet[22],将每个卷积层的信道数设置为 g 的倍数以便网络扩展。随着 g 的增加,网络宽度亦逐渐增加,因此 g 被称为增长率。在后续实验中,将

g 设置为 32。HSI 有限的训练样本使得 CNN 模型存在过拟合的倾向,因此引入 L2 正则化方法对多分支融合网络模型进行优化,改善其在小训练集下的泛化性能。

2.3 实验与结果

本节首先介绍了三个基准的高光谱数据集,然后设计了实验,最后,展现和分析实验结果。

2.3.1 数据集和数据预处理

1) 高光谱数据

本章的实验在三幅高光谱影像:Indian Pines、Salinas 和 Pavia University 上展开,在本书第一章的 1.3.2 节已经对这三幅高光谱影像进行了详细介绍,给出了每幅影像的地物类别、名称和样本数,以及对应的地面真值图。图 2-4~图 2-6 分别显示了 Indian Pines、Salinas 和 Pavia University 影像的第 21 波段影像图。

图 2-4 Indian Pines 影像:第 21 波段影像图

图 2 - 5　Salinas 影像:第 21 波段影像图　图 2 - 6　Pavia University 影像:第 21 波段影像图

2）数据预处理

在进行分类实验前按照前述 2.2.1 节的方法对高光谱影像进行处理。对于 Indian Pines 和 Salinas 影像,保留 144 个波段用于分类,而对于 Pavia University 影像,保留 100 个波段。图 2 - 7～图 2 - 9 显示了上述三个数据集中所有类别的平均光谱特征。如图 2 - 7(a)所示,平均光谱曲线在某些波段（如第 103、152 波段及其相邻波段）有明显的混叠,容易干扰分类过程,导致误分类。经过波段选择后,如图 2 - 7(b)所示,光谱混叠现象明显减少,曲线的分辨力增强。换言之,Indian Pines 影像的类间差异被显著增强。同样比较图 2 - 8(a)和图 2 - 8(b)可知,经波段选择后,Salinas 影像的类间差异也显著增强。图 2 - 9(a)表明,Pavia University 影像

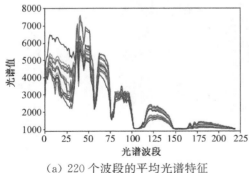

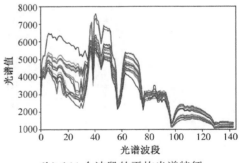

（a）220 个波段的平均光谱特征　　　　　（b）144 个波段的平均光谱特征

图 2 - 7　Indian Pines:波段选择前后 16 个类别的平均光谱特征

中 9 个类别的平均光谱特征彼此不同,且很容易区分,因此,Pavia University 影像只去除了三个波段。

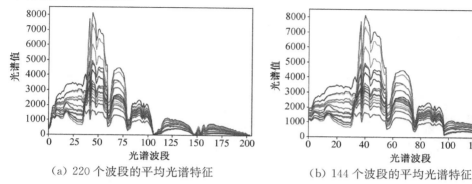

(a) 220 个波段的平均光谱特征   (b) 144 个波段的平均光谱特征

图 2 − 8 Salinas:波段选择前后 16 个类别的平均光谱特征

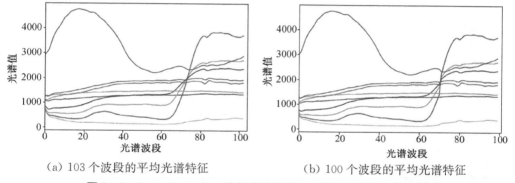

(a) 103 个波段的平均光谱特征   (b) 100 个波段的平均光谱特征

图 2 − 9 Pavia University:波段选择前后 9 个类别的平均光谱特征

图 2 − 10～图 2 − 12 展现了对应的光谱特征图。如图 2 − 10 所示,所有类别的特征图差异明显。这表明将谱向量转换为特征图后,高光谱影像的类间差异更加明显,有利于提高分类精度。

2.3.2 实验设置

为了评估本章的多分支融合网络结构对 HSI 分类的有效性,从下述四个方面展开实验:

(1) 分支结构的影响。多分支融合网络结合了原始的 CNN 模型与两个分支,提高了分类效果。为了验证分支的有效性,设计三个比较模型——A 模型、更宽的 CNN 模型和更深的 CNN 模型。如表 2 − 1 所示,A 模型与多分支融合网络模型的唯一区别是 A 模型未采用 1×1 卷积层。更宽的 CNN 模型与多分支融合网络模型在同一层的通道数量相同,而更深的 CNN 模型和多分支融合网络模型的参数数量尽可能接近。

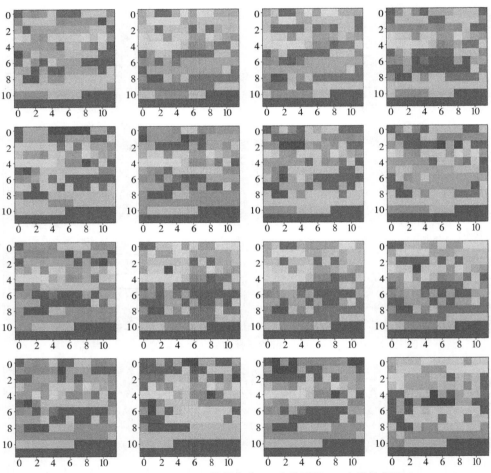

图 2-10　Indian Pines 数据集中 16 个类别的 2D 光谱特征图

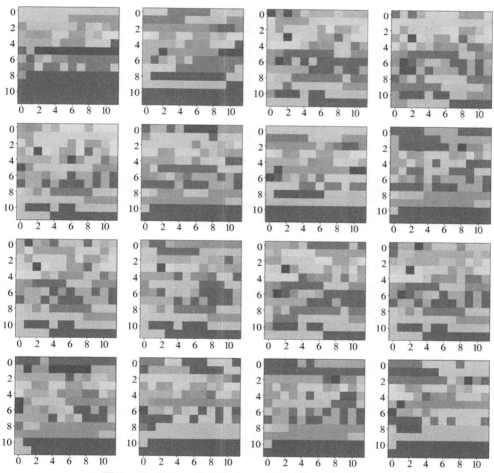

图 2 - 11　Salinas 数据集中 16 个类别的 2D 光谱特征图

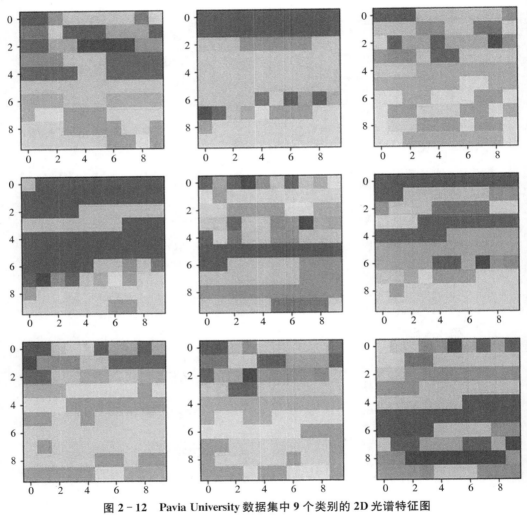

图 2 - 12　Pavia University 数据集中 9 个类别的 2D 光谱特征图

表 2－1　比较模型的结构（$g＝32$）

层	输出尺寸	多分支融合网络模型	A 模型	原始的 CNN	更宽的 CNN	更深的 CNN
卷积层	14×14	$\begin{bmatrix}3\times3,g\\3\times3,g\end{bmatrix}$	$\begin{bmatrix}3\times3,g\\3\times3,g\end{bmatrix}$	$\begin{bmatrix}3\times3,g\\3\times3,g\end{bmatrix}$	$\begin{bmatrix}3\times3,g\\3\times3,g\end{bmatrix}$	$\begin{bmatrix}3\times3,g\\3\times3,g\end{bmatrix}$
池化层	7×7	3×3 最大池化，步长(stride)为2				
卷积层		$\begin{bmatrix}3\times3\ or\ 1\times1,2g\\3\times3,2g\\3\times3\ or\ 1\times1,2g\\3\times3,2g\end{bmatrix}\times3$	$\begin{bmatrix}3\times3,2g\\3\times3,2g\\3\times3,2g\\3\times3,2g\end{bmatrix}\times3$	$\begin{bmatrix}3\times3,2g\\3\times3,2g\\3\times3,2g\\3\times3,2g\end{bmatrix}$	$\begin{bmatrix}3\times3,6g\\3\times3,6g\\3\times3,6g\\3\times3,6g\end{bmatrix}$	$\begin{bmatrix}3\times3,2g\\3\times3,2g\\3\times3,2g\\3\times3,2g\\3\times3,2g\\3\times3,2g\\3\times3,2g\\3\times3,2g\end{bmatrix}$
	♯paras	$282g^2$	$378g^2$	$126g^2$	$1026g^2$	$270g^2$
	FLOPs	$13\ 818g^2$	$18\ 533g^2$	$6174g^2$	$50\ 274g^2$	$13\ 230g^2$
池化层	3×3	2×2 平均池化，步长(stride)为2				
卷积层		$\begin{bmatrix}3\times3,2g\\3\times3,2g\end{bmatrix}$	$\begin{bmatrix}3\times3,2g\\3\times3,2g\end{bmatrix}$	$\begin{bmatrix}3\times3,2g\\3\times3,2g\end{bmatrix}$	$\begin{bmatrix}3\times3,2g\\3\times3,2g\end{bmatrix}$	$\begin{bmatrix}3\times3,2g\\3\times3,2g\end{bmatrix}$
分类层	1×1	全局平均池化				
		16-d 全连接，使用 Softmax 算法				

（2）L2 正则化的影响。本章的多分支融合网络模型中引入了 L2 正则化过程，以提高其在小样本量下的泛化性能。为了验证其有效性，比较多分支融合网络模型在使用 L2 正则化处理前后的分类结果。

（3）小样本量条件下的分类效果。小样本量问题是现有 HSI 分类方法中共性的问题，为了评估多分支融合网络模型在小训练集下的分类效果，我们考虑从每个类中随机选择相同数量的样本，并将它们作为每个数据集的训练集，而剩余的样本被用作测试集。

（4）在类别不平衡条件下的分类效果。HSI 分类过程中，每个类别的样本数量不平衡也是 HSI 分类面临的一个挑战。为了评估多分支融合网络模型在类别不平衡条件下的分类效果，我们直接从所有的类别中随机选择一定比例的样本作为训练集，而剩余的样本被用作测试集。

本章的多分支融合网络基于 Python 语言与 TensorFlow 深度学习框架。实验环境为 64 位 Windows10 操作系统，RAM 16 GB 和 NVIDIA GeForce GTX 1660 Ti 6 GB GPU。分类效果使用总体精度（OA）、平均精度（AA）和 Kappa 系数（Kappa）这三个指标测评。由于每次实验的训练样本都是从原始数据集中随机选择的，所以每次实验的结果均不同。为了防止不同的训练样本所带来的偏差，后续所有表格中的实验数据取相同条件下 20 次以上实验结果的平均值进行分析。

实验过程中，使用小批量数据训练本章的多分支融合网络，每个 epoch 都学习整个训练集，使用 MSRA 初始化方法[23]对训练参数进行初始化，并采用 Nesterov 加速梯度下降算法（NAGDA）[24]训练网络模型。表 2-2 显示了所有模型中的参数配置，其中衰减表示正则项系数，Nm 为 NAGDA 的动量系数。

表 2-2 不同数据集的参数配置

数据集	Batch 尺寸	衰减	Nm	epoch 次数	初始学习率
Indian Pines	64	1e-3	0.99	200	1e-2
Salinas	64	1e-3	0.9	200	1e-2
Pavia University	128	1e-3	0.9	150	1e-2

2.3.3 实验结果与分析

训练集和测试集的划分：将样本划分为训练集和测试集时，我们应尽量平衡每个类别中选取的样本数量。但 Indian Pines 数据集中，某些类中样本数很少（例如在第 9 类中只有 20 个样本）。因此，从每个类中随机选择 30% 的样本构成一个子集，设置每个类的最大样本数，并将其设为阈值。对于那些样本很多且样本数量超过阈值的类，我们只需简单地从子集中去除样本，直至满足阈值要求，并将剩余的样本用于训练集。但是，对于那些样本数量没有达到阈值的类，只有将之前选取出来的样本用作训练集，也就是将前述子集作为训练集，剩余的可用样本用作测试集。Salinas 和 Pavia University 数据集中每个类别中都有足够的样本，我们从每个类别中随机选择样本，直至满足阈值要求。所有选取出来的样本用于训练集，而剩余的样本用于测试集。表 2-3～表 2-5 分别列出了 Indian Pines、Salinas 和 Pavia University 三个数据集中训练集样本的细节，表头上的实数，例如 50、10 等表示设置的阈值。

表 2-3 Indian Pines 数据集：每个类别的训练集样本数　　　　　单位：个

类别	样本数	200	150	100	50	10
C1	46	14	14	14	14	10
C2	1428	200	150	100	50	10
C3	830	200	150	100	50	10
C4	237	72	72	72	50	10
C5	483	145	145	100	50	10
C6	730	200	150	100	50	10
C7	28	9	9	9	9	9

类别	样本数	200	150	100	50	10
C8	478	144	144	100	50	10
C9	20	6	6	6	6	6
C10	972	200	150	100	50	10
C11	2455	200	150	100	50	10
C12	593	178	150	100	50	10
C13	205	62	62	62	50	10
C14	1265	200	150	100	50	10
C15	386	116	116	100	50	10
C16	93	28	28	28	28	10
合计	10 249	1974	1646	1191	657	155
训练集占比		19.26%	16.06%	11.62%	6.41%	1.51%

表 2-4　Salinas 数据集:每个类别的训练集样本数　　　　　　单位:个

类别	样本数	200	150	100	50	10
C1	2009	200	150	100	50	10
C2	3726	200	150	100	50	10
C3	1976	200	150	100	50	10
C4	1394	200	150	100	50	10
C5	2678	200	150	100	50	10
C6	3959	200	150	100	50	10
C7	3579	200	150	100	50	10
C8	11 271	200	150	100	50	10
C9	6203	200	150	100	50	10
C10	3278	200	150	100	50	10
C11	1068	200	150	100	50	10
C12	1927	200	150	100	50	10
C13	916	200	150	100	50	10
C14	1070	200	150	100	50	10

类别	样本数	200	150	100	50	10
C15	7268	200	150	100	50	10
C16	1807	200	150	100	50	10
合计	54 129	3200	2400	1600	800	160
训练集占比		5.91%	4.43%	2.95%	1.48%	0.30%

表 2-5　Pavia University 数据集:每个类别的训练集样本数　　　单位:个

类别	样本数	200	150	100	50	10
C1	6631	200	150	100	50	10
C2	18 649	200	150	100	50	10
C3	2099	200	150	100	50	10
C4	3064	200	150	100	50	10
C5	1345	200	150	100	50	10
C6	5029	200	150	100	50	10
C7	1330	200	150	100	50	10
C8	3682	200	150	100	50	10
C9	947	200	150	100	50	10
合计	42 776	1800	1350	900	450	90
训练集占比		4.21%	3.16%	2.10%	1.05%	0.21%

确定保留波段的最佳数目。如 2.2.1 节所述,应去除一些波段以消除冗余信息,突出高光谱数据的类间差异。但是,如果去除过多的波段,会造成有用信息的丢失,进而影响分类精度。为了确定保留波段的最合适数量,设置阈值为 100,用多分支融合网络对不同波段数下的 Indian Pines 和 Salinas 数据进行分类,分类结果见图 2-13。如图所示,当波段数为 144 时,在两个数据集中的分类准确率最高。因此,将保留波段的最佳数目确定为 144。

1) 分支结构的影响

为了验证多分支融合网络模型中各分支的有效性,2.3.2 节设计了三个比较模型:A 模型、更宽的 CNN 模型和更深的 CNN 模型,具体体系结构见表 2-1。表 2-6 ~表 2-8 分别显示了多分支融合网络、原始 CNN 及三个比较模型在 Indian Pines、Salinas 和 Pavia University 数据集上的分类结果。实验结果表明,多分支融合网络的分类性能优于所有比较模型。与原始的 CNN 相比,多分支融合网络的优点是在训练

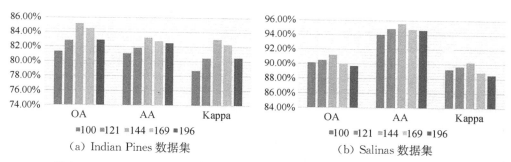

（a）Indian Pines 数据集　　　　　　　（b）Salinas 数据集

图 2 - 13　Indian Pines 和 Salinas 数据集中不同波段数的分类结果（阈值＝100）

样本稀缺（阈值≤100）时表现更好，尤其是当阈值较小时，分类精度的提高更加明显。例如，当阈值下降到 100、50 和 10 时，Indian Pines 分类的 OA 分别增加 0.55、2.69 和 4.61 个百分点（表 2 - 6），Salinas 分类的 OA 分别增加 0.29、1.61 和 1.74 个百分点（表 2 - 7），增加 1。Pavia University 的分类 OA 分别增加 1.17、2.58 和 3.70 个百分点（表 2 - 8）。这说明多分支融合网络模型的分支可以有效地提高分类模型的性能。

表 2 - 6　Indian Pines 数据集中的分类结果

阈值	指标	多分支融合 网络模型	A 模型	原始的 CNN 模型	更宽的 CNN 模型	更深的 CNN 模型
10	OA	61.96%	60.90%	57.35%	56.63%	54.29%
	Kappa	0.752 1	0.558 9	0.525 1	0.514 1	0.493 5
50	OA	81.23%	80.07%	78.54%	79.37%	79.17%
	Kappa	0.786 9	0.775 2	0.757 8	0.774 3	0.7637
100	OA	85.36%	84.99%	84.81%	84.75%	83.48%
	Kappa	0.834 2	0.828 2	0.826 1	0.825 7	0.811 3
150	OA	88.89%	85.70%	87.00%	86.45%	86.69%
	Kappa	0.873 4	0.836 1	0.849 7	0.844 5	0.847 0
200	OA	90.58%	88.27%	89.37%	87.75%	88.54%
	Kappa	0.892 5	0.864 7	0.876 0	0.858 9	0.868 0

表 2 - 7　Salinas 数据集中的分类结果

阈值	指标	多分支融合 网络模型	A 模型	原始的 CNN 模型	更宽的 CNN 模型	更深的 CNN 模型
10	OA	86.06%	80.71%	84.32%	84.65%	80.66%
	Kappa	0.845 3	0.786 7	0.826 4	0.830 2	0.785 8

续表

阈值	指标	多分支融合网络模型	A 模型	原始的CNN 模型	更宽的CNN 模型	更深的CNN 模型
50	OA	90.35%	89.29%	88.74%	88.84%	88.12%
	Kappa	0.892 5	0.880 9	0.874 8	0.878 0	0.868 3
100	OA	91.21%	89.45%	90.92%	90.20%	89.50%
	Kappa	0.902 1	0.882 7	0.898 8	0.890 8	0.883 3
150	OA	91.66%	91.17%	90.82%	91.28%	90.82%
	Kappa	0.915 6	0.908 1	0.912 8	0.913 7	0.908 9
200	OA	92.32%	91.78%	92.08%	92.15%	91.85%
	Kappa	0.915 6	0.908 1	0.912 8	0.913 7	0.908 9

表 2-8　Pavia University 数据集中的分类结果

阈值	指标	多分支融合网络模型	A 模型	原始的CNN 模型	更宽的CNN 模型	更深的CNN 模型
10	OA	74.60%	71.59%	70.90%	66.63%	71.09%
	Kappa	0.680 3	0.640 0	0.629 1	0.591 9	0.630 3
50	OA	86.75%	82.80%	84.17%	85.02%	85.27%
	Kappa	0.826 3	0.781 0	0.793 8	0.806 0	0.809 8
100	OA	90.91%	88.83%	89.74%	87.83%	86.92%
	Kappa	0.880 3	0.853 8	0.865 2	0.841 0	0.829 5
150	OA	91.52%	90.32%	90.87%	91.15%	90.98%
	Kappa	0.887 6	0.872 7	0.879 2	0.882 5	0.881 9
200	OA	92.89%	91.59%	91.15%	92.27%	92.16%
	Kappa	0.905 1	0.888 5	0.883 1	0.901 2	0.895 7

如表 2-6~表 2-8 所示,A 模型得到的分类结果波动明显。当阈值相同时,与原始的 CNN 相比,A 模型可能在一个数据集中获得较高的分类精度,但在另一个数据集中又获得较低的分类精度。因此,在多分支融合网络模型中应该引入 1×1 卷积层,使其学习到更多的有用特征和可判别特征,从而提高模型的泛化能力。与原始的 CNN 相比,更宽的 CNN 和更深的 CNN 没有什么优势,这是因为原始 CNN 结构的宽度($g=32$)与深度都已经足够了,增加宽度或深度并不能有效地提高 CNN 模型的性能。但是与更宽的 CNN 和更深的 CNN 结构相比,多分支融

合网络的分类精度更高。换言之,当分类模型的宽度和深度不再有助于分类效果的提升时,与单纯的拓宽或者加深网络结构相比,将分支合并到原始的 CNN 结构中效果更好。

此外,根据表 2-1 中的数据对 FLOPs(浮点运算)指标进行分析可知,与多分支融合网络模型相比,更宽的 CNN 模型和 A 模型分别比其多 $36\ 456g^2$ 和 $4715g^2$,而更深的 CNN 模型该指标与之几乎持平,仅少 $588g^2$。表 2-9 列出了当阈值为 100 时,每次运算的平均运行时间。对 Indian Pines 数据集上的计算开销进行分析可知,与多分支融合网络模型相比,更宽的 CNN 模型和 A 模型每次运算的平均运行时间分别比其多 $0.4\ s$ 与 $0.18\ s$。换言之,本章的多分支融合网络分类效果更好,但运算开销持平甚至更少。实验结果表明,多分支融合网络模型中的分支结构有助于提升模型的泛化性能以及对高光谱数据的分类效果,而 1×1 卷积层的引入不仅可以改善模型性能,而且可以显著减少模型的参数量。

2) L2 正则化的影响

为了评估 L2 正则化的有效性,划分训练集和测试集时将阈值设置为 50/100。HSI 分类时,比较使用 L2 正则化处理前后多分支融合网络模型的差异,实验结果见表 2-9。

表 2-9 阈值为 50/100 时,三个训练集上的分类结果

训练集		50		100	
		不使用 L2 正则化	多分支融合网络	不使用 L2 正则化	多分支融合网络
Indian Pines	OA	79.03%	81.23%	84.74%	85.36%
	AA	74.56%	78.70%	82.01%	83.24%
	Kappa	0.762 9	0.786 9	0.825 4	0.830 2
Salinas	OA	87.11%	90.35%	90.16%	91.21%
	AA	91.24%	93.67%	95.11%	95.55%
	Kappa	0.857 0	0.892 5	0.890 5	0.902 1
Pavia University	OA	85.12%	86.75%	88.54%	90.91%
	AA	82.90%	84.41%	85.84%	87.77%
	Kappa	0.806 7	0.826 3	0.850 3	0.880 3

图 2-14～图 2-16 显示对应的损耗曲线,由图易知,经 L2 正则化处理后,OA/AA/Kappa 三个指标均得到了显著提升,且在一定程度上缓解了该模型的过拟合情况。特别是样本数量较小时,L2 正则化对提高模型泛化性能的效果越发显著。例如,如表 2-9 中 Indian Pines 的实验结果所示,L2 正则化后,当阈值为 50

时,OA、AA 和 Kappa 分别增加了 2.2 个百分点,4.14 个百分点和 0.024。当阈值为 100 时,OA、AA 和 Kappa 仅分别增加了 0.62 个百分点、1.23 个百分点和 0.0048。从图 2-14～图 2-16 中可知,与阈值设为 100 相比,当阈值为 50 时,L2 正则化对于多分支融合网络模型性能的提升效果更好。综上所述,L2 正则化可以显著改善模型的泛化性能,并且训练样本越少,L2 正则化越能缓解模型的过拟合情况。

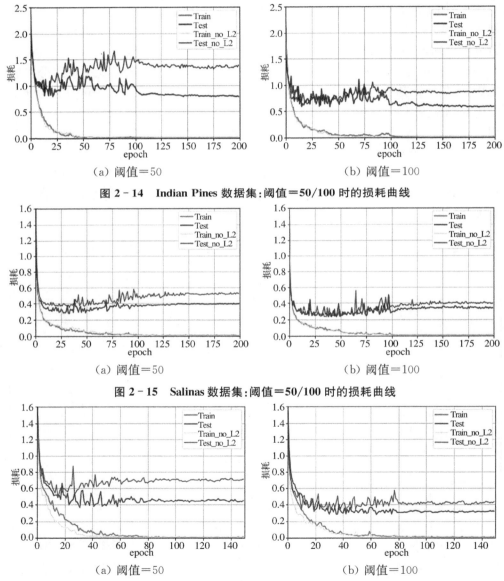

（a）阈值＝50 （b）阈值＝100

图 2-14　Indian Pines 数据集:阈值＝50/100 时的损耗曲线

（a）阈值＝50 （b）阈值＝100

图 2-15　Salinas 数据集:阈值＝50/100 时的损耗曲线

（a）阈值＝50 （b）阈值＝100

图 2-16　Pavia University 数据集:阈值＝50/100 时的损耗曲线

3）小样本量条件下的分类效果

本节主要评估多分支融合网络模型在小样本量条件下对于 HSI 的分类效果。实验结果见表 2-6~表 2-8,可知,当训练集较小时（阈值>10）,多分支融合网络能够保证分类准确率超过 80%,甚至达到 90% 以上。在极端条件下（阈值＝10）,如表 2-3~表 2-5 所示,在 Indian Pines、Salinas 和 Pavia University 实验中的训练集大小分别为 1.51%、0.30% 和 0.21%,表 2-6~表 2-8 中三个数据集上对应的 OA 分别为 61.96%、86.06% 和 74.60%。实验结果表明,该模型能够有效地提取高光谱数据的特征,并具有良好的分类效果。图 2-17~图 2-19 显示了三个数据集阈值为 100 时的分类图。

 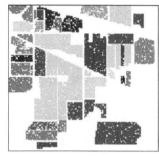 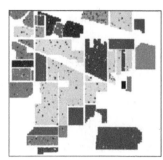

（a）训练集　　　　　　　　（b）测试集　　　　　　　　（c）分类图

图 2-17　Indian Pines 数据集:阈值＝100 时的分类图

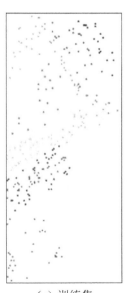  

（a）训练集　　　　　　　　（b）测试集　　　　　　　　（c）分类图

图 2-18　Salinas 数据集:阈值＝100 时的分类图

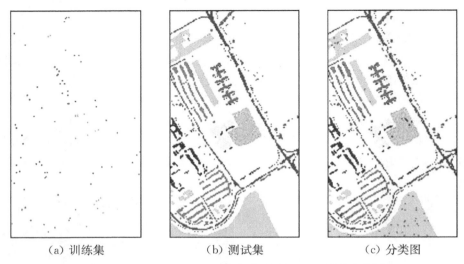

（a）训练集　　　　　　　（b）测试集　　　　　　　（c）分类图

图 2-19　Pavia University 数据集：阈值＝100 时的分类图

4）类别不平衡条件下的分类效果

在分类任务中，如果每个类中的样本数量不平衡，那些样本数较少的类中的样本就容易被错误地划分到那些样本数较多的类中，导致分类精度降低。但是在高光谱数据集中又存在着严重的类别不平衡现象，例如，如表 2-3 所示，C9 只有 20 个样本，而 C11 有 2455 个样本，这种情况不利于高光谱影像中的地物的正确识别以及样本的正确分类。为了评估多分支融合网络模型在类别不平衡条件下的有效性，我们从每个类中选择相同比例的样本形成训练集，其余的有效样本用作后续实验的测试集。

实验结果见表 2-10～表 2-12，其中训练集的占比与每个类中可用的样本数量相对应；分类结果见图 2-20～图 2-22。实验结果表明，该模型在小训练集中的分类准确率大多超过 85％，甚至达到 95％。此外，当 Indian Pines、Salinas 和 Pavia University 的训练集规模均为 5％时，OA 仍分别可达到 79.11％、90.75％和 88.62％。因此该多分支融合网络模型在类别不平衡条件下依然能够有效地提取高光谱数据特征，且分类效果良好。

表 2-10　Indian Pines 数据集在类别不平衡条件下的分类结果

训练集	30％	25％	20％	15％	10％	5％
OA	91.71％	91.05％	89.94％	89.06％	86.50％	79.11％
AA	92.58％	91.35％	86.77％	85.68％	83.78％	70.34％
Kappa	0.905 4	0.897 9	0.885 3	0.875 2	0.846 0	0.760 9

表 2 - 11 Salinas 数据集在类别不平衡条件下的分类结果

训练集	30%	25%	20%	15%	10%	5%
OA	95.72%	95.25	94.51%	93.99%	92.81%	90.75%
AA	98.13%	97.89%	97.28%	96.97%	96.10%	94.06%
Kappa	0.952 3	0.947 1	0.938 9	0.933 1	0.920 0	0.897 1

表 2 - 12 Pavia University 数据集在类别不平衡条件下的分类结果

训练集	30%	25%	20%	15%	10%	5%
OA	96.21%	95.84%	95.38%	93.56%	92.66%	88.62%
AA	95.56%	95.07%	94.33%	92.75%	91.59%	88.60%
Kappa	0.949 5	0.944 7	0.938 7	0.914 2	0.902 2	84.66%

 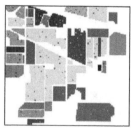

（a）训练集　　　　　（b）测试集　　　　　（c）分类图

图 2 - 20 Indian Pines 数据集：训练集大小为 20% 时的分类图

（a）训练集　　　　　（b）测试集　　　　　（c）分类图

图 2 - 21 Salinas 数据集：训练集大小为 10% 时的分类图

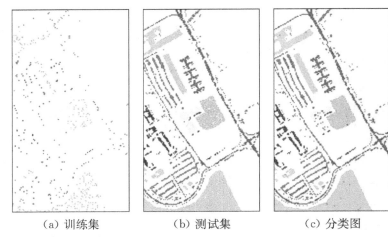

（a）训练集　　　　　（b）测试集　　　　　（c）分类图

图 2 - 22　Pavia University 数据集：训练集大小为 10% 时的分类图

5）与其他方法的比较

为了进一步评估多分支融合网络模型的分类效果，与其他主流方法进行了对比分析，结果如表 2 - 13 所示。其中，其他对比方法的准确率数据直接取自参考文献。我们根据相应的参考文献将样本精确地划分为训练集和测试集，进而得出我们的实验结果（加粗的值）。由表 2 - 13 可知，多分支融合网络模型的分类精度优于其他对比方法，验证了此模型的有效性。

表 2 - 13　与其他方法的比较

数据集	参考文献	方法	训练集	分类准确率
Indian Pines	Chen et al.[25]	Gabor-CNN	每类 200 个样本	89.02%（**90.58%**）
	Hu et al.[26]	1D-CNN	8 个类，每类 200 个样本	90.16%（**90.83%**）
	Chen et al.[27]	3D-CNN	每类 150 个样本	87.81%（**88.89%**）
	Zhao et al.[28]	RBF-SVM	8 个类，每类 200 个样本	87.60%（**90.83%**）
	Chen et al.[18]	DBN	50%	91.34%（**93.72%**）
	Tan et al.[29]	SAE	10%	70.35%（**86.50%**）
	Sun et al.[30]	BWSVM	25%	88.00%（**91.05%**）
Salinas	Chen et al.[25]	Gabor-CNN	每类 200 个样本	92.02%（**92.32%**）
	Zhao et al.[28]	RBF-SVM	—	91.66%（**92.32%**）
	Li et al.[31]	KELM	5%	91.35%（**93.99%**）
	—		1%	88.51%（**90.75%**）

数据集	参考文献	方法	训练集	分类准确率
Pavia University	Hu et al. [26]	1D-CNN	每类 200 个样本	92.56%(**92.89%**)
	Zhao et al. [28]	RBF-SVM	——	90.52%(**92.89%**)
	Gu et al. [32]	LapSVM	每类 200 个样本	73.00%(**78.39%**)
	Su et al. [33]	KPCA	15%	94.00%(**95.55%**)
	Yue et al. [34]	2D-CNN	10%	95.18%(**95.38%**)
	Tan et al. [29]	SAE	——	88.36%(**95.38%**)
	Chen et al. [12]	核稀疏表现	——	87.65%(**95.38%**)
	Li et al. [31]	KELM	5%	82.00%(**93.56%**)

2.4　总结与讨论

　　本章具体介绍了用于 HSI 分类的多分支融合网络模型,该模型在原始的 CNN 上集成多个分支,并将 1×1 卷积层引入分支。这些分支一方面扩展了该模型的信息流,便于学习集成的中间层特征,另一方面,由于浅层网络易于拟合,这些分支不仅有助于网络训练,还可以改善泛化性能。1×1 的卷积层使得该模型能够更有效地提取 HSI 特征,并显著减少了网络参数的数量,从而提高 HSI 分类的速度。此外,为了提高该模型在小样本条件下的性能,采用 L2 正则化方法优化模型。在三个基准高光谱数据集上的实验结果表明,该模型在小样本量条件和类别不平衡条件下对 HSI 分类性能优越、适应性良好。

　　在进一步的研究中,可以在 HSI 分类过程中结合光谱和空间信息。此外,分支数量和网络深度都会明显影响多分支融合网络模型的分类效果。因此,需要寻找分支数量和网络深度的最佳组合,进一步提高此类模型在 HSI 分类中的性能。每一层的卷积滤波器的数量也可以继续调整,进一步优化。

参考文献

[1] SHIPPERT P. Why use hyperspectral imagery? [J]. Photogrammetric Engineering and Remote Sensing, 2004, 70 (1):377 – 379.

[2] TONG Q X, ZHANG B, ZHEN F L. Multidisciplinary application of hyperspectral remote sensing[M]. Beijing:Publishing House of Electronics Industry, 2006.

[3] DEMAREZ V. Seasonal variation of leaf chlorophyll content of a temperate forest: Inversion of the PROSPECT model[J]. International Journal of Remote Sensing, 1999, 20(5): 879 – 894.

[4] GEVAERT C M, SUOMALAINEN J, TANG J, et al. Generation of spectral-temporal response surfaces by combining multispectral satellite and hyperspectral UAV imagery for precision agriculture applications[J]. IEEE Journal of Selected Topics in Applied Earth Observations and Remote Sensing, 2015, 8(6): 3140 – 3146.

[5] TEKE M, DEVECI H S, HALILOĞLU O, et al. A short survey of hyperspectral remote sensing applications in agriculture [C]//2013 6th International Conference on Recent Advances in Space Technologies (RAST). June 12 – 14, 2013, Istanbul, Turkey. IEEE, 2013: 171 – 176.

[6] WT YUEN P, RICHARDSON M. An introduction to hyperspectral imaging and its application for security, surveillance and target acquisition[J]. The Imaging Science Journal, 2010, 58(5): 241 – 253.

[7] GENG X R. Research on abnormal detection and classification of hyperspectral images, institute of remote sensing and digital earth [M]. Beijing: Chinese Academy of Sciences, 2005.

[8] DU Q, SZU H H, REN H, et al. A post-processing technique for Lagrangian artificial neural network approach to hyperspectral image classification [C]//Society of Photo-Optical Instrumentation Engineers Conference on Independent Component Analyses, Wavelets, and Neural Networks, Orlando, Florida, USA. 2003, 5102: 17 – 24.

[9] TARABALKA Y, FAUVEL M, CHANUSSOT J, et al. SVM-and MRF-based method for accurate classification of hyperspectral images[J]. IEEE Geoscience and Remote Sensing Letters, 2010, 7(4): 736 – 740.

[10] KUO B C, HO H H, LI C H, et al. A kernel-based feature selection method for SVM with RBF kernel for hyperspectral image classification[J]. IEEE Journal of Selected Topics in Applied Earth Observations and Remote Sensing, 2014, 7(1): 317 – 326.

[11] LIU Z, TANG B, HE X F, et al. Class-specific random forest with cross-correlation constraints for spectral-spatial hyperspectral image classification[J]. IEEE Geoscience and Remote Sensing Letters, 2017, 14(2): 257 – 261.

[12] CHEN Y, NASRABADI N M, TRAN T D. Hyperspectral image classification via kernel sparse representation[J]. IEEE Transactions on Geoscience and Remote Sensing, 2013, 51(1): 217 - 231.

[13] CAMPS-VALLS G, BRUZZONE L. Kernel-based methods for hyperspectral image classification[J]. IEEE Transactions on Geoscience and Remote Sensing, 2005, 43(6): 1351 - 1362.

[14] HINTON G E, SALAKHUTDINOV R R. Reducing the dimensionality of data with neural networks[J]. Science, 2006, 313(5786): 504 - 507.

[15] CHEN Y S, LIN Z H, ZHAO X, et al. Deep learning-based classification of hyperspectral data[J]. IEEE Journal of Selected Topics in Applied Earth Observations and Remote Sensing, 2014, 7(6): 2094 - 2107.

[16] TAO C, PAN H B, LI Y S, et al. Unsupervised spectral-spatial feature learning with stacked sparse autoencoder for hyperspectral imagery classification[J]. IEEE Geoscience and Remote Sensing Letters, 2015, 12 (12): 2438 - 2442.

[17] ZHONG P, GONG Z Q, SCHÖNLIEB C. A diversified deep belief network for hyperspectral image classification[J]. ISPRS-International Archives of the Photogrammetry, Remote Sensing and Spatial Information Sciences, 2016, XLI-B7: 443 - 449.

[18] CHEN Y S, ZHAO X, JIA X P. Spectral-spatial classification of hyperspectral data based on deep belief network[J]. IEEE Journal of Selected Topics in Applied Earth Observations and Remote Sensing, 2015, 8(6): 2381 - 2392.

[19] LIANG H M, LI Q. Hyperspectral imagery classification using sparse representations of convolutional neural network features [J]. Remote Sensing, 2016, 8(2): 99.

[20] WU H, PRASAD S. Convolutional recurrent neural networks for hyperspectral data classification[J]. Remote Sensing, 2017, 9(3): 298.

[21] YU S Q, JIA S, XU C Y. Convolutional neural networks for hyperspectral image classification[J]. Neurocomputing, 2017, 219: 88 - 98.

[22] HUANG G, LIU Z, VAN DER MAATEN L, et al. Densely connected convolutional networks[C]//2017 IEEE Conference on Computer Vision and Pattern Recognition (CVPR). July 21 - 26, 2017, Honolulu, HI, USA. IEEE, 2017: 2261 - 2269.

[23] HE K M, ZHANG X Y, REN S Q, et al. Delving deep into rectifiers:

Surpassing human-level performance on ImageNet classification[C]//2015 IEEE International Conference on Computer Vision (ICCV). December 7 - 13, 2015, Santiago, Chile. IEEE, 2016: 1026 - 1034.

[24] NESTEROV Y. A method for unconstrained convex minimization problem with the rate of convergence o(1/k^2)[J]. Doklady AN SSSR, 1983,69(3): 543 - 547.

[25] CHEN Y S, ZHU L, GHAMISI P, et al. Hyperspectral images classification with Gabor filtering and convolutional neural network[J]. IEEE Geoscience and Remote Sensing Letters, 2017, 14(12): 2355 - 2359.

[26] HU W, HUANG Y Y, WEI L, et al. Deep convolutional neural networks for hyperspectral image classification[J]. Journal of Sensors, 2015, 2015: 1 - 12.

[27] CHEN Y S, JIANG H L, LI C Y, et al. Deep feature extraction and classification of hyperspectral images based on convolutional neural networks [J]. IEEE Transactions on Geoscience and Remote Sensing, 2016, 54(10): 6232 - 6251.

[28] ZHAO M D, REN Z Q, WU G C, et al. Convolutional neural networks for hyperspectral image classification[J]. Geomatics Science and Technology, 2017(5):501 - 507.

[29] TAN G, HAO F P, XUAN C H. Hyperspectral image classification using stacked sparse auto-encoder[J]. Mine Surveying,2017(6):53 - 58.

[30] SUN W W, LIU C, XU Y, et al. A band-weighted support vector machine method for hyperspectral imagery classification[J]. IEEE Geoscience and Remote Sensing Letters, 2017, 14(10): 1710 - 1714.

[31] LI J J, DU Q, LI W, et al. Optimizing extreme learning machine for hyperspectral image classification[J]. Journal of Applied Remote Sensing, 2015, 9(1): 097296.

[32] GU Y F, FENG K. Optimized Laplacian SVM with distance metric learning for hyperspectral image classification[J]. IEEE Journal of Selected Topics in Applied Earth Observations and Remote Sensing, 2013, 6(3): 1109 - 1117.

[33] SU J Y, YI D W, LIU C J, et al. Dimension reduction aided hyperspectral image classification with a small-sized training dataset: Experimental comparisons[J]. Sensors, 2017, 17(12): 2726.

[34] YUE J, ZHAO W Z, MAO S J, et al. Spectral-spatial classification of hyperspectral images using deep convolutional neural networks[J]. Remote Sensing Letters, 2015, 6(6): 468 - 477.

思考题

1. 经典的高光谱影像的分类方法有哪些？深度学习如何被应用于 HSI 分类？

2. 什么是卷积神经网络？分析卷积神经网络在 HSI 分类中的应用情况。

3. 原始的 CNN 模型与多分支融合网络结构上的不同之处有哪些？

4. 说明多分支融合网络应用于 HSI 分类的优势，并分析分类精度提高的原因。

5. 如何寻找分支数量和网络深度的最佳组合？调整每一层卷积滤波器的数量，进一步优化多分支融合网络模型的分类效果。

第三章

基于 CNN 的双边融合网络在高光谱影像分类中的应用

针对基于深度卷积神经网络的高光谱影像分类算法池化操作导致的空间分辨率下降和特征损失问题,设计了由双边融合块组成的双边融合块网络(Bilateral Fusion Block Network,BFBN)模型。双边融合块的上部结构由 1×1 卷积层和超链接组成,用于传递局部空间特征。下部结构由池化层、卷积层、反卷积层和上采样组成,以强化高效判别特征。在三个基准高光谱影像数据集上的实验结果表明,该模型优于其他类似的分类化模型。

3.1 引言

近年来,高光谱影像(HSI)引起了人们的广泛关注,在各种遥感领域,如农业监测、环境监测、海洋遥感等[1-4]中都有应用。由于数百条光谱波段为地物信息的识别与分类提供了极为丰富的光谱信息,在早期的研究中,利用光谱信息进行分类成为一个热门方向[5-7],其中,特征选择和降维[8-13]的方法常被用于缓和光谱维的高维性。随着研究的深入,高光谱影像复杂的空间、光谱特征分布成为困扰高光谱影像分类的主要问题,许多研究者选择加入空间局部联系性来提升模型的分类性能[14-17],并且取得了一定的效果。但这些方法大多基于手工特征和浅层模型,不仅高度依赖专家知识,而且泛化力差,难以提取具有代表性的判别特征。

深度学习[18]是目前最热门的算法之一,它的出现使计算机技术在图像分类[19]、目标探测[20]等方面取得了巨大的进展。与传统的机器学习算法相比,它可以自动从原始输入数据中由浅到深地提取特征,其学习过程完全自动化,且适应能力强。Chen 等[21]将深度学习引入高光谱影像分类算法中,构建了一种基于堆叠自编码器的深度学习模型来提取高级特征。Liu 等[22]提出一种利用深度置信网络提取特征,再结合主动学习,对这些特征进行迭代的分类框架。虽然这些光谱分类器已经取得了较好的分类结果,但研究证明,如果将空间特征合并到分类器中,能够进一步提升分类精度[23]。因此,许多研究者将目光转向了在图像识别领域具有核心地位的深度卷积神经网络[24]。Zhong 等[25]设计了一种以原始的三维立方体作为输入数据的端到端的光谱空间残差网络。Feng 等[26]设计了一个 3D-2D 深度卷积神经网络模型,利用残差学习和深度可分离卷积来学习深层次的光谱空间特征。残差学习[27]等方法虽然可以解决模型向深度进发时所引发的过拟合等问题,但在解决 CNN 向深层进发时所引起特征图分辨率下降、细节特征丢失,进而导致最终分类精度下降的问题上仍有进一步的提升空间。针对这一问题,Li 等[28]结合反卷积与全卷积来增强空间分辨率,Mou 等[29]提出一种由全卷积和反卷积搭建的无监督光谱空间特征学习网络结构。这类方法往往需要在反卷积前设置最大池化层来去除冗余,减少计算负担,但最大池化层同样会带来特征丢失的问题。以往的方法通常无法有效地解决这种信息丢失的问题,从而导致最终分类精度的下降。另一方面,Ma 等[30]提出一种带有跳跃结构的端到端的反卷积网络来学习光谱空间特征,该方法通过超链接来融合深层和浅层的判别特征,从而弥补损失的特征信息,并进一步提升性能。但其面临的一大问题是无法精准地找出最优的深浅融合层,同时,过多的跳跃结构也会增加模型过拟合的风险。另一种提取有效判别特征的传统策略是基于特征融合的宽网络,如 Lee 等[31]提出的利用多尺度滤波器的光谱空间特征融合的分类方法和 Gao 等[32]提出的多分支融合分类方法等。但这些宽网络往往只对某一特征图进行优化,而对其他特征图优化不足。

为了解决这些问题,本章使用一种双边融合块网络(Bilateral Fusion Block Network,BFBN)对高光谱影像进行分类,与以往的高光谱影像分类算法模型通过增加深度或扩展深度来获取更为丰富的特征相比,它更加注重挖掘已被提取的特征信息,即将同一特征图内更具有代表性的判别特征与其他特征相分离,并采取不同方法进行处理,从而完成对特征图的优化。在结构方面,它由上下 2 个结构组成,常规卷积、转置卷积、上采样和最大池化层为下结构,1×1 卷积层和超链接为上结构。下结构负责对更具代表性的判别特征进行强化处理,上结构负责传递被丢失的局部空间联系性信息。上下结构共同作用,以达成更高效的分类精度。

3.2 用于 HSI 分类的双边融合 CNN 模型

3.2.1 双边融合块网络

图 3-1 展示了双边融合块网络高光谱分类框架的总体流程。从图 3-1 可以看出,为缓和高维性、节约计算成本,首先应用主成分分析法(Principal Component Analysis,PCA)抽象出高光谱影像中最具有信息量的波段子集;然后建立以标记像素为中心的图像块,并传送给双边融合块网络进行训练;最后对待测像素的标签进行预测。其中,双边融合块网络主体由双边融合块、全连接以及 Sigmoid 分类函

数构成,双边融合块的个数与高光谱影像的复杂程度相关。

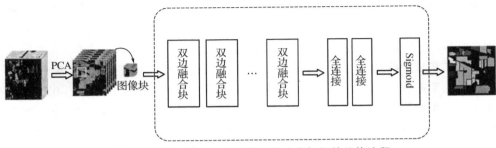

图 3 - 1　双边融合块网络高光谱分类框架的总体流程

3.2.2　双边融合块

图 3 - 2 展示了双边融合块的整体结构,它由上下 2 个结构组成。上结构负责传递原始的局部空间联系,由一个带有 1×1 卷积的超链接构成;下结构负责提取更具代表性的判别特征并强化,由 2 个卷积层、1 个最大池化层,以及带有上采样层和转置卷积层的双层结构共同组成。接下来以基准数据集 Indian Pines 的参数设置为例,展示双边融合块的具体设置过程。

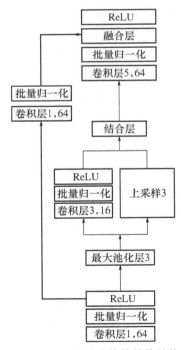

图 3 - 2　双边融合块的整体结构

首先,将输入图像块的大小设置为 15,21×21(表示空间尺寸为 21 像素×21 像素,图层共计 15 层),并将第一卷积层中的滤波器尺寸设置为 16,5×5,步长设置为(1,1),输入图像块与滤波器卷积后得到尺寸为 16,21×21 的新特征图。然后,利用缩小比例因数为(3,3)的池化层对该特征图进行最大特征提取,以此得到一个尺寸为 16,7×7 的特征图。包含转置卷积和上采样的双层结构将会对该特征图进行强化处理,将前者的滤波器尺寸设置为 16,3×3,步长设置为(3,3),后者则沿着特征图的行和列分别将这些最大特征重复 3 次,再将二者所得的特征图结合为一个 32,21×21 的融合特征图。接着,将该融合特征图被传递给滤波器尺寸为 64,5×5 的第二卷积层,并在 ReLU 处理前,与上结构中经 64,1×1 的滤波器处理后得到的尺寸为 64,21×21 的特征图相融合,进而生成最终的输出特征图谱。本章的 BFBN 模型还为每层卷积添加了批量归一化(BN)和 ReLU 函数加快训练过程,提高泛化能力。

池化层在提取优质特征,去除噪声冗余和抑制过拟合等方面有着出色的表现。在本设计中,池化操作提取特征图中的最优特征,双层结构负责对最优特征进行强化,即利用转置卷积重构最优特征的特征图谱,扩展其空间分辨率;利用上采样将最优特征复制到一定空间范围内。最后将二者的输出拼接,得到更具代表性的判别特征强化图。

图 3-3 展示了转置卷积与上采样原理。转置卷积层可以将单个输入特征与多个输出特征相关联。上采样将池化层提取出的最大特征值直接复制到附近位置上,从而扩充特征图谱。

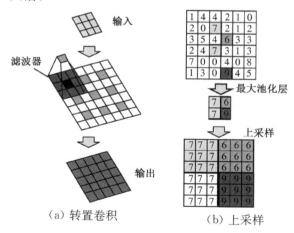

(a) 转置卷积　　　　　　(b) 上采样

图 3-3　转置卷积与上采样原理

3.3 实验与结果

本章仍然在 Indian Pines、Pavia University 和 Salinas 这 3 个基准数据集上对双边融合网络进行测试,以验证其有效性。Indian Pines 数据集在光谱域上去掉 20 个吸水带后,实验数据集波段总数为 200 个,可用的地面真值为 16 类。Pavia University 数据集去掉吸水带后,实验数据集波段总数为 103 个,可用的地面真值为 9 类。Salinas 数据集在光谱域上去掉 20 个吸水带后,实验数据集波段总数为 204 个,可用的地面真值为 16 类。这三个数据集的地面真值图以及每幅高光谱影像中各个分类的样本集数量具体见 1.3.2 节。

3.3.1 实验设置

本章使用的双边融合块网络基于 Python 语言与 Keras 深度学习框架。实验环境为 64 位 Windows10 操作系统,RAM 16 GB 和 NVIDIA GeForce GTX 1660 Ti 6 GB GPU。为了防止不同的训练样本所带来的偏差,实验取相同条件下 20 次以上实验结果的平均值进行分析。本模型采用随机梯度下降法更新权重,学习率为 0.01,全连接中的 Dropout 层断开的神经元比例设置为 0.3,激活函数为 ReLU。实验过程中还对双边融合块网络进行了小批量梯度下降的训练,训练样本设置为 16 个,epoch 设置为 200。

对于 Indian Pines 数据集,随机选取 10% 的样本作为训练样本,并将剩余的 90% 作为测试样本。对于 Pavia University 数据集,随机选取 2% 的样本作为训练样本,并将剩余的 98% 作为测试样本。对于 Salinas 数据集,随机选取 0.5% 的样本作为训练样本,并将剩余的 99.5% 作为测试样本。

为了更好地衡量分类准确度,仍然使用 1.3.3 节介绍总体精度(OA)、平均精度(AA)和 Kappa 系数(Kappa)作为评价指标。

3.3.2 模型合理性测试

双边融合块网络最优参数如表 3-1 所示。

表 3 - 1　双边融合块网络最优参数

层	内核	输出尺寸		
		Indian Pines 数据集	Pavia University 数据集	Salinas 数据集
图像块	—	21 像素×21 像素，15 层	21 像素×21 像素，15 层	33 像素×33 像素，21 层
卷积层 1	5×5	21 像素×21 像素，16 层	21 像素×21 像素，24 层	33 像素×33 像素，16 层
最大池化层	3×3	7 像素×7 像素，16 层	7 像素×7 像素，24 层	11 像素×11 像素，16 层
转置卷积和上采样	3×3	21 像素×21 像素，16 层	21 像素×21 像素，24 层	33 像素×33 像素，16 层
结合层	—	21 像素×21 像素，32 层	21 像素×21 像素，48 层	33 像素×33 像素，32 层
卷积层 2	5×5	21 像素×21 像素，64 层	21 像素×21 像素，96 层	33 像素×33 像素，64 层
1×1 卷积	1×1	21 像素×21 像素，64 层	21 像素×21 像素，96 层	33 像素×33 像素，64 层
融合层	—	21 像素×21 像素，64 层	21 像素×21 像素，96 层	33 像素×33 像素，64 层
全连接 1	ReLU	—	128	—
全连接 2	ReLU	—	64	—
训练参数	—	3 924 928	5 922 401	9 074 528
双边融合块个数	—	4	3	2

为了验证双边融合块中各个层的有效性，本章以 Indian Pines 数据集为例，对设置不同层的合理性进行分析，结果如表 3 - 2 所示。由表 3 - 2 中可知，当不采用转置卷积、上采样和超链接时，OA 仅为 97.78%，分别加入上述 3 种优化手段后，OA 均有不同程度的提升。当同时使用上采样和转置卷积时，OA 达到 98.37%，优于仅采用转置卷积或上采样的 98.15% 和 98.29%。超链接结构的加入也使得 OA 提升，这是因为引入了原始的局部空间相关性。若同时采用上述 3 种优化手段，OA 可以达到 98.45%。

表 3 - 2　利用 Indian Pines 数据集分析双边融合块网络的层设置

超链接	上采样	转置卷积	OA	AA	Kappa
×	×	×	97.78%	91.19%	0.974 6
×	×	√	98.15%	95.53%	0.978 9

超链接	上采样	转置卷积	OA	AA	Kappa
×	√	×	98.29%	96.61%	0.980 5
√	×	×	97.83%	95.46%	0.975 3
×	√	√	98.37%	96.82%	0.981 4
√	√	×	98.39%	96.58%	0.981 7
√	×	√	98.35%	95.33%	0.981 2
√	√	√	98.45%	96.12%	0.982 3

3.3.3 小样本测试

小样本问题是现有 HSI 分类方法中普遍存在的问题。为了评估双边融合块网络在小训练集下的分类性能,考虑从各类中随机抽取一定比例的样本作为训练集,剩下的样本作为测试集。例如对于 Indian Pines 数据集,随机选取 1%、3%、5%、7%、10% 的训练样本进行测试;对于 Pavia University 数据集,随机选取 0.5%、1%、2%、3%、5% 的训练样本进行测试;对于 Salinas 数据集,随机选取 0.1%、0.5%、1%、2%、3% 的训练样本进行测试。测试结果如表 3-3~表 3-5 所示。可以看出,双边融合块网络具有非常好的小样本分类性能,对 Salinas 数据集分类表现最佳,0.5% 的训练样本 OA 即可达到 98.71%;其次是 Pavia University 数据集,2% 的训练样本 OA 为 98.74%;在 Indian Pines 数据集的表现上,10% 的训练样本 OA 可达 98.45%。

表 3-3　Indian Pines 数据集在小样本情况下的分类结果

训练样本占比	OA	AA	Kappa
1%	64.97%	46.41%	0.595 3
3%	86.81%	73.92%	0.848 8
5%	94.78%	85.37%	0.940 3
7%	97.11%	91.97%	0.967 0
10%	98.45%	96.12%	0.982 3

表 3-4　Pavia University 数据集在小样本情况下的分类结果

训练样本占比	OA	AA	Kappa
0.5%	89.99%	81.53%	0.865 7
1%	96.41%	92.82%	0.951 0

续表

训练样本占比	OA	AA	Kappa
2%	98.74%	97.74%	0.983 3
3%	99.31%	98.56%	0.990 9
5%	99.65%	99.14%	0.995 3

表 3 - 5　Salinas 数据集在小样本情况下的分类结果

训练样本占比	OA	AA	Kappa
0.1%	82.46%	76.41%	0.803 2
0.5%	98.71%	98.64%	0.985 6
1%	99.71%	99.62%	0.996 8
2%	99.87%	99.80%	0.998 6
3%	99.92%	99.91%	0.999 1

3.3.4　与其他模型的比较

为了评价双边融合块网络的性能,本节与 5 种经典的基于卷积神经网络的高光谱影像分类模型进行对比,包括 RPCA-CNN(Randomized Principal Component Analysis Convolutional Neural Network,随机主成分分析卷积神经网络)模型[13]、带有多尺度滤波器的深度网络 DCNN(Deep Convolutional Neural Network,深度卷积神经网络)模型[31]、全卷积增强网络 FCNN(Fully Convolutional Neural Network,全卷积神经网络)模型[28]、利用空谱特征进行分类的 3D 网络 SSRN(Spectral-Spatial-Residual Network,频谱空间残差网络)模型[25]和具有 16 层卷积的 2D 经典残差网络 DRN(Deep Residual Network,深度残差网络)模型[27]。为了使所有的性能评估基于相同的条件,DCNN 模型、FCNN 模型、SSRN 模型与 DRN 模型均采用批量归一化层优化训练过程,批尺寸为 16 个。RPCA-CNN 的批尺寸为 32 个。为了更好地与传统的残差网络进行对比,DRN 模型的训练集与双边融合块网络相同。其余参数参考相关文献设置。

在训练样本大小固定的情况下,对各种模型的性能进行测试。在 Indian Pines 数据集中随机选取 10% 的样本进行训练,其余 90% 的样本进行测试。图 3 - 4 展示了不同模型的分类效果。

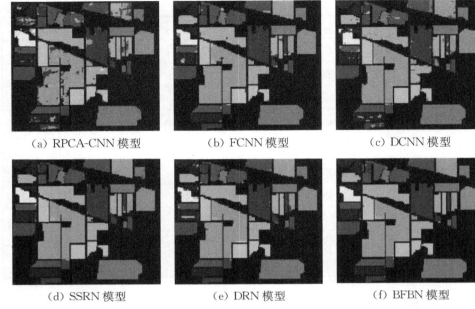

（a）RPCA-CNN 模型　　　　（b）FCNN 模型　　　　（c）DCNN 模型

（d）SSRN 模型　　　　　（e）DRN 模型　　　　（f）BFBN 模型

图 3 - 4　Indian Pines 数据集上不同模型对标记像素的分类结果

　　从图 3 - 4 中可以看出，RPCA-CNN 模型的分类效果最差，其分类图中具有相当大的噪声，这是因为该模型深度不够，无法提取到具有代表性的判别特征，同时对训练过程中出现的过拟合、分辨率下降等现象没有进行相应的优化调整。而在其他的分类模型中，注重增加网络深度的算法模型（SSRN 模型、DRN 模型、BFBN 模型）所取得的分类结果要明显优于其他对比模型。此外，与 SSRN 模型和 DRN 模型相比，本章的双边融合块网络模型（BFBN 模型）能够更准确地对近边缘区域的像素进行分类，而且最终的分类图与真值图（图 1 - 1）更加相似。表 3 - 6 和表 3 - 7 给出了 Indian Pines 数据集的定量分析结果。RPCA-CNN 模型所取得的定量分析结果最差，BFBN 模型在 OA、Kappa 上均取得了最优的结果，而在 AA 上略低于 SSRN 模型，这是由于在 Indian Pines 数据集中存在类别样本极度不均衡的现象。而基于 3D 卷积神经网络的 SSRN 模型加入原始高光谱影像的光谱上下文联系后，克服了这一缺点，但却忽略了卷积神经网络在向深处进发时所引发的空间分辨率下降问题，且并未利用已提取到的特征。因此综合评价分类精度，本章的 BFBN 模型取得了最优结果。

表 3－6　**Indian Pines 数据集与其他分类模型的比较**

类别	RPCA-CNN 模型	FCNN 模型	DCNN 模型	SSRN 模型	DRN 模型	BFBN 模型
Alfalfa	34.88%	90.12%	43.66%	93.41%	90.37%	96.10%
Corn-notill	60.91%	93.11%	89.91%	97.59%	94.30%	95.54%
Corn-mintill	57.19%	97.03%	93.68%	98.71%	96.14%	99.35%
Corn	54.32%	93.92%	82.86%	91.22%	85.12%	98.99%
Grass-pasture	92.08%	96.34%	97.31%	99.79%	98.31%	98.77%
Grass-trees	97.63%	97.60%	99.09%	99.70%	98.86%	99.06%
Grass-pasture-mowed	79.20%	99.00%	91.20%	98.60%	93.80%	96.20%
Hay-windrowed	99.93%	99.30%	99.91%	99.84%	99.95%	99.97%
Oats	57.22%	82.78%	69.17%	95.28%	78.06%	73.89%
Soybean-notill	76.05%	97.49%	93.69%	99.25%	98.13%	98.63%
Soybean-mintill	63.95%	98.28%	94.14%	96.30%	99.04%	99.51%
Soybean-clean	48.16%	91.83%	91.22%	97.21%	92.36%	96.47%
Wheat	99.30%	96.32%	99.76%	99.78%	98.57%	97.49%
Woods	94.79%	99.78%	98.78%	99.73%	99.73%	99.93%
Buildings-Grass-Trees-Drives	77.59%	93.78%	85.46%	95.26%	96.71%	98.90%
Stone-steel-towers	99.82%	87.20%	96.13%	98.75%	89.17%	89.11%

表 3－7　**Indian Pines 数据集的分类结果**

分类模型	Kappa	OA	AA
RPCA-CNN 模型	0.700 8	73.65%	74.56%
FCNN 模型	0.961 5	96.63%	94.62%
DCNN 模型	0.930 5	93.91%	89.12%
SSRN 模型	0.976 4	97.93%	97.53%
DRN 模型	0.967 5	97.15%	94.29%
BFBN 模型	0.982 3	98.45%	96.12%

第二和第三个实验分别在 Pavia University 数据集和 Salinas 数据集上进行。对于 Pavia University 数据集，随机选取 2% 的样本作为训练样本，剩余的样本作为测试样本。对于 Salinas 数据集，选取 0.5% 的样本作为训练样本，剩余的样本作为测试样

本。图 3-5 和图 3-6 给出了由不同分类方法得到的分类图,表 3-8～表 3-11 为相应的定量分析结果。同样地,在视觉效果上,双边融合块网络模型在 2 个数据集上所展示的地物分类图噪声最少,且与图 1-2、图 1-3 所展示的地物真值图最为相近;在定量分析中,BFBN 模型在 Pavia University 数据集和 Salinas 数据集上的 OA 分别达到了 98.74% 和 98.71%,OA、Kappa 及 AA 均高于其他对比方法。总之,BFBN模型在 Indian Pines 数据集、Pavia University 数据集和 Salinas 数据集上均有较好的性能。

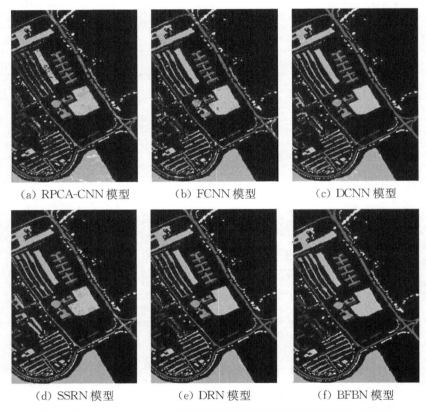

(a) RPCA-CNN 模型　　　　(b) FCNN 模型　　　　(c) DCNN 模型

(d) SSRN 模型　　　　(e) DRN 模型　　　　(f) BFBN 模型

图 3-5　Pavia University 数据集上不同模型对标记像素的分类结果

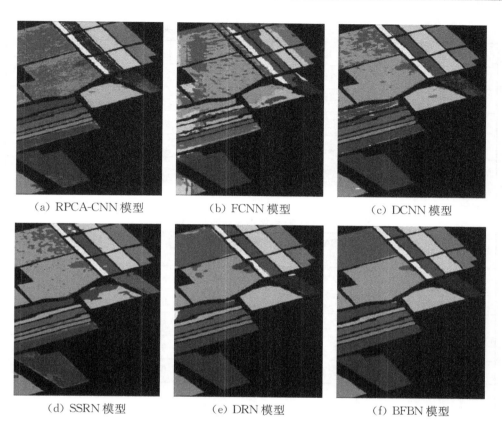

（a）RPCA-CNN 模型　　　　　（b）FCNN 模型　　　　　（c）DCNN 模型

（d）SSRN 模型　　　　　　（e）DRN 模型　　　　　　（f）BFBN 模型

图 3 - 6　Salinas 数据集上不同模型对标记像素的分类结果

表 3 - 8　Pavia University 数据集与其他分类模型的比较

类别	RPCA-CNN 模型	FCNN 模型	DCNN 模型	SSRN 模型	DRN 模型	BFBN 模型
Asphalt	70.04％	86.46％	96.79％	97.40％	97.42％	98.16％
Meadows	84.28％	98.41％	99.23％	99.89％	99.75％	99.86％
Gravel	88.17％	65.25％	67.98％	88.64％	89.02％	96.11％
Trees	92.97％	71.72％	97.03％	97.08％	95.81％	96.60％
Painted metal sheets	100.00％	84.11％	96.50％	99.91％	94.94％	97.22％
Bare soil	75.27％	91.61％	92.10％	99.54％	99.73％	99.61％
Bitumen	95.69％	61.62％	67.64％	99.55％	94.93％	98.81％
Self-blocking bricks	60.09％	86.58％	88.08％	96.44％	88.13％	97.52％
Shadows	99.88％	59.14％	99.41％	99.98％	96.75％	95.78％

表 3－9　Pavia University 数据集的分类结果

分类模型	Kappa	OA	AA
RPCA-CNN 模型	0.753 9	80.94%	85.15%
FCNN 模型	0.849 1	88.74%	78.32%
DCNN 模型	0.924 0	94.30%	89.42%
SSRN 模型	0.978 8	98.40%	97.60%
DRN 模型	0.963 0	97.21%	95.16%
BFBN 模型	0.983 3	98.74%	97.74%

表 3－10　Salinas 数据集与其他分类模型的比较

类别	RPCA-CNN 模型	FCNN 模型	DCNN 模型	SSRN 模型	DRN 模型	BFBN 模型
Brocoli_green_weeds_1	99.99%	57.71%	77.03%	95.48%	97.36%	99.45%
Brocoli_green_weeds_2	81.90%	78.83%	98.25%	97.97%	99.34%	99.96%
Fallow	22.50%	85.04%	82.33%	87.17%	94.87%	99.97%
Fallow_rough_plow	91.23%	81.69%	98.76%	97.45%	93.77%	98.34%
Fallow_smooth	59.10%	97.54%	92.29%	95.11%	93.54%	98.57%
Stubble	99.53%	93.73%	99.94%	99.90%	98.23%	99.81%
Celery	93.05%	77.67%	98.40%	98.79%	98.16%	99.48%
Grapes_untrained	36.76%	78.56%	69.84%	80.93%	95.05%	96.78%
Soil_vinyard_develop	72.10%	97.90%	99.12%	99.55%	99.70%	100.00%
Corn_senesced_green _weeds	73.37%	98.07%	91.87%	93.60%	97.35%	99.77%
Lettuce_romaine_4wk	60.86%	84.15%	25.40%	86.31%	92.99%	98.25%
Lettuce_romaine_5wk	22.66%	96.44%	98.61%	91.50%	89.96%	99.71%
Lettuce_romaine_6wk	41.34%	84.12%	98.98%	98.09%	89.46%	93.87%
Lettuce_romaine_7wk	97.60%	91.01%	88.94%	93.96%	92.79%	95.75%
Vinyard_untrained	63.91%	55.72%	74.50%	72.31%	89.33%	98.62%
Vinyard_vertical_trellis	86.25%	39.11%	93.87%	94.39%	97.75%	99.87%

表 3 - 11　Salinas 数据集的分类结果

分类模型	Kappa	OA	AA
RPCA-CNN 模型	0.614 5	64.70%	68.48%
FCNN 模型	0.778 7	80.21%	81.08%
DCNN 模型	0.840 0	85.60%	86.76%
SSRN 模型	0.886 4	89.79%	92.66%
DRN 模型	0.948 7	95.39%	95.15%
BFBN 模型	0.985 6	98.71%	98.64%

3.4　总结与讨论

本章介绍了一种基于卷积神经网络的高光谱影像分类模型——双边融合块网络模型 BFBN。作为一种新的提取判别特征的模型，它有效克服了空间分辨率下降和特征信息丢失所带来的精度下降问题，此外，它提供了一种新的提取更具代表性的判别特征的思路。在 3 个基准数据集上的实验结果表明，该模型在分类图的视觉质量和定量指标上均有出色的表现。

虽然双边融合块网络在性能方面非常优异，但仍缺乏对上、下结构所获得的特征图进行权重分配的研究。在未来的工作中，可以考虑引入注意力机制，系统地分配 2 个特征图占比，进一步提高分类精度。

参考文献

[1] LUO B, YANG C H, CHANUSSOT J, et al. Crop yield estimation based on unsupervised linear unmixing of multidate hyperspectral imagery [J]. IEEE Transactions on Geoscience and Remote Sensing, 2013, 51(1): 162 - 173.

[2] WT YUEN P, RICHARDSON M. An introduction to hyperspectral imaging and its application for security, surveillance and target acquisition [J]. Imaging Science Journal, 2010, 58(5): 241 - 253.

[3] SANDIDGE J C, HOLYER R J. Coastal bathymetry from hyperspectral observations of water radiance [J]. Remote Sensing of Environment, 1998, 65(3): 341 - 352.

[4] ZHANG L F, ZHANG L P, TAO D C, et al. Hyperspectral remote sensing image subpixel target detection based on supervised metric learning [J]. IEEE

Transactions on Geoscience and Remote Sensing，2014，52(8)：4955－4965.

[5] LI J，BIOUCAS-DIAS J M，PLAZA A. Semisupervised hyperspectral image segmentation using multinomial logistic regression with active learning[J]. IEEE Transactions on Geoscience and Remote Sensing，2010，48(11)：4085－4098.

[6] SAMANIEGO L，BARDOSSY A，SCHULZ K. Supervised classification of remotely sensed imagery using a modified KNN technique[J]. IEEE Transactions on Geoscience and Remote Sensing，2008，46(7)：2112－2125.

[7] MELGANI F，BRUZZONE L. Classification of hyperspectral remote sensing images with support vector machines[J]. IEEE Transactions on Geoscience and Remote Sensing，2004，42(8)：1778－1790.

[8] WANG Q，LIN J Z，YUAN Y. Salient band selection for hyperspectral image classification via manifold ranking[J]. IEEE Transactions on Neural Networks and Learning Systems，2016，27(6)：1279－1289.

[9] JIA S，TANG G H，ZHU J S，et al. A novel ranking-based clustering approach for hyperspectral band selection[J]. IEEE Transactions on Geoscience and Remote Sensing，2016，54(1)：88－102.

[10] LICCIARDI G，MARPU P R，CHANUSSOT J，et al. Linear versus nonlinear PCA for the classification of hyperspectral data based on the extended morphological profiles[J]. IEEE Geoscience and Remote Sensing Letters，2012，9(3)：447－451.

[11] VILLA A，BENEDIKTSSON J A，CHANUSSOT J，et al. Hyperspectral image classification with independent component discriminant analysis[J]. IEEE Transactions on Geoscience and Remote Sensing，2011，49(12)：4865－4876.

[12] LIU X，ZHANG B，GAO L R，et al. A maximum noise fraction transform with improved noise estimation for hyperspectral images[J]. Science in China Series F：Information Sciences，2009，52(9)：1578－1587.

[13] MAKANTASIS K，KARANTZALOS K，DOULAMIS A，et al. Deep supervised learning for hyperspectral data classification through convolutional neural networks[C]//2015 IEEE International Geoscience and Remote Sensing Symposium. Piscataway：IEEE Press，2015：4959－4962.

[14] GHAMISI P，PLAZA J，CHEN Y S，et al. Advanced spectral classifiers for hyperspectral images：A review[J]. IEEE Geoscience and Remote Sensing Magazine，2017，5(1)：8－32.

［15］ GAO W, PENG Y. Ideal kernel-based multiple kernel learning for spectral-spatial classification of hyperspectral image［J］. IEEE Geoscience and Remote Sensing Letters, 2017, 14(7): 1051 - 1055.

［16］ CHEN Y, NASRABADI N M, TRAN T D. Hyperspectral image classification via kernel sparse representation[J]. IEEE Transactions on Geoscience and Remote Sensing, 2013, 51(1): 217 - 231.

［17］ CHEN P, NELSON J D B, TOURNERET J Y. Toward a sparse Bayesian Markov random field approach to hyperspectral unmixing and classification ［J］. IEEE Transactions on Image Processing, 2017, 26(1):426 - 438.

［18］ LECUN Y, BENGIO Y, HINTON G. Deep learning[J]. Nature, 2015,521 (7553): 436 - 444.

［19］ KRIZHEVSKY A, SUTSKEVER I, HINTON G E. ImageNet classification with deep convolutional neural networks［J］. Communications of the ACM, 2017, 60(6): 84 - 90.

［20］ GIRSHICK R, DONAHUE J, DARRELL T, et al. Rich feature hierarchies for accurate object detection and semantic segmentation［C］// 2014 IEEE Conference on Computer Vision and Pattern Recognition. Piscataway: IEEE Press, 2014: 580 - 587.

［21］ CHEN Y S, LIN Z H, ZHAO X, et. al. Deep learning-based classification of hyperspectral data[J]. IEEE Journal of Selected Topics in Applied Earth Observations and Remote Sensing, 2014, 7(6): 2094 - 2107.

［22］ LIU P, ZHANG H, EOM K B. Active deep learning for classification of hyperspectral images[J]. IEEE Journal of Selected Topics in Applied Earth Observations and Remote Sensing, 2017, 10(2): 712 - 724.

［23］ GHAMISI P, MAGGIORI E, LI S T, et al. New frontiers in spectral-spatial hyperspectral image classification the latest advances based on mathematical morphology, Markov random fields, segmentation, sparse representation and deep learning[J]. IEEE Transactions on Geoscience and Remote Sensing Magazine, 2018, 56(3): 10 - 43.

［24］ LI S T, SONG W W, FANG L Y, et al. Deep learning for hyperspectral image classification: An overview[J]. IEEE Transactions on Geoscience and Remote Sensing, 2019, 57(9): 6690 - 6709.

［25］ ZHONG Z L, LI J, LUO Z M, et al. Spectral-spatial residual network for hyperspectral image classification: A 3D deep learning framework[J]. IEEE

Transactions on Geoscience and Remote Sensing, 2018, 56(2)：847 - 858.

[26] FENG F, WANG S T, WANG C Y, et al. Learning deep hierarchical spatial-spectral features for hyperspectral image classification based on residual 3D-2D CNN[J]. Sensors, 2019, 19(23)：5276.

[27] HE K M, ZHANG X Y, REN S Q, et al. Deep residual learning for image recognition[C]// 2016 IEEE Conference on Computer Vision and Pattern Recognition. Piscataway：IEEE Press, 2016：770 - 778.

[28] LI J J, ZHAO X, LI Y S, et al. Classification of hyperspectral imagery using a new fully convolutional neural network[J]. IEEE Geoscience and Remote Sensing Letters, 2018, 15(2)：292 - 296.

[29] MOU L C, GHAMISI P, ZHU X X. Unsupervised spectral-spatial feature learning via deep residual conv-deconv network for hyperspectral image classification[J]. IEEE Transactions on Geoscience and Remote Sensing, 2017, 56(1)：391 - 406.

[30] MA X R, FU A Y, WANG J, et al. Hyperspectral image classification based on deep deconvolution network with skip architecture[J]. IEEE Transactions on Geoscience and Remote Sensing, 2018, 56(8)：4781 - 4791.

[31] LEE H, KWON H. Going deeper with contextual CNN for hyperspectral image classification [J]. IEEE Transactions on Image Processing, 2017, 26(10)：4843 - 4855.

[32] GAO H M, YANG Y, LEI S, et al. Multi-branch fusion network for hyperspectral image classification[J]. Knowledge-Based Systems, 2019, 167：11 - 25.

思考题

1. 双边融合网络模型的结构特点是什么？分别对应基于深度卷积神经网络 HSI 分类算法的哪些问题？

2. 描述双边融合 CNN 模型用于 HSI 分类的具体处理步骤。

3. 转置卷积和上采样的原理是什么？如何设置双边融合块？

4. 如何引入注意力机制，并对上、下结构所获得的特征图进行权重分配，进一步提高双边融合网络模型的分类精度？

第四章

小卷积特征重用模型在高光谱影像光谱-空间分类中的应用

高光谱影像 HSI 在军事侦察、陆地利用、海洋监测等领域具有很大的潜力。近年来,卷积神经网络(CNN)已成功地用于高光谱数据的分类,并取得了良好的分类效果。然而,HSI 标记样本有限导致的小样本量问题仍然是基于 CNN 的 HSI 分类面临的主要挑战。此外,大多数 CNN 模型都需要学习大量的参数,导致计算开销较大。针对前述问题,本章介绍一种基于 CNN 的 HSI 分类模型——小卷积特征重用模型(Small Convolution Feature Reuse,SCFR)。该模型结构具有如下几个显著的特点:第一,可以较为鲁棒性地提取高光谱影像的空间特征和光谱特征。第二,除第一层外,所有的卷积层都是 1×1 卷积层,这能够大大地减少网络参数的数量,从而加快训练和测试速度。第三,模型中包括一个小卷积和特征重用(SC-FR)模块。SC-FR 模块由两个复合层组成,每个复合层又包括两个相连的 1×1 卷积层。通过跨层连接,将每个复合层的输入和输出特征串联起来,传递到下一个卷积层,从而实现特征重用机制。跨层连接增加了信息流且提高了中层特征的利用率,有效地增强了 CNN 的泛化能力。在三个基准 HSI 数据集上的实验结果表明,与几种最先进的 HSI 分类方法相比,该方法尤其是在训练样本有限的情况下具有竞争优势。

4.1　引言

高光谱影像(HSI)具有数百个连续波段,其光谱分辨率达到纳米级。因此,HSI 包含相当丰富和详细的地面真值信息。与全色和多光谱遥感数据相比,利用高光谱数据进行地物识别和分类具有很大的优势。一方面,可以识别更多的基本真值类。另一方面,在进行地物识别和分类时,可以灵活地选择样本和波段组合,从而显著提高地物识别的效率。此外,HSI 的获取为遥感技术的应用提供了新的研究方向,使遥感的定量或半定量分析成为可能。目前,HSI 已广泛应用于许多重要领域,如精密农业[1]、环境监测[2]、军事勘探[3]和海洋遥感[4]等。随着大数据技术的发展,HSI 因其巨大的潜在应用价值,在遥感大数据研究中具有广阔的应用前景[5]。

为了充分挖掘 HSI 的应用价值,学者们提出了许多 HSI 分类方法。例如,Chen 等人[6]采用核稀疏表示来实现 HSI 分类。针对 HSI 的高维谱特征和有限的训练样本,Qian 等人[7]提出了一种结合结构稀疏逻辑回归和三维离散小波变换(SLR-3D-DWT)的新方法。采用支持向量机(SVM)对 HSI 进行分类[8]。在文献[9]中优化了内核极限学习机(KELM)用于 HSI 分类。Zhang 等人[10]提出了一种基于聚类的分组稀疏编码方法,有效地提取光谱和空间特征。然而,这些传统的方法在应用于 HSI 分类时,由于相关度高、训练样本不足等原因,仍然面临着一些挑战,而且这些传统的浅层结构方法特征提取能力有限。

具有深层结构的深度学习模型,如卷积神经网络(CNN)[11]和递归神经网络(RNN)[12]能够以端到端的方式提取数据的深层特征。近年来,这些模型在语音识别[13]、图像分类[14]、自然语言处理[15]等领域取得了重大突破,尤其是 CNN 在图像分类[16]和目标检测[17]方面表现出优异的性能。因此,越来越多的人应用 CNN 对高光谱数据进行分类,显著提高了分类精度。例如,采用基于随机主成分分析和CNN(RPCA-CNN)的监督学习方法对 HSI 进行分类[18]。文献[19]提出了一种多分支融合网络,用于高光谱数据的谱域分类。Chen 等人[20]将 Gabor 滤波器与CNN(Gabor-CNN)结合用于 HSI 分类,以缓解过拟合问题。Liang 等人[21]采用CNN 提取高光谱数据的深层特征,并在稀疏表示分类框架下进一步挖掘深层特征。Lee 等人[22]提出了一种用于 HSI 分类的上下文深度 CNN,使用多尺度滤波器组实现空间-光谱信息的联合利用。基于 CNN 的 HSI 分类方法具有良好的分类性能,但训练样本不足容易导致 CNN 模型的过拟合。换言之,小样本问题仍然是基于 CNN 的 HSI 分类的主要挑战。因此专家学者们相继研究出一些在小训练集上具有竞争力的 HSI 分类方法。如 Paoletti 等人[23]提出了一种用于 HSI 分类的3D-CNN 模型,采用卷积网络结合马尔科夫随机场[24]对高光谱数据进行分类。Zhong 等人[25]开发了一种光谱-空间残差网络(SSRN),它可以连续地从 HSI 丰富的光谱特征和空间上下文中学习判别特征。在文献[26]中,通过引入残差学习,建立了一个深度特征融合网络(DFFN),它可以融合来自不同层次的输出。为了同时捕获光谱和空间特征,开发了具有跳跃结构的深度反卷积网络[27]和具有光谱注意力机制的密集卷积网络[28]。然而,由于这些模型结构较深或使用了三维卷积层,这些方法需要较高的计算成本,这可能会降低 HSI 分类的速度。

针对前述训练样本不足容易导致 CNN 模型的过拟合问题以及当前大多数CNN 模型较为复杂,训练参数较多,计算开销高的问题,本章介绍 SCFR 模型的结构及其在高光谱影像光谱-空间分类中的应用效果,SCFR 模型采用小卷积核和特征重用机制。主要工作如下:第一,SCFR 模型能够同时提取 HSI 的光谱特征和空间特征。第二,除第一层外,该模型所有的卷积层均为1×1卷积层,有效地减少了训练参数,降低了计算开销,加快了HSI分类速度。第一层是3×3卷积层,用于提取高光谱数据的空间上下文信息和光谱信息。第三,该模型使用由两个复合层组成的小卷积和特征重用(SC-FR)模块。将每个复合层的输入和输出特征串联起来,通过跨层连接传递到下一个卷积层,从而增加信息流,实现特征重用。为了更好地处理HSI信息,每个复合层由两个级联的1×1卷积层组成,而1×1卷积层实现了跨信道信息的交互和集成,使得该方法能够学习判别特征。因此,SC-FR模块可以缓解过拟合,提高模型的泛化能力。

本章的其余部分组织如下:4.2节详细描述了SCFR模型的结构和工作原理;4.3节通过比较实验验证了该模型和方法的有效性;4.4节为本章小结。

4.2 小卷积-特征重用模型

SCFR模型的框架结构如图4-1所示,可以看出,首先在光谱域上采用主成分分析(PCA)方法降维,提取光谱信息中信息量最大的 N 个成分,同时消除一些冗余信息。然后,利用光谱和空间信息,提取以标记像素为中心的 $S \times S \times N$ 图像块作为CNN的输入,其中 $S \times S$ 是图像块的空间大小。为了更好地实现HSI分类,该网络采用MSRA权重初始化方法、ReLU激活函数、Softmax分类器和BN算法。后续将详细介绍前文提及的相关方法、概念以及SCFR模型的网络结构。

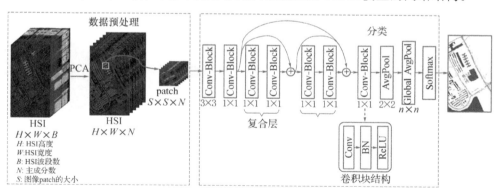

图4-1 SCFR模型的框架结构图

4.2.1 相关方法和概念

MSRA权重初始化方法:合理地初始化网络参数是优化网络模型的关键步骤,参数初始化不当会影响模型的收敛效果,甚至导致梯度离散。He等人[29]提出了 MSRA 初始化方法，使得权重服从于均值为零，方差为 $2/n_i$ 的高斯分布，如式（4.1）所示：

$$W \sim G\left[0, \sqrt{\frac{2}{n_i}}\right], \quad n_i = k_i^2 d_{i-1} \tag{4.1}$$

式中：k_i 是第 i 个卷积层中卷积核的大小；d_{i-1} 是第 $i-1$ 个卷积层中卷积核的数量。该方法通过使网络中各层输出的方差尽可能相等，有效地解决了前向传播中的梯度爆炸问题和后向传播中的梯度消失问题，使得信号在网络中传输得更深，并且加快了网络的收敛速度。

ReLU 激活函数：使用 ReLU 激活函数能够明显提高模型的表示能力，并且更好地解决复杂的多分类问题。2010 年，Nair 和 Hinton[30] 提出了一种校正线性单元（Rectified Linear Unit，ReLU），这是目前 CNN 等深度学习模型中最常用的激活函数之一。ReLU 的定义见式（4.2），其中 x 为 ReLU 函数的输入。

$$\text{ReLU}(x) = \max\{0, x\} = \begin{cases} x & x \geq 0 \\ 0 & x < 0 \end{cases} \tag{4.2}$$

Softmax 分类器：CNN 的分类器通常采用 Softmax 函数，如式（4.3）所示。Softmax 分类器的原理是将线性预测的结果指数设为非负，然后将指数值归一化到 $[0,1]$ 区间，进而得到每个类对应的概率，最后将概率最高的类作为模型的输出。例如，预测结果中第四类概率为 90%，第六类概率为 5%，则模型的输出为第四类对应的标签。

$$p_i = \frac{\exp(z_i)}{\sum\limits_{j=1}^{m} \exp(z_j)}, \quad i = 1, \cdots, m \tag{4.3}$$

式中：m 是标记类别的总数；z_i 表示第 i 个类的线性预测结果；p_i 表示输入样本属于第 i 个类的概率。

BN 算法：Ioffe 和 Szegedy[31] 在 2015 年提出了批量归一化（BN）算法。通常在激活函数前使用，使得激活函数的输入具有零均值和单位方差，从而保证输入信号的分布稳定，加快训练速度。BN 算法用于处理小批量数据，具体见式（4.4）：

$$\text{BN}(x) = \frac{x - \mu_B}{\sqrt{\sigma_B^2 + \varepsilon}} \cdot \gamma + \beta \tag{4.4}$$

式中：μ_B 和 σ_B^2 分别是小批量数据的均值和方差；γ 和 β 是可学习的参数；ε 代表一个非常小的数，防止方差为零，通常为 10^{-3}。

4.2.2　小卷积

近年来许多基于 CNN 的 HSI 分类模型，例如文献[23]，[26 - 28]，[32 - 34]

等都使用了小卷积核（1×1 和 3×3），小卷积已成为基于 CNN 的 HSI 分类研究的主流。大卷积核可以产生大的感受野，但也意味着需要学习大量的参数。因此，传统的卷积层具有大量的学习参数，计算量较大。一般来说，与大卷积核相比，小卷积核有两个优点。一是在感受野大小相同的情况下，小卷积核可以增强 CNN 模型的表示能力。小卷积核通过多层叠加可以获得与大卷积核大小相同的感受野，从而增加网络深度。因此，这在一定程度上使得 CNN 模型能够更加有效地提取判别特征，增强模型的泛化能力。

使用小卷积核的另一个优势是可以有效地减少网络训练参数，假设在第 l 个卷积层中，卷积核的大小为 $k \times k$，输入和输出的通道数分别为 C_{in} 和 C_{out}，输出特征图的高度和宽度分别为 H 和 W，则第 l 个卷积层中参数 P 的数量和浮点数运算 F（不考虑偏差）可定义为如式（4.5）和式（4.6）所示：

$$P = k \times k \times C_{in} \times C_{out} \tag{4.5}$$

$$F = H \times W \times P \tag{4.6}$$

根据式（4.5），假设 $C_{in} = C_{out} = C$，则 5×5 卷积层的参数为 $25C^2$，约为 3×3 卷积层的参数 $9C^2$ 的 2.8 倍，1×1 卷积层的参数 C^2 的 25 倍。因此，2 个堆叠的 3×3 卷积层的参数为 $18C^2$，比一个 5×5 卷积层的参数数量少。值得注意的是两个堆叠的 3×3 卷积核可以获得与一个 5×5 的卷积核大小相同的感受野。由于每个卷积层的输出通常由激活函数处理，因此与 5×5 的卷积层相比，两个堆叠的 3×3 卷积层能够提取更多的判别特征。总之，在设计 CNN 模型时，小卷积核是一种值得青睐的方法。

4.2.3　网络结构

小卷积特征重用模型 SCFR 的结构如图 4-1 所示，可以看出，所有卷积层都用小卷积核填充，除第一层卷积层外，其余所有卷积层都是 1×1 卷积层。首先，使用第一个 3×3 的卷积层，同时提取 HSI 像素块的空间上下文特征和光谱特征。然后，用 1×1 卷积层集成提取出的特征；再将集成的特征输入 SC-FR 模块，并将其传递到 1×1 卷积层，该卷积层之后是平均池化层。在 SC-FR 模块中，通过跨层连接（图 4-1 中右边框图内的曲线），将第一个复合层的输入和输出特征图串联起来，作为下一个复合层的输入。类似的，连接第二个复合层的输入和输出特征图并输入到随后的 1×1 卷积层，该卷积层之后是内核 2×2、步长 2×2 的平均池化层。最后，用一个全局平均池化层对所有高层特征进行汇总，预测结果由 Softmax 层输出。此外，用 BN 算法和 ReLU 函数处理各卷积层的输出，即 Conv→BN→ReLU。对于所有的卷积层，步长均设置为 1×1，且不应用填充（padding），这意味着经过卷积层处理后特征图的大小将保持不变。文献[35]中的网络，将第一个卷积层的通

道数设置为 g，所有其他卷积层的通道数设置为 $2g$，随着 g 值的增加，各卷积层的通道数也逐渐增加，因此称 g 为增长率。不同的增长率（g 值）意味着每一层接收到的新特征的数量不同。因此，可以通过调整网络的增长率来提高网络的泛化性能。

4.3　实验与结果

本节仍然通过在 Indian Pines，Salinas 和 Pavia University 这三个基准高光谱数据集上的实验，评估 SCFR 方法的分类效果。首先介绍选取数据的细节，然后给出具体的实验配置和数据预处理方法，最后显示实验结果并进行分析。

图 4-2 显示了 Indian Pines 数据集第 10 波段影像图，图 4-3 和图 4-4 分别显示了 Salinas 和 Pavia University 数据集第 30 波段影像图。这三幅高光谱影像的地面真值图见 1.3.2 节。

图 4-2　Indian Pines 数据集：第 10 波段影像图　　图 4-3　Salinas 数据集：第 30 波段影像图　　图 4-4　Pavia University 数据集：第 30 波段影像图

4.3.1　实验设置

本章的小卷积特征重用模型 SCFR 基于 Python 语言与 TensorFlow 深度学习框架。实验环境为 64 位 Windows10 操作系统，RAM 16 GB 和 NVIDIA GeForce GTX 1660 Ti 6 GB GPU。Batch Size ＝ 64，epochs＝60，采用 Adam 优化器对训练参数进行优化，学习率设置为 1e-2。除非另有说明，否则所有参数均根据上述内容进行设置。值得注意的是，在将数据输入 CNN 之前，这些数据被标准化为零均值和单位方差。

实验分为三部分:首先分析了影响分类精度的相关超参数,然后验证了 SC-FR 模块的有效性,最后将本章的方法与几种最先进的方法进行了比较。高光谱数据存在严重的类别不平衡问题,导致分类性能较差。例如,在 Indian Pines 数据集中,C2 类有 1428 个样本,而 C9 类只有 20 个样本(具体见表 4-1),这非常不利于样本的正确分类。因此,有必要尽可能地平衡每个类的训练样本数量。针对这一问题,设置了一个阈值 T,从每个类中随机选取样本,使得样本数达到 T。将选取出的样本用作训练集,其余有效样本用作测试集,即如果 $T=100$,则每个类将使用 100 个样本来训练模型。然而,在 Indian Pines 数据集中,某些类别的样本数太少。这种情况下,如果 Indian Pines 数据集中某一个类的样本数的 30% 为 Q,则该类的训练样本数量取 Q 和 T 的最小值。对于另外两个数据集,训练样本数量仅取决于 T。表 4-1、表 4-2 和表 4-3 分别显示了三个基准数据集在不同的阈值条件下每个类别的样本数量及训练集的详细情况。

表 4-1　Indian Pines 数据集:不同阈值条件下训练集的样本数　　单位:个

类别	样本数	200	100	75	50	25	5
C1	46	14	14	14	14	14	5
C2	1428	200	100	75	50	25	5
C3	830	200	100	75	50	25	5
C4	237	72	72	72	50	25	5
C5	483	145	100	75	50	25	5
C6	730	200	100	75	50	25	5
C7	28	9	9	9	9	9	5
C8	478	144	100	75	50	25	5
C9	20	6	6	6	6	6	5
C10	972	200	100	75	50	25	5
C11	2455	200	100	75	50	25	5
C12	593	178	100	75	50	25	5
C13	205	62	62	62	50	25	5
C14	1265	200	100	75	50	25	5
C15	386	116	100	75	50	25	5
C16	93	28	28	28	28	25	5
合计	10 249	1974	1191	941	657	354	80

表 4 - 2 Salinas 数据集:不同阈值条件下训练集的样本数　　　　　　单位:个

类别	样本数	200	100	75	50	25	5
C1	2009	200	100	75	50	25	5
C2	3726	200	100	75	50	25	5
C3	1976	200	100	75	50	25	5
C4	1394	200	100	75	50	25	5
C5	2678	200	100	75	50	25	5
C6	3959	200	100	75	50	25	5
C7	3579	200	100	75	50	25	5
C8	11 271	200	100	75	50	25	5
C9	6203	200	100	75	50	25	5
C10	3278	200	100	75	50	25	5
C11	1068	200	100	75	50	25	5
C12	1927	200	100	75	50	25	5
C13	916	200	100	75	50	25	5
C14	1070	200	100	75	50	25	5
C15	7268	200	100	75	50	25	5
C16	1807	200	100	75	50	25	5
合计	54 129	3200	1600	1200	800	400	80

表 4 - 3 Pavia University 数据集:不同阈值条件下训练集的样本数　　　　单位:个

类别	样本数	200	100	75	50	25	5
C1	6631	200	100	75	50	25	5
C2	18 649	200	100	75	50	25	5
C3	2099	200	100	75	50	25	5
C4	3064	200	100	75	50	25	5
C5	1345	200	100	75	50	25	5
C6	5029	200	100	75	50	25	5
C7	1330	200	100	75	50	25	5
C8	3682	200	100	75	50	25	5

类别	样本数	200	100	75	50	25	5
C9	947	200	100	75	50	25	5
合计	42 776	1800	900	675	450	225	45

4.3.2　实验结果与分析

为了评估 SCFR 方法的分类效果,使用总体精度(OA)、平均精度(AA)和 Kappa 系数(Kappa)作为衡量指标。其中,OA 是正确分类的样本总数与所有测试样本总数的比率。AA 是所有类别分类精度的平均值。Kappa 用于评估所有类别的分类一致性。为了保证实验结果的客观性,每个实验重复进行 10 次,记录相应的平均值及所有测评指标的标准差。此外,采用 ROC 曲线进一步评价该方法的性能。在 ROC 曲线图中,垂直轴和水平轴分别为真阳性率(TPR)和假阳性率(FPR)。根据 ROC 曲线图可以得到 ROC 曲线下与坐标轴围成的面积 AUC 值,AUC 值是一个定量的度量,AUC 值越接近 1,分类器的性能越好。TP、TN、FP 和 FN 分别表示真阳性、真阴性、假阳性和假阴性样本的数量。

1) 参数分析

本节分析了一些诸如 patch 尺寸、主成分数和增长率等超参数对分类结果的影响,在 $T=100$ 的情况下,对三个基准数据集进行分类。patch 尺寸、主成分数和增长率分别表示为 $S \times S$、N 和 g。图 4-5 显示了在不同超参数情况下,SCFR 方法在三个数据集中的分类结果,用 OA 指标衡量。超参数的具体分析如下:

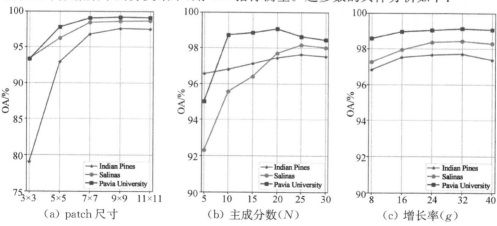

(a) patch 尺寸　　　　(b) 主成分数(N)　　　　(c) 增长率(g)

图 4-5　三个数据集上不同参数的分类结果(OA)

(1) patch 尺寸分析:设置 $N=20$，$g=24$。如图 4-5(a)所示,在所有的数据集中,OA 先是迅速增加,然后随着 patch 尺寸的增加而趋于稳定。如果 patch 面积过小,空间信息得不到充分利用,会导致分类效果不佳,但 patch 尺寸越大,计算量就越大。因此综合考虑,将 Indian Pines、Salinas 和 Pavia University 数据集中的 S 分别设置为 9、7 和 7。

（2）主成分数分析:设置 $g=24$。如图 4-5(b)所示,OA 随着 N 的增加先增大后减小。N 越大表示利用的光谱信息越多。但是,如果网络的 N 值过大,则会有大量的冗余信息输入到网络中,从而降低网络的性能。当 $N=25$ 时,Indian Pines 和 Salinas 数据集各自的分类精度最高。而 Pavia University 数据集,当 $N=20$ 时,分类效果最好。因此,在后续实验中,Indian Pines、Salinas 和 Pavia University 数据集中的 N 值分别设置为 25、25 和 20。

（3）增长率分析:如图 4-5(c)所示,对于三个基准数据集,OA 首先增加,然后略有下降。卷积层的通道数随着 g 的增加而增加,网络能够更稳定地提取特征。但是当通道数过大时,SCFR 方法的性能并不能得到明显的改善,而且计算量明显增加,导致分类速度变慢。实验结果表明,$g=32$ 时,SCFR 模型在三个数据集上的分类精度均最高。因此,将 Indian Pines、Salinas 和 Pavia University 数据集中的 g 值均设置为 32。

2）SC-FR 模块的影响

为了验证 SC-FR 模块的有效性,通过改变模型的 SC-FR 模块,建立了多个比较模型(A/B/C/D/E),这些比较模型仅在 SC-FR 模块的位置与本章的 SCFR 模型(也可称 F 模型)不同。为了得到这些比较模型,对 SC-FR 模块进行了如下修改:

模型 A:将所有 1×1 卷积层替换为 3×3 卷积层;

模型 B:将所有 1×1 卷积层替换为 3×3 卷积层,而且取消了跨层连接;

模型 C:仅取消跨层连接;

模型 D:使用两个残差模块[36]堆叠起来替换 SC-FR 模块;

模型 E:采用密集块[35]替换 SC-FR 模块。

用于替换 SC-FR 模块的模型 A-E 的结构如图 4-6(a～e)所示,图 4-6(f)是 SC-FR 模块。

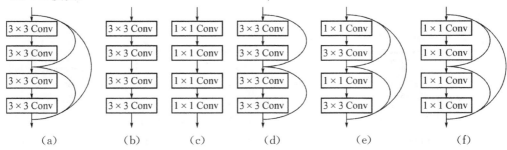

图 4-6 (a)～(e)模型 A-E 的结构图;(f)SC-FR 模块的结构图

　　图 4－7 显示了不同模型在 Indian Pines 数据集上的实验结果,参数 S、N 和 g 根据上文的结论进行设置。如图 4－7 所示,模型 A 的 OA 和 Kappa 均高于模型 B,且 SCFR 模型的结果优于模型 C,这证实了跨层连接的有效性。SCFR 模型的识别精度高于模型 A,且模型 C 的识别精度高于模型 B,这证明了 $1×1$ 卷积层可以提高特征的可分辨性,从而提高模型的分类性能。此外,SCFR 模型的分类结果优于其他所有的模型,并且随着阈值的降低,优势更加显著。这意味着 SC-FR 模块有利于在较小的训练集上提取判别特征,对于 HSI 分类具有重要意义。

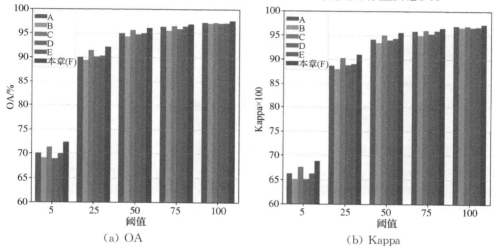

$$(a)\ OA \qquad\qquad (b)\ Kappa$$

图 4－7　Indian Pines 数据集上不同模型的分类结果

　　设 P' 和 F' 分别表示参数的数量和浮点操作。根据 4.2.2 节,可以计算出每个模型所有卷积层的 P',同时对应的 F' 可表示为 $F'=S×S×P'$。在 Indian Pines 数据集中,S、N 和 g 分别设置为 9、25 和 32。因此,如图 4－8 所示,可以得出 P',进而求出 F' 为 $81×P'$。在计算机上运行前述模型 A-F 对 Indian Pines 数据集进行分类,不同模型的训练时间见图 4－8(b)。由于使用了更多的 $1×1$ 卷积层,模型 C 与 SCFR 模型的 P' 明显小于其他模型。例如,SCFR 模型的参数数量大约是模型 A 的 1/5,模型 B 的 1/4。同样,模型 C 与 SCFR 模型的训练时间明显少于其他模型。令人惊喜的是,模型 C 和 SCFR 模型的分类结果却比其他模型更好,具体如图 4－7 所示。综上所述,SC-FR 模块不仅提高了网络的性能,而且降低了计算开销,加速了分类过程。

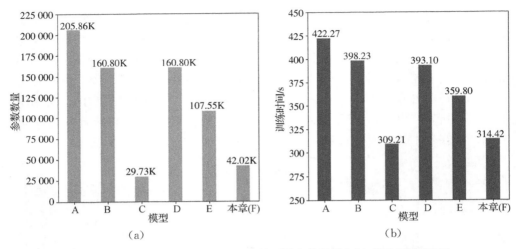

图 4-8　Indian Pines 数据集上不同模型的参数数量(a)与训练时间(b)图

3) 方法对比

为了进一步评估 SCFR 方法的性能,我们将其与 SVM[8] 和四种最新的 HSI 分类方法:RPCA-CNN[18]、Deep-CNN(DCNN)[24]、DFFN[26] 和 SSRN[25] 相比。由文献[26]可知,DFFN 的结构有 27 层。对于所有基于 CNN 的 HSI 分类方法,我们通常将 Batch 大小设置为 64(注意:Pavia University 数据集在 $T=5$ 时,Batch 大小设置为 32),并采用 MSRA 方法和 BN 算法。此外,为了公平比较,SCFR 方法和其他所有对比方法均设置了相同的超参数 S 和 N。S 和 N 按照前面 4.3.1 节得出的结论设置。

表 4-4～表 4-6 分别列出了三个基准数据集上 10 次实验后所有指标的平均值和标准差,实验过程中,$T=200$,即每个类使用 200 个样本训练。从这些表中可以发现,SCFR 方法的 OA、AA 和 Kappa 指标在三个数据集上均优于其他对比方法。以 Indian Pines 数据集为例,与 SVM、RPCA-CNN、DCNN、DFFN 和 SSRN 相比,SCFR 方法的平均 OA 分别提高了 17.99、4.01、1.96、3.21 和 0.72 个百分点,其中,与 SSRN 相比,该方法对分类精度的提高并不明显,这仅仅是因为 SSRN 的分类精度非常高(接近甚至超过 99%)。尽管 Indian Pines 中 C1、C7、C9、C16 的训练样本很少,但这些类别测试样本的平均分类准确率依然超过 99%。此外,SCFR 方法的标准差较小,低于大多数对比方法。上述实验结果验证了该方法在小样本条件下的鲁棒性。

表 4-4　Indian Pines 数据集:不同方法的分类结果　　　　　　　单位:%

类别	SVM[8]	RPCA-CNN[18]	DCNN[24]	DFFN[26]	SSRN[25]	本章
C1	96.77±4.56	100.00±0.00	100.00±0.00	100.00±0.00	100.00±0.00	100.00±0.00
C2	67.05±0.65	88.46±1.06	93.01±1.09	91.12±4.05	95.97±0.38	98.21±0.71
C3	67.55±0.15	92.35±2.24	94.09±1.11	93.76±1.26	98.89±0.13	99.60±0.39
C4	61.20±2.18	95.74±3.64	98.58±1.46	94.95±4.80	99.39±0.86	99.52±0.58
C5	93.95±0.42	98.94±0.48	99.06±0.81	98.26±1.49	99.02±0.36	99.82±0.20
C6	95.71±0.82	98.73±0.75	99.55±0.38	97.54±0.92	98.94±0.38	98.40±0.32
C7	84.00±8.49	98.10±3.81	100.00±0.00	99.00±0.00	100.00±0.00	100.00±0.00
C8	98.52±0.24	100.00±0.00	99.94±0.12	99.94±0.12	100.00±0.00	99.91±0.27
C9	75.05±8.81	98.33±3.33	97.14±5.71	92.53±6.64	97.62±3.37	99.33±2.00
C10	67.70±1.00	92.00±1.09	94.46±0.78	93.68±2.05	95.00±0.64	96.54±0.59
C11	87.61±0.21	98.25±0.51	99.09±0.11	98.74±0.43	99.89±0.08	99.98±0.04
C12	61.21±2.75	86.50±3.65	94.08±3.20	88.07±4.38	98.17±0.11	98.46±0.45
C13	97.06±1.12	100.00±0.00	99.59±0.55	100.00±0.00	99.09±1.28	99.93±0.21
C14	98.77±0.44	99.59±0.28	99.74±0.12	99.22±0.50	99.13±0.24	99.64±0.15
C15	88.81±1.55	95.01±1.41	98.04±0.73	96.87±1.29	98.66±0.45	99.59±0.35
C16	94.71±3.96	98.52±2.28	99.38±0.75	97.93±1.95	97.50±0.69	99.24±1.21
OA	81.10±0.31	95.08±0.31	97.13±0.38	95.88±0.54	98.37±0.02	99.09±0.15
AA	83.48±0.31	96.28±0.31	97.86±0.27	96.35±0.68	98.58±0.14	99.26±0.14
Kappa	78.33±0.33	94.32±0.36	96.68±0.43	95.24±0.62	98.11±0.02	98.94±0.17

表 4-5　Salinas 数据集:不同方法的分类结果　　　　　　　　　单位:%

类别	SVM[8]	RPCA-CNN[18]	DCNN[24]	DFFN[26]	SSRN[25]	本章
C1	100.00±0.00	100.00±0.00	100.00±0.00	100.00±0.00	99.94±0.08	100.00±0.00
C2	99.93±0.07	99.96±0.06	99.99±0.01	99.92±0.11	99.89±0.16	99.98±0.04
C3	100.00±0.00	99.86±0.24	98.66±1.35	99.94±0.07	100.00±0.00	99.98±0.07
C4	99.64±0.08	99.96±0.07	99.90±0.09	99.72±0.40	100.00±0.00	99.60±0.95
C5	98.43±0.31	98.90±0.67	99.17±0.37	99.21±0.73	99.51±0.59	99.12±0.66
C6	99.71±0.13	99.99±0.02	99.97±0.03	99.98±0.02	100.00±0.00	100.00±0.00

类别	SVM[8]	RPCA-CNN[18]	DCNN[24]	DFFN[26]	SSRN[25]	本章
C7	99.90±0.08	99.96±0.04	99.99±0.01	100.00±0.00	99.95±0.07	99.96±0.11
C8	84.51±0.44	94.17±0.79	96.39±0.45	95.89±1.33	98.13±0.20	98.16±0.68
C9	99.88±0.04	99.92±0.07	99.68±0.05	99.86±0.03	99.91±0.07	99.95±0.02
C10	97.37±0.71	97.35±1.71	97.88±0.44	97.74±0.69	99.61±0.20	99.09±0.45
C11	97.74±0.24	99.46±0.51	99.51±0.40	98.77±0.31	99.88±0.09	99.99±0.03
C12	99.50±0.14	99.80±0.18	99.84±0.11	99.95±0.07	99.90±0.07	99.99±0.03
C13	99.72±0.23	100.00±0.00	99.83±0.23	99.89±0.22	99.95±0.07	100.00±0.00
C14	99.43±0.58	99.22±1.16	98.51±0.92	99.25±0.74	98.80±0.97	99.60±0.44
C15	70.01±1.51	88.27±1.92	91.93±0.87	87.92±3.44	94.84±0.49	95.99±0.66
C16	99.75±0.31	99.80±0.35	100.00±0.00	99.91±0.08	99.67±0.24	99.99±0.02
OA	92.14±0.16	96.81±0.47	97.78±0.13	97.09±0.67	98.76±0.09	98.91±0.19
AA	96.60±0.11	98.54±0.19	98.83±0.09	98.62±0.25	99.37±0.13	99.46±0.09
Kappa	91.21±0.18	96.43±0.52	97.52±0.15	96.74±0.74	98.61±0.10	98.78±0.21

表 4－6 Pavia University 数据集：不同方法的分类结果　　　　单位：%

类别	SVM[8]	RPCA-CNN[18]	DCNN[24]	DFFN[26]	SSRN[25]	本章
C1	89.79±1.65	99.33±0.11	99.42±0.08	99.33±0.29	99.90±0.04	99.92±0.04
C2	82.46±0.21	99.50±0.12	99.70±0.02	99.23±0.23	99.81±0.06	99.88±0.02
C3	64.20±1.48	86.66±2.28	90.41±0.43	86.10±3.47	98.73±0.60	98.23±0.56
C4	89.61±2.40	99.18±0.26	99.65±0.05	98.16±0.98	99.44±0.35	99.41±0.40
C5	95.88±1.42	99.98±0.04	100.00±0.00	99.51±0.56	99.97±0.08	100.00±0.00
C6	74.96±1.67	94.80±1.06	95.48±1.15	93.44±2.35	99.16±0.22	99.68±0.11
C7	67.90±2.76	90.66±1.14	89.22±1.28	93.11±1.71	93.82±1.57	97.25±0.55
C8	75.00±1.34	89.22±0.36	92.55±0.91	85.40±3.91	95.84±0.46	96.20±0.65
C9	88.48±1.34	98.12±1.70	99.38±0.33	98.93±1.03	98.79±0.99	99.60±0.37
OA	87.11±033	97.05±0.22	97.75±0.11	96.31±0.57	99.13±0.06	99.36±0.03
AA	82.46±0.21	95.27±0.25	96.20±0.18	94.80±0.70	98.38±0.17	98.91±0.04
Kappa	82.91±0.41	96.04±0.30	96.97±0.14	95.05±0.76	98.83±0.08	99.14±0.04

图 4－9～图 4－11 分别展示了在三个基准数据集上与 OA 值接近的所有方法

的分类结果,从这些图中可以发现,采用 SCFR 方法得到的分类图中误分类像素最少,这与表 4-4~表 4-6 中的结果一致。这是因为与其他 HSI 分类方法相比,该方法能够学习更多的判别特征。

(a) SVM(OA＝80.68％)

(b) RPCA-CNN(OA＝95.13％)

(c) DCNN(OA＝97.08％)

(d) DFFN(OA＝95.82％)

(e) SSRN(OA＝98.37％)

(f) 本章算法(OA＝99.10％)

图 4-9　Indian Pines 数据集上不同方法的分类图

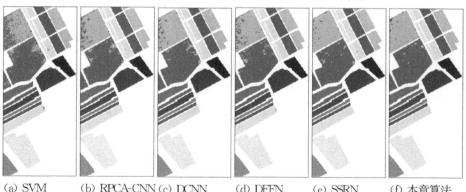

(a) SVM
(OA＝92.18％)
(b) RPCA-CNN
(OA＝96.84％)
(c) DCNN
(OA＝97.76％)
(d) DFFN
(OA＝97.06％)
(e) SSRN
(OA＝98.78％)
(f) 本章算法
(OA＝98.92％)

图 4-10　Salinas 数据集上不同方法的分类图

(a) SVM　　(b) RPCA-CNN　(c) DCNN　　(d) DFFN　　(e) SSRN　　(f) 本章算法

(OA=86.99%)　(OA=97.02%)　(OA=97.78%)　(OA=96.28%)　(OA=99.13%)　(OA=99.36%)

图 4-11　Pavia University 数据集上不同方法的分类图

图 4-12 显示了在不同阈值下三个数据集上通过不同方法获得的分类结果（OA）。可以看出，随着阈值的增加，所有方法的 OA 都会增加。与 SVM 分类方法相比，其他方法在三个基准数据集上均取得了较好的分类效果，这显示了基于 CNN 的 HSI 分类方法的强大性能和优越性。值得注意的是，仅当训练样本非常有限（$T=5$）时，本章的 SCFR 方法不如传统的机器学习方法 SVM。除此以外，该方法在所有不同的阈值下都能提供优于其他对比方法的性能。特别是当阈值较小时，与其他方法相比，SCFR 方法的优势更加明显，这说明了此方法在小样本情况下的优越性。图 4-13 显示了 $T=25$ 时，Indian Pines 和 Pavia University 数据集上不同方法的 ROC 曲线。显然，与其他方法相比，SCFR 方法的 AUC 值均最高。这些实验结果进一步说明了 SCFR 方法在 HSI 分类中的稳定性和鲁棒性，特别是当训练样本集较小时优势更加明显。

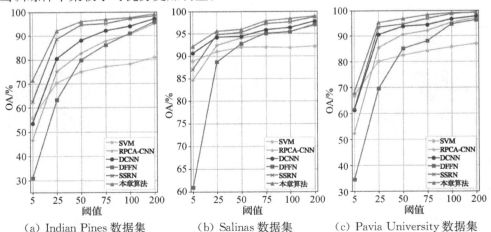

（a）Indian Pines 数据集　　（b）Salinas 数据集　　（c）Pavia University 数据集

图 4-12　三个数据集上不同阈值下不同方法的分类结果（OA）

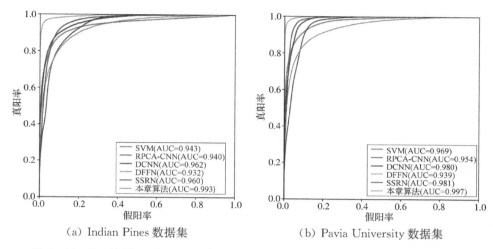

（a）Indian Pines 数据集　　　　（b）Pavia University 数据集

图 4-13　T＝25 时，Indian Pines 和 Pavia University 数据集上不同方法的 ROC 曲线

图 4-14 显示了 T＝200 时，Indian Pines 和 Salinas 数据集上不同方法的训练时间，如图所示，SSRN 和 DFFN 的训练时间分别是 SCFR 方法的 4~5 倍和 2~3 倍，这是因为它们的体系结构更复杂。尽管 SSRN 的结构层次比 DFFN 浅得多，但由于 SSRN 采用三维卷积层作为基本单元，且所有卷积层都由大卷积核组成，因此其计算时间比 DFFN 长。而 SCFR 模型具有更深层次的体系结构，所以此方法比 RPCA-CNN 和 DCNN 需要更长的训练时间。但由于 CNN 的卷积层多为 1×1 卷积层，时间差较小，这又明显降低了算法的计算量。应该注意的是，因为 SSRN 和 DFFN 模型的计算成本很高，必须使用图形处理单元（GPU）来减少执行时间。因此对计算机的 RAM 要求很高，否则无法进行分类实验。相比之下，SCFR 方法

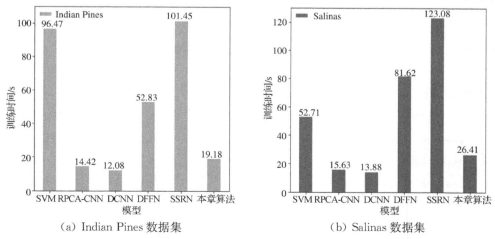

（a）Indian Pines 数据集　　　　（b）Salinas 数据集

图 4-14　T＝200 时，Indian Pines 和 Salinas 数据集上不同方法的训练时间

可以在不使用 GPU 的情况下使用，并且如图 4-14(b)所示，花费相对较少的执行时间。

综上所述，根据上述实验结果，SCFR 方法不仅在三个数据集上都优于其他方法，而且在计算时间上也具有竞争优势。这种优势有两个可能的原因：一个原因是 SCFR 模型中的 SC-FR 模块通过跨层连接实现了特征重用机制，充分利用了低层特征，使得该方法能够更加有效地从高光谱影像中提取出判别特征；另一个原因是 SCFR 模型采用二维卷积层作为基本单元，所有卷积层均由小卷积核组成，特别是 1×1 卷积核。因此计算成本显著降低，从而加速了 HSI 的分类过程。

4.4　总结与讨论

本章介绍了一种基于 CNN 的小卷积特征重用方法在 HSI 分类中的应用，具体而言，该方法采用了小卷积核，并在模型结构中使用了 SC-FR 模块，SC-FR 模块通过跨层连接实现特征重用机制，即将来自不同层的低层特征串联起来，由高层学习。跨层连接增加了网络的信息流，使低层特征得到充分利用，从而缓解了因训练样本不足造成的过拟合问题。这样该方法可以有效地学习更多的判别特征。此外，除了第一层卷积核外，所有卷积层都由 1×1 卷积核组成，第一层卷积核也是由小卷积核组成的。这样一来，在不降低网络性能的前提下，显著减少了网络参数的个数，从而降低了分类过程的计算成本。在三个 HSI 基准数据集上的实验结果表明，与传统的机器学习分类器和几种主流的方法相比，本章的 SCFR 方法尤其在较小样本条件下优势明显。

尽管该方法具有一定的优越性，但各层卷积核数的配置相对简单。在今后的工作中，可以考虑结合网格搜索等技术寻找卷积核数的最优配置。针对高光谱影像中训练样本不足的问题，进一步将此方法与先进的数据增强技术相结合。

参考文献

[1] GEVAERT C M，SUOMALAINEN J，TANG J，et al. Generation of spectral-temporal response surfaces by combining multispectral satellite and hyperspectral UAV imagery for precision agriculture applications[J]. IEEE Journal of Selected Topics in Applied Earth Observations and Remote Sensing，2015，8(6)：3140-3146.

[2] WT YUEN P，RICHARDSON M. An introduction to hyperspectral imaging and its application for security，surveillance and target acquisition[J]. The

Imaging Science Journal，2010，58(5)：241－253.

[3] ZHANG C Y，CHENG H F，CHEN Z H，et al . The development of hyperspectral remote sensing and its threatening to military equipments[J]. Electro-Optic Technology Application，2008，23(1)：10－12.

[4] SANDIDGE J C，HOLYER R J. Coastal bathymetry from hyperspectral observations of water radiance[J]. Remote Sensing of Environment，1998，65(3)：341－352.

[5] GAO H M，YANG Y，LI C M，et al. Joint alternate small convolution and feature reuse for hyperspectral image classification[J]. ISPRS International Journal of Geo-Information，2018，7(9)：349.

[6] CHEN Y，NASRABADI N M，TRAN T D. Hyperspectral image classification via kernel sparse representation[J]. IEEE Transactions on Geoscience and Remote Sensing，2013，51(1)：217－231.

[7] QIAN Y T，YE M C，ZHOU J. Hyperspectral image classification based on structured sparse logistic regression and three-dimensional wavelet texture features[J]. IEEE Transactions on Geoscience and Remote Sensing，2013，51(4)：2276－2291.

[8] MELGANI F，BRUZZONE L. Classification of hyperspectral remote sensing images with support vector machines[J]. IEEE Transactions on Geoscience and Remote Sensing，2004，42(8)：1778－1790.

[9] LI J J，DU Q，LI W，et al. Optimizing extreme learning machine for hyperspectral image classification[J]. Journal of Applied Remote Sensing，2015，9(1)：097296.

[10] ZHANG X R，SONG Q，GAO Z Y，et al. Spectral-spatial feature learning using cluster-based group sparse coding for hyperspectral image classification[J]. IEEE Journal of Selected Topics in Applied Earth Observations and Remote Sensing，2016，9(9)：4142－4159.

[11] KRIZHEVSKY A，SUTSKEVER I，HINTON G E. ImageNet classi-fication with deep convolutional neural networks[C]//International Conference on Neural Information Processing Systems. Newyork：Curran Associates, Inc. ，2012：1097－1105.

[12] MOU L C，GHAMISI P，ZHU X X. Deep recurrent neural networks for hyperspectral image classification[J]. IEEE Transactions on Geoscience and Remote Sensing，2017，55(7)：3639－3655.

[13] ZHANG Z W, SUN Z, LIU J Q, et al. Deep recurrent convolutional neural network: Improving performance for speech recognition[EB/OL]. (2016-12-27)[2023-02-18]. https://arxiv. org/abs/1611. 07174. pdf.

[14] XIE S N, GIRSHICK R, DOLLÁR P, et al. Aggregated residual transformations for deep neural networks[C]//2017 IEEE Conference on Computer Vision and Pattern Recognition (CVPR). July 21 - 26, 2017, Honolulu, HI, USA. IEEE, 2017: 5987 - 5995.

[15] YOUNG T, HAZARIKA D, PORIA S, et al. Recent trends in deep learning based natural language processing[EB/OL]. (2017-08-09)[2023-02-19]. https://arxiv. org/abs/1708. 02709. pdf.

[16] YU S Q, JIA S, XU C Y. Convolutional neural networks for hyperspectral image classification[J]. Neurocomputing, 2017, 219: 88 - 98.

[17] REN S Q, HE K M, GIRSHICK R, et al. Faster RCNN: towards realtime object detection with region proposal networks [C]//International Conference on Neural Information Processing Systems. Cambridge, MA: MIT Press, 2015: 91 - 99.

[18] MAKANTASIS K, KARANTZALOS K, DOULAMIS A, et al. Deep supervised learning for hyperspectral data classification through convolutional neural networks[C]//2015 IEEE International Geoscience and Remote Sensing Symposium (IGARSS). July 26 - 31, 2015, Milan, Italy. IEEE, 2015: 4959 - 4962.

[19] GAO H M, YANG Y, LEI S, et al. Multi-branch fusion network for hyperspectral image classification[J]. Knowledge-Based Systems, 2019, 167: 11 - 25.

[20] CHEN Y S, ZHU L, GHAMISI P, et al. Hyperspectral images classification with Gabor filtering and convolutional neural network[J]. IEEE Geoscience and Remote Sensing Letters, 2017, 14(12): 2355 - 2359.

[21] LIANG H M, LI Q. Hyperspectral imagery classification using sparse representations of convolutional neural network features [J]. Remote Sensing, 2016, 8(2): 99.

[22] LEE H, KWON H. Going deeper with contextual CNN for hyperspectral image classification[J]. IEEE Transactions on Image Processing, 2017, 26 (10): 4843 - 4855.

[23] PAOLETTI M E, HAUT J M, PLAZA J, et al. A new deep convolutional

neural network for fast hyperspectral image classification[J]. ISPRS Journal of Photogrammetry and Remote Sensing, 2018, 145: 120 - 147.

[24] CAO X Y, ZHOU F, XU L, et al. Hyperspectral image classification with Markov random fields and a convolutional neural network [J]. IEEE Transactions on Image Processing, 2018, 27(5): 2354 - 2367.

[25] ZHONG Z L, LI J, LUO Z M, et al. Spectral-spatial residual network for hyperspectral image classification: A 3-D deep learning framework[J]. IEEE Transactions on Geoscience and Remote Sensing, 2018, 56(2): 847 - 858.

[26] SONG W W, LI S T, FANG L Y, et al. Hyperspectral image classification with deep feature fusion network[J]. IEEE Transactions on Geoscience and Remote Sensing, 2018, 56(6): 3173 - 3184.

[27] MA X R, FU A Y, WANG J, et al. Hyperspectral image classification based on deep deconvolution network with skip architecture[J]. IEEE Transactions on Geoscience and Remote Sensing, 2018, 56(8): 4781 - 4791.

[28] FANG B, LI Y, ZHANG H K, et al. Hyperspectral images classification based on dense convolutional networks with spectral-wise attention mechanism[J]. Remote Sensing, 2019, 11(2): 159.

[29] HE K M, ZHANG X Y, REN S Q, et al. Delving deep into rectifiers: Surpassing human-level performance on ImageNet classification[EB/OL]. (2015-02-06)[2023-02-25]. https://arxiv.org/abs/1502.01852.pdf.

[30] NAIR V, HINTON G E. Rectified linear units improve restricted boltzmann machines[C]//International Conference on Machine Learning. Omnipress, 2010:807 - 814.

[31] IOFFE S, SZEGEDY C. Batch normalization: Accelerating deep network training by reducing internal covariate shift [M]//32nd International Conference Machine Learning(ICML 2015). Newyork: Curran Associates, Inc., 2016: 448 - 456.

[32] FANG L Y, LIU G Y, LI S T, et al. Hyperspectral image classification with squeeze multibias network[J]. IEEE Transactions on Geoscience and Remote Sensing, 2019, 57(3): 1291 - 1301.

[33] SHU L, MCISAAC K, OSINSKI G R. Hyperspectral image classification with stacking spectral patches and convolutional neural networks [J]. IEEE Transactions on Geoscience and Remote Sensing, 2018, 56(10): 5975 - 5984.

[34] ZHI L, YU X C, LIU B, et al. A dense convolutional neural network for

hyperspectral image classification[J]. Remote Sensing Letters，2019，10
(1)：59-66.

[35] HUANG G，LIU Z，VAN DER MAATEN L，et al. Densely connected convolutional networks[EB/OL]. （2016-08-25）[2023-02-25]. https://arxiv. org/abs/1608. 06993. pdf.

[36] HE K M，ZHANG X Y，REN S Q，et al. Deep residual learning for image recognition[C]//2016 IEEE Conference on Computer Vision and Pattern Recognition (CVPR). June 27-30，2016，Las Vegas，NV，USA. IEEE，2016：770-778.

思考题

1. 什么是小卷积核？什么是特征重用机制？

2. 小卷积特征重用模型的结构特点是什么？分别对应基于 CNN 的 HSI 分类算法的哪些问题？

3. 如何运用 MSRA 权重初始化方法、ReLU 激活函数、Softmax 分类器和批量归一化 BN 算法？

4. 描述采用小卷积特征重用模型对 HSI 进行分类的工作原理和具体步骤。

5. 如何结合网格搜索等技术寻找最佳的卷积核数量？且针对小样本问题，如何结合先进的数据增强技术，进一步优化分类效果？

第五章

基于多尺度近端特征拼接网络的高光谱影像分类方法

针对基于卷积神经网络的高光谱影像分类算法存在细节表现力不强以及网络结构过于复杂的问题,本章介绍一种基于多尺度近端特征拼接网络的高光谱影像分类方法。该方法通过引入多尺度滤波器和空洞卷积,在保持模型轻量化的同时获取更加丰富的光谱-空间判别特征,且利用卷积神经网络近端特征间的相互联系进一步增强细节表现力。在 3 个基准高光谱影像数据集上的实验结果表明,该方法优于其他分类模型。

5.1 引言

高光谱影像(HSI)可以从上百条连续的光谱波段中提取地物信息,这使其拥有强大的对地目标区分能力。在过去的几十年里,高光谱影像在目标探测[1]、土地监测[2]、农业监测[3],以及海洋遥感[4]等方面均发挥了重要作用。迄今为止,研究者已经提出各种方法将高光谱影像的像元划分为特定的土地覆盖类。在早期的分类方法中,K 近邻分类器[5]和支持向量机(Support Vector Machine,SVM)[6]等光谱分类器被广泛使用,但以上方法往往会面临高光谱影像极高的光谱波段维数带来的"小样本问题"和特征冗余带来的分类效率下降的问题。为了缓和其高维性,特征选择[7]和特征提取[8]的方法常被选用,这 2 种方法的目标均是从原始的高光谱数据集中提取出更具代表性的信息,区别在于后者并非简单地选择波段,而是从中抽象出更具代表性的特征波段。为了更好地应对高光谱影像复杂的空间分布和光谱分布,将空间和光谱特征纳入分类方法的多核分类器[9]与基于稀疏表示的分类器[10]也得到了广泛关注。但是这些方法大多属于浅层模型,这类模型中的非线性变换层数不足以表示高光谱影像复杂的空间和光谱特征,泛化能力较弱。而且浅层模型往往基于手工特征,高度依赖个人经验。为了克服这些缺点,深度学习[11]被引入高光谱影像分类中,它可以自动地从原始输入数据中由低到高地学习层次特征,进而充分挖掘高光谱影像中更具代表性的显著特征。Chen 等[12]提出一种堆叠自动编码器方法对高光谱影像进行分类,Liu 等[13]提出一种结合深度置信网络与主动学习的高光谱影像分类方法。这

2种方法都是将原始的三维图像压缩成一个扁平的向量以满足框架输入的要求,但会打破原始图像中固有的光谱-空间特征结构,破坏高光谱空间信息,最终导致分类精度下降。为了进一步利用高光谱影像的空间特征信息,基于卷积神经网络(CNN)的高光谱影像分类算法被提出。作为深度学习的代表算法之一,卷积神经网络拥有出色的表征学习能力,这使其在空间特征信息提取方面拥有巨大的优势。为了提取更有效的光谱-空间判别特征信息,Chen 等[14]提出了正则化特征提取方法,Li 等[15]提出了一种不依赖任何预处理或后处理的三维 CNN 高光谱影像分类方法。但这些方法都面临着 CNN 模型向深度进发时所产生的梯度弥散及网络退化现象的困扰。为此,借助残差网络[16],Zhong 等[17]完成了一个可以从光谱特征和空间背景中连续学习判别特征的深网络模型,Song 等[18]在残差网络的基础上加入深浅特征融合来进一步提升性能。为了进一步提升各层卷积的利用率,获取更多有效的判别特征,Wang 等[19]设计了一种快速密集频谱空间卷积框架,不需要像深浅层特征信息融合方法那样手动寻找最优特征融合层,但其往往需要大量的跳跃结构参与,这又会导致训练参数大幅增加,进而使得计算代价增大。上述方法的分类模型均拥有非常深的网络结构,但过深的网络结构在提取更加抽象的特征信息的同时也会带来"精度饱和"和"网络退化"的问题,这同样会影响高光谱影像的最终分类精度。为此,王莹[20]提出了一种改进的基于 CNN 的高光谱影像分类网络来进一步提升分类结果,但其在小样本情况下的分类结果仍有进一步提升的空间。另一部分研究者选择拓展网络宽度[21]来获取更丰富的特征信息,如 Lee 等[22]设计了一种多尺度滤波器对输入图像进行特征提取,Zhang 等[23]提出了一种多尺度密集网络用于高光谱影像分类。与仅针对单一特征图进行提取的多尺度滤波器相比,多尺度密集网络利用不同卷积核获取更丰富的空间邻域信息,并提取了更加有效的判别特征,从而使其在分类精度上有了进一步的提升。但将整个网络的各级特征信息进行组合同样会造成训练参数过大、计算成本过高,且其从本质上说,仍然是一种对较浅层光谱-空间特征的弥补,与深浅层特征信息融合方法达成的效果差异不大,因此该方法在最终的分类精度和运行时间上并没有获得显著提升。为了解决以上问题,本章采用一种基于多尺度近端特征拼接网络(Multi-scale Proximal Feature Concatenate Network,MPFCN)的高光谱影像分类方法,它注重利用近端卷积层之间的相互联系进行特征提取,并结合多尺度融合手段搭建一个动态特征图来获取更丰富、细致的光谱-空间判别特征,同时,它还具有轻量化的特点,具体创新总结如下。

(1)为了充分利用各相邻卷积层之间的特征相关性,本章的 MPFCN 方法引入近端特征上下文信息,相比于远端特征或密集特征融合,近端特征拼接可以获得更细致的光谱-空间判别特征,且不会因为过多的超链接结构增加网络负担,这有助于提升整体网络的性能,并获得更高的分类精度。

（2）为了进一步利用高光谱影像的空间域信息,MPFCN 模型中设计了一种近端多尺度滤波器模块。该模块利用不同感受野的滤波器提取各相邻特征图上的特征信息,并利用超链接将提取出的信息拼接起来,从而得到一个包含相邻近端特征上下文信息与不同尺寸空间相邻特征信息的动态特征图,使 HSI 的特征表达更加丰富全面。

（3）为了保持整体模型结构的轻量化,MPFCN 模型在多尺度滤波器中引入空洞卷积,在扩大卷积感受野的同时维持较少的训练参数数量,使整体模型可以进行高效轻量的特征提取,更好地应对高光谱影像的"小样本"问题。

5.2　基本原理

5.2.1　空洞卷积

空洞卷积是指在普通卷积中添加零填充,以扩展卷积核感受野的卷积方法。其优势是在不改变特征图分辨率的前提下,使感受野比普通卷积更大,感知信息的范围更广,进而改善下采样带来的特征信息丢失问题。假设 k' 表示等效卷积核的大小,k 表示真实卷积核的尺寸,d 表示扩张率,则等效卷积尺寸为

$$k' = (d-1) \times (k-1) + k \tag{5.1}$$

为了更直接地展示空洞卷积的工作原理,图 5-1 中展示了相同尺寸的卷积核如何通过调整扩张率来获得不同的感受野。如图 5-1(a)所示,当 $d=1$ 时,感受野与卷积核的尺寸均为 3×3。如图 5-1(b)所示,当 $d=2$ 时,感受野增加至 5×5。如图 5-1(c)所示,当图 5-1(a)和图 5-1(b)级联时,感受野增加至 7×7。图 5-1(b)中每个圆点像素都是图 5-1(a)的卷积输出。具体计算式为

$$G_{i+1} = G_i + (k'-1)S \tag{5.2}$$

式中:G_i 表示当前图层的感受野;G_{i+1} 表示下一图层的感受野;S 表示从第 1 层到第 $i-1$ 层步长的乘积。可以看出,空洞卷积级联时,其感受野的面积呈指数级增长。此外,相较于普通卷积,空洞卷积不会因增大感受野而造成训练参数的增加,这使得整体网络结构在获取更大范围内的特征信息的同时,更加高效和轻量。

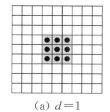 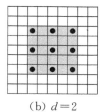 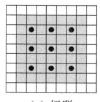

　　　(a) $d=1$　　　　　　(b) $d=2$　　　　　　(c) 级联

图 5 - 1　空洞卷积原理示意图

5.2.2　传统的多尺度滤波器模块

传统的多尺度滤波器以优化利用输入图像的不同局部结构为目标,深入挖掘特征图的空间局部相关性。因此,在高光谱影像中应用多尺度滤波器,可以很好地利用高光谱影像局部空间结构和局部谱相关性。为了展示本章的 MPFCN 方法相较于传统多尺度滤波器模块的优越性,选用尺寸为 3×3、5×5、7×7 的常用卷积核,搭建传统的多尺度滤波器模块,如图 5 - 2 所示。拼接层中的 3×3、5×5、7×7 表示感受野范围。

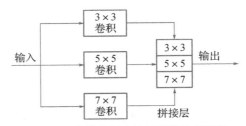

图 5 - 2　传统多尺度滤波器模块示意图

5.2.3　特征拼接

为了提高各级卷积层的利用率,特征拼接常被用于基于 CNN 的高光谱影像分类算法中,本章利用卷积神经网络在响应输入特征平移不变性时往往具有一定规律的特点,将近端特征图进行拼接,得到一幅包含三层卷积结果的动态特征图。该动态特征图中包含了相邻卷积层提取出的特征间的上下文联系,再一次提高了各级卷积层的利用率,并使所提取的空间-光谱判别特征更加细致。

5.2.4　算法描述

本章阐述的基于多尺度近端特征拼接网络的高光谱影像分类算法主体结构由一种改进的多尺度滤波器模块组合而成。

1) 改进的多尺度滤波器模块

改进的多尺度滤波器模块如图 5 - 3 所示,它包含 3 个卷积核尺寸为 3×3 的卷积层,且每个卷积层都配置了批量归一化(BN)层和激活函数 ReLU 进行加速训练和非线性化处理。从图 5 - 3 中可以看出,该模块共有 3 条支路,分别为第一卷积层支路、第二卷积层支路、第三卷积层与第一卷积层级联支路。其中,第一卷积层扩张率为 1,感受野为 3×3;第二卷积层扩张率为 2,感受野为 5×5;第三卷积层与

第一卷积层级联,得出的特征图感受野为 7×7。最后,将 3 条支路生成的特征图进行拼接,并利用 BN 层与 ReLU 函数加速训练,增强模型的泛化能力。

综上所述,改进的多尺度卷积块在充分利用各级卷积层提取的特征图的同时,利用空洞卷积减少了训练参数,使整体模型更加轻量化。此外,相邻特征的拼接引入近端特征上下文关联信息,也使光谱空间特征信息的表达更加细致。

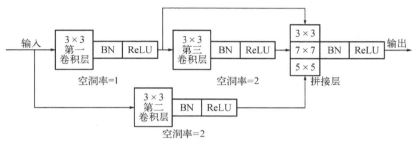

图 5-3　改进的多尺度滤波器模块

2) 多尺度近端特征拼接网络模型

图 5-4 展示了多尺度近端特征拼接网络模型的整体结构,其流程如下。首先,用主成分分析(Principal Component Analysis,PCA)法对原始高光谱影像进行降维处理,提取主成分信息含量最大的波段;然后,以待分类像元为中心,提取相应尺寸的待分类图像块(patch)。这些图像块将会被输入到多尺度近端特征拼接网络中进行特征提取并分类,得到最终的地物分类图。具体来说,多尺度近端特征拼接网络包括改进的多尺度滤波器模块、平均池化层、全局平均池化层和 Softmax 分类器。其中,每个改进的多尺度滤波器模块后都配备了一个平均池化层。

为了防止前级滤波器的图层数量对内存造成影响,以改进的多尺度滤波器模块为单位,逐步增加各个多尺度滤波器的图层数量,如第一个模块的滤波器图层数量为 32,第二个模块的滤波器图层数量以 2 的倍数递增,以此类推。平均池化层的作用是抑制过拟合,维持较低的训练参数,降低特征图尺寸,最终的尺寸为 2×2。全局平均池化层起到将特征图降维重组并映射到样本空间的作用,相比全连接层,它占用更少的训练参数,抑制过拟合的效果更好。

Softmax 分类器负责对每个像素点进行分类。以上部分共同协作,使多尺度近端特征拼接网络在小样本状态下获得了高精度的、良好的分类结果和良好的分类效率。

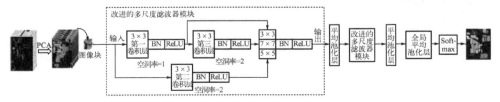

图 5-4　多尺度近端特征拼接网络模型的整体结构图

5.3　实验与结果

5.3.1　数据集和实验设置

为了验证前述基于多尺度近端特征拼接网络的合理性和有效性,本节依旧在 Indian Pines,Salinas 和 Pavia University 这三个基准高光谱数据集上进行实验。这三幅高光谱影像的地面真值图及对应的地物类别、名称和样本数见第一章 1.3.2 节。

所有实验均在一台 CPU 为 Intel E5-2667、GPU 为 1080Ti 的笔记本电脑上进行, 使用的编程语言为 Python,深度学习模型框架为 Keras。在评价指标方面,仍然选择总体精度(OA)、平均精度(AA)和 Kappa 系数(Kappa)这 3 个指标。为了避免随机因素的影响,所有展示数据均为相同条件下 10 次实验结果的平均值。在训练集的划分中,我们分别在 Indian Pines 数据集、Pavia University 数据集、Salinas 数据集上随机选取 10%、4%、2%的样本作为训练样本,并将剩余 90%、96%和 98%的样本作为测试样本。

在利用 PCA 法对 3 个数据集的光谱维进行降维时,Indian Pines 数据集和 Salinas 数据集选择前 3 个波段,而 Pavia University 数据集选择前 5 个波段。3 个数据集实验中,批尺寸均设置为 32,反向传播均选用随机梯度下降(Stochastic Gradient Descent,SGD)法,初始学习率为 0.01,衰减率为 0.01 与迭代次数之比。迭代次数设置为 150 次。考虑从内部参数选取和与其他典型方法比较两方面对 MPFCN 的性能进行分析(图 5-5、表 5-1)。

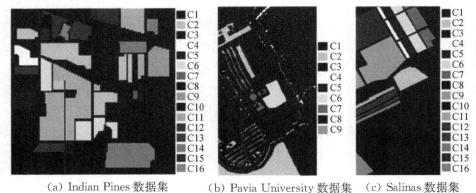

(a) Indian Pines 数据集　　(b) Pavia University 数据集　　(c) Salinas 数据集

图 5-5　Indian Pines、Pavia University 和 Salinas 数据集灰度图

表 5-1　Indian Pines、Pavia University、Salinas 数据集的真实地物信息类别

数据集	类别	名称	样本数/个	样本总数/个
Indian Pines	C1	Alfalfa	46	10 249
	C2	Corn-notill	1428	
	C3	Corn-mintill	830	
	C4	Corn	237	
	C5	Grass-pasture	483	
	C6	Grass-trees	730	
	C7	Grass-pasture-mowed	28	
	C8	Hay-windrowed	478	
	C9	Oats	20	
	C10	Soybean-notill	972	
	C11	Soybean-mintill	2455	
	C12	Soybean-clean	593	
	C13	Wheat	205	
	C14	Woods	1265	
	C15	Buildings-grass-trees-drives	386	
	C16	Stone-steel-towers	93	
Pavia University	C1	Asphalt	6631	42 776
	C2	Meadows	18 649	
	C3	Gravel	2099	
	C4	Trees	3064	
	C5	Painted metal sheets	1345	
	C6	Bare soil	5029	
	C7	Bitumen	1330	
	C8	Self-blocking bricks	3682	
	C9	Shadows	947	

数据集	类别	名称	样本数/个	样本总数/个
Salinas	C1	Brocoli_green_weeds_1	2009	54 129
	C2	Brocoli_green_weeds_2	3726	
	C3	Fallow	1976	
	C4	Fallow_rough_plow	1394	
	C5	Fallow_smooth	2678	
	C6	Stubble	3959	
	C7	Celery	3579	
	C8	Grapes_untrained	11 271	
	C9	Soil_vinyard_develop	6203	
	C10	Corn_senesced_green_weeds	3278	
	C11	Lettuce_romaine_4wk	1068	
	C12	Lettuce_romaine_5wk	1927	
	C13	Lettuce_romaine_6wk	916	
	C14	Lettuce_romaine_7wk	1070	
	C15	Vinyard_untrained	7268	
	C16	Vinyard_vertical_trellis	1807	

5.3.2　内部参数选取

本节将从 patch 尺寸和网络模型深度(改进的多尺度滤波器模块数)两方面进行参数选取实验,这是因为 patch 尺寸中包含高光谱影像的光谱信息与空间邻域信息,它决定了输入信息的多少;网络模型的深度决定了能否提取到关键的光谱判别特征。

具体实验方法如下:

分别选取 7×7、13×13、27×27 这 3 个 patch 尺寸进行实验。在多尺度滤波器模块数选取方面,由于平均池化层的作用,每增加一个多尺度滤波器模块,特征图尺寸就会缩小一半,因此实验过程中根据 patch 尺寸,遵循尽可能深地增加网络模型的原则,分别选取多尺度滤波器模块数为 2、3、4、5 进行测试。在 3 幅高光谱数据集上的测试结果分别如表 5-2~表 5-4 所示。

表 5-2　**Indian Pines 数据集参数测试结果**

多尺度滤波器模块数/个	patch 尺寸	OA	AA	Kappa
5	27×27	98.51%	98.50%	0.983 1
4	27×27	98.48%	98.42%	0.982 7
	13×13	95.89%	95.65%	0.953 1
3	27×27	98.43%	97.86%	0.982 2
	13×13	96.43%	96.11%	0.959 4
	7×7	83.13%	82.51%	0.796 6
2	27×27	98.03%	96.31%	0.977 5
	13×13	95.85%	95.69%	0.922 6
	7×7	85.86%	84.32%	0.839 3

表 5-3　**Pavia University 数据集参数测试结果**

多尺度滤波器模块数/个	patch 尺寸	OA	AA	Kappa
5	27×27	99.57%	99.14%	0.994 3
4	27×27	99.50%	98.84%	0.993 4
	13×13	98.29%	97.65%	0.977 4
3	27×27	99.40%	98.62%	0.992 1
	13×13	98.56%	97.70%	0.981 0
	7×7	92.49%	90.46%	0.899 1
2	27×27	99.08%	97.83%	0.987 8
	13×13	98.30%	97.67%	0.977 4
	7×7	94.28%	92.59%	0.923 6

表 5-4　**Salinas 数据集参数测试**

多尺度滤波器模块数/个	patch 尺寸	OA	AA	Kappa
5	27×27	99.70%	99.71%	0.996 6
4	27×27	99.78%	99.73%	0.997 6
	13×13	95.97%	97.77%	0.955 1

多尺度滤波器模块数/个	patch 尺寸	OA	AA	Kappa
	27×27	99.70%	99.70%	0.996 7
3	13×13	95.09%	98.03%	0.954 4
	7×7	90.44%	93.58%	0.893 4
	27×27	99.51%	99.49%	0.994 5
2	13×13	95.05%	97.45%	0.944 8
	7×7	90.77%	93.32%	0.897 5

从表 5-2~表 5-4 中可以看出,随着多尺度滤波器模块数量与 patch 尺寸的增加,3 个数据集的整体分类精度均逐步增加。在固定多尺度滤波器模块数量的情况下,patch 尺寸越大,OA、AA、Kappa 越大;在固定 patch 尺寸的情况下,增加多尺度滤波器模块的数量会使整体分类精度呈现逐步攀升至某一值后开始波动的现象,这是由于在网络不断向深度进发的过程中往往会出现精度饱和及梯度弥散等现象,从而对最终的分类结果造成影响。实验结果证明,本章的 MPFCN 方法通过加入近端特征上下文间的联系,充分利用各级卷积层及特征图信息,提取出更加精细的空间-光谱特征信息,进一步提升了分类性能。同时,实验结果也证明此网络模型不需要搭建一个过深的网络结构就可以达到非常高的分类精度,避免了过深网络所带来的精度饱和等一系列会影响最终分类结果的问题。

5.3.3 与其他典型方法的比较

为了突出 MPFCN 的先进性,本节在定量分类结果、运行时间以及小样本情况下的分类效果三方面对比 MPFCN 方法与其他典型方法。选取支持向量机(SVM)[6]、2D 卷积神经网络(DCNN)[20]、残差网络(ResNet)[16]以及传统的多尺度滤波器网络 MCNN(Multi-scale CNN)4 种方法进行对比实验。实验过程中,ResNet、MCNN 和 DCNN 的输入 patch 尺寸及参数选取均与 MPFCN 相同,迭代次数均以训练集样本数据精度收敛至 1 为止。其余设置参考上述相关文献进行设置。在 3 个数据集中,分别测试了在训练样本数量固定的情况下不同方法的分类性能。

1)定量分类结果

本节在 Indian Pines 数据集的对比实验中,随机选取了 10% 的训练样本,并将剩余 90% 样本作为测试样本。图 5-6 展示了该数据集的地物灰度图和不同分类方法的分类图。

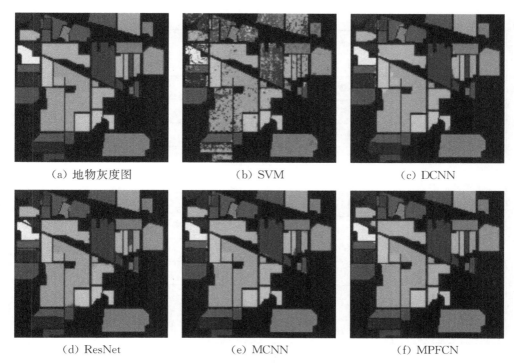

（a）地物灰度图　　　　　　　（b）SVM　　　　　　　　（c）DCNN

（d）ResNet　　　　　　　　（e）MCNN　　　　　　　　（f）MPFCN

图 5 - 6　Indian Pines 数据集的地物灰度图和不同分类方法的分类图

从图 5 - 6 可以看出，SVM 的分类效果最差，且存在大量噪声，这是因为 SVM 是一种浅层模型分类方法，泛化能力差，不足以应对高光谱影像复杂的光谱空间分布。相比通过增加网络模型深度来提取更多判别特征的 DCNN 和 ResNet，MCNN 和 MPFCN 有更好的视觉体验，本章采用的 MPFCN 在细节表现力上优于 MCNN，它可以更加精确地对边缘像素进行分类，并展示与地物灰度图更相似的结果。表 5 - 5 和表 5 - 6 给出了不同分类方法针对 Indian Pines 数据集的定量分析结果和分类精度，同样可以看出，使用 DCNN、ResNet、MCNN 和 MPFCN 所获取的分类精度明显优于 SVM 的分类精度（OA 为 75.07%），MPFCN 由于更加充分地利用了各层卷积及特征图，并引入近端特征上下文联系信息，分类精度最高，OA 达到 98.51%。此外，表 5 - 6 展示了不同方法在 Indian Pines 数据集下的训练参数数量。

表 5 - 5　不同分类方法针对 Indian Pines 数据集的定量分析结果

类别	SVM	DCNN	ResNet	MCNN	MPFCN
Alfalfa	37.21%	100.00%	96.34%	95.93%	97.93%
Corn-notill	77.60%	98.17%	97.20%	97.17%	98.52%
Corn-mintill	57.54%	93.04%	97.05%	94.24%	96.90%

续表

Corn	60.29%	100.00%	99.77%	98.59%	99.84%
Grass-pasture	90.40%	97.01%	99.20%	96.55%	96.27%
Grass-trees	92.89%	97.49%	97.95%	99.49%	99.59%
Grass-pasture-mowed	86.36%	94.00%	100.00%	94.67%	99.8%
Hay-windrowed	97.90%	99.88%	97.90%	99.84%	100.00%
Oats	55.05%	96.875%	100.00%	97.92%	100.00%
Soybean-notill	50.45%	96.34%	96.80%	96.42%	97.75%
Soybean-mintill	72.16%	98.44%	99.30%	98.43%	98.30%
Soybean-clean	50.56%	93.16%	92.98%	95.94%	96.50%
Wheat	93.86%	100.00%	98.91%	95.83%	98.73%
Woods	89.00%	99.12%	99.52%	98.60%	99.94%
Buildings-grass-trees-drives	48.02%	99.14%	99.86%	99.90%	98.27%
Stone-steel-towers	91.67%	91.67%	88.71%	96.03%	97.62%

表 5-6 Indian Pines 数据集:不同方法的分类精度

方法	OA	AA	Kappa	训练参数数量/个
SVM	75.07%	0.716 5	0.715 2	—
DCNN	97.50%	97.15%	0.971 5	1 109 776
ResNet	97.97%	97.41%	0.976 9	11 002 320
MCNN	97.62%	97.22%	0.972 9	43 402 288
MPFCN	98.51%	98.50%	0.983 1	12 593 104

在 Pavia University 数据集和 Salinas 数据集上进行的比较实验分别随机选取 4% 和 2% 的样本作为训练样本,剩余 96% 和 98% 的样本作为测试样本。图 5-7 和图 5-8 分别展示了 2 个数据集的地物灰度图和不同分类方法的分类图,表 5-7 ~表 5-10 则给出了不同分类方法的定量分析结果和分类精度。在 2 个数据集的对比实验中,MPFCN 在 Pavia University 数据集和 Salinas 数据集上的 OA 值均最高,分别为 99.56% 和 99.70%。此外,表 5-8 和表 5-10 展示了在 Pavia University 数据集和 Salinas 数据集下,各对比方法的训练参数数量。总体来说,MPFCN 在 Indian Pines、Pavia University 和 Salinas 上 OA、AA 和 Kappa 系数 3 个指标性能均达到最优。

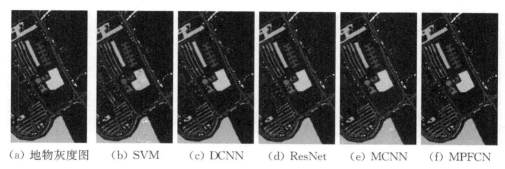

（a）地物灰度图　　（b）SVM　　　（c）DCNN　　　（d）ResNet　　　（e）MCNN　　　（f）MPFCN

图 5 - 7　**Pavia University** 数据集的地物灰度图和不同分类方法的分类图

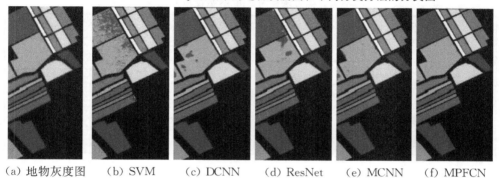

（a）地物灰度图　　（b）SVM　　　（c）DCNN　　　（d）ResNet　　　（e）MCNN　　　（f）MPFCN

图 5 - 8　**Salinas** 数据集的地物灰度图和不同分类方法的分类图

表 5 - 7　不同分类方法针对 **Pavia University** 数据集的定量分析结果

类别	SVM	DCNN	ResNet	MCNN	MPFCN
Asphalt	91.66%	99.68%	99.99%	99.35%	99.64%
Meadows	94.91%	99.92%	99.93%	99.20%	99.92%
Gravel	71.37%	98.81%	97.94%	96.67%	99.06%
Trees	85.00%	90.38%	92.39%	98.22%	98.07%
Painted metal sheets	99.00%	96.39%	95.91%	99.77%	99.76%
Bare soil	68.09%	100.00%	99.81%	99.15%	100.00%
Bitumen	49.41%	99.40%	99.78%	98.72%	99.10%
Self-blocking bricks	86.76%	97.90%	97.93%	98.92%	99.24%
Shadows	99.89%	85.77%	85.12%	98.17%	97.52%

表 5-8　Pavia University 数据集:不同方法的分类精度

方法	OA	AA	Kappa	训练参数数量/个
SVM	87.52%	82.90%	83.28%	—
DCNN	98.54%	96.47%	98.06%	1 109 776
ResNet	98.66%	96.53%	98.22%	10 989 129
MCNN	98.98%	98.68%	98.65%	43 396 841
MPFCN	99.56%	99.14%	99.43%	12 583 497

表 5-9　不同分类方法针对 Salinas 数据集的定量分析结果

类别	SVM	DCNN	ResNet	MCNN	MPFCN
Brocoli_green_weeds_1	98.62%	100.00%	99.78%	100.00%	100.00%
Brocoli_green_weeds_2	99.86%	98.83%	99.87%	99.98%	100.00%
Fallow	98.86%	99.63%	99.16%	100.00%	100.00%
Fallow_rough_plow	99.34%	99.74%	99.85%	99.82%	99.96%
Fallow_smooth	97.25%	99.56%	97.68%	99.79%	99.74%
Stubble	99.82%	99.74%	99.75%	99.98%	99.89%
Celery	99.40%	99.64%	99.86%	99.86%	99.58%
Grapes_untrained	89.69%	99.49%	94.28%	96.26%	99.45%
Soil_vinyard_develop	99.21%	100.00%	100.00%	99.97%	99.84%
Corn_senesced_green_weeds	92.75%	99.98%	99.76%	99.09%	99.82%
Lettuce_romaine_4wk	91.51%	97.76%	97.87%	98.62%	99.14%
Lettuce_romaine_5wk	97.72%	99.68%	99.81%	99.62%	99.87%
Lettuce_romaine_6wk	98.56%	99.58%	97.29%	99.83%	99.86%
Lettuce_romaine_7wk	91.78%	99.45%	99.49%	98.67%	99.18%
Vinyard_untrained	45.70%	94.51%	98.99%	97.37%	99.52%
Vinyard_vertical_trellis	98.26%	100.00%	99.98%	99.77%	99.48%

表 5-10　Salinas 数据集:不同方法的分类精度

方法	OA	AA	Kappa	训练参数数量/个
SVM	89.21%	93.65%	0.879 4	—
DCNN	98.91%	99.22%	0.987 9	1 109 776

续表

方法	OA	AA	Kappa	训练参数数量/个
ResNet	98.36%	98.96%	0.981 8	10 994 640
MCNN	98.95%	99.25%	0.988 4	43 402 288
MPFCN	99.70%	99.71%	0.996 6	12 593 104

2）运行时间对比

本节以 Salinas 数据集为例，对比 DCNN、ResNet、MCNN 和 MPFCN 的运行时间，将各个网络的迭代次数设置为 150 次，结果如表 5-11 所示。从表 5-11 可以发现，基于传统多尺度滤波器网络的 MCNN 分类方法运行时间最长，这是因为该方法引入了大量的卷积核，造成训练参数的增加，从而使运行时间上升；DCNN与 ResNet 本质上都是通过增加网络深度来获得更有效的空间-光谱判别特征进行分类，二者训练时间相差不大；MPFCN 方法借助空洞卷积，在一定程度上解决了因为扩大感受野造成卷积核尺寸增加，从而导致训练参数增加的问题，同时在尽可能少的超链接结构下完成了对每层卷积的充分利用，降低了模型复杂度，相比其他典型的分类方法，缩短了训练及测试时间。

表 5-11　基于 Salinas 数据集的各分类方法运行时间

分类方法	训练时间/s	测试时间/s
DCNN	336.95	35.90
ResNet	335.24	35.83
MCNN	388.32	31.50
MPFCN	131.75	11.80

3）小样本情况下的分类效果对比

根据 3 个数据集各自的分布特点，本节对 Indian Pines 数据集随机划分了 5%、7%、10%、15% 和 20% 的样本数据作为训练集，剩余样本作为测试集；对 Pavia University 数据集随机划分了 0.5%、1%、2%、4% 和 5% 的样本数据作为训练集；Salinas 数据集的相关训练样本的选取比例为 0.3%、0.5%、1%、2% 和 5%。3 个数据集的实验结果如图 5-9 所示。从图 5-9 可以看出，随着训练集样本占比的增加，所有数据集的分类结果均会迅速增加，当训练样本的规模足够大时，分类精度上升的速度会逐渐变缓，分类结果趋于稳定。同时，在小样本情况下，本章的MPFCN 依旧能提供良好的性能。

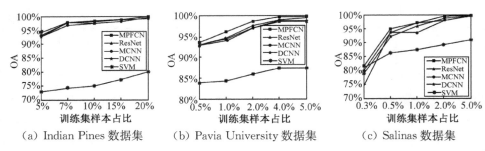

（a）Indian Pines 数据集　　（b）Pavia University 数据集　　（c）Salinas 数据集

图 5-9　针对不同数量的样本进行性能分析

4）消融实验

为验证所提方法的合理性及有效性,本节设计了原始模块、多尺度近端特征拼接模块、带有空洞卷积的多尺度模块和改进的多尺度滤波器模块,如图 5-10 所示。将这 4 个模块分别应用到多尺度近端拼接网络中,以 Indian Pines 数据集为例进行消融实验,对比结果如图 5-11 所示。

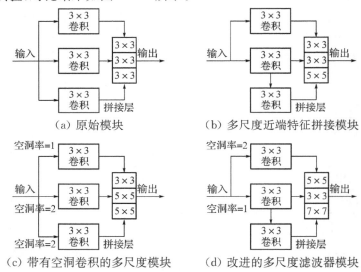

（a）原始模块　　　　　（b）多尺度近端特征拼接模块

（c）带有空洞卷积的多尺度模块　　（d）改进的多尺度滤波器模块

图 5-10　模块结构

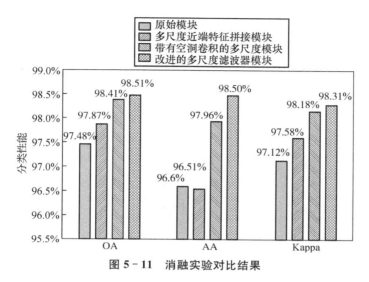

图 5 - 11 消融实验对比结果

从图 5 - 11 可以看出,原始模块整体性能表现最差,这是因为其网络模型较大,训练代价昂贵,过拟合现象严重。在采用近端特征拼接,即引入相邻卷积层间上下文联系后,OA 上升至 97.87%。此外,从图 5 - 11 还可以看出,采用空洞卷积可以大幅提升网络的分类性能,其 OA 达到了 98.41%,这是因为空洞卷积可以大幅减少训练参数,抑制过拟合。本章的 MPFCN 方法在加入空洞卷积及近端特征拼接后,3 个评价指标均取得了最优的结果,OA 达到了 98.51%。

5.4 总结与讨论

本章阐述了一种基于多尺度近端特征拼接网络的高光谱影像分类方法,该方法通过将近端特征上下文信息引入网络模型中,使提取出的空间-光谱特征细节表现力更强,进而可以更好地应对高光谱影像复杂的空间分布与光谱分布。此外,为了保持整体模型轻量化,MPFCN 方法在不增加训练参数的情况下,利用空洞卷积对特征图进行多尺度信息提取,丰富了所提取的空间-光谱判别特征,进一步提升了分类性能,在 3 个基准高光谱影像的数据集上的实验结果证明,所提方法在小样本条件下可以获取更优秀的分类结果。

下一步研究可以考虑引入注意力机制,对近端特征进行权重配比,进一步优化所获取的近端特征拼接图,从而提升网络的整体性能。

参考文献

[1] ZHANG L F，ZHANG L P，TAO D C，et al. Hyperspectral remote sensing image subpixel target detection based on supervised metric learning[J]. IEEE Transactions on Geoscience and Remote Sensing，2014，52(8)：4955 – 4965.

[2] 张亚光，陈建平，李诗. 高光谱遥感在土壤重金属污染监测中的应用[J]. 地质学刊，2019，43(3)：491 – 498.

[3] 王新忠，卢青，张晓东，等. 基于高光谱图像的黄瓜种子活力无损检测[J]. 江苏农业学报，2019，35(5)：1197 – 1202.

[4] SANDIDGE J C，HOLYER R J. Coastal bathymetry from hyperspectral observations of water radiance[J]. Remote Sensing of Environment，1998，65(3)：341 – 352.

[5] SAMANIEGO L，BARDOSSY A，SCHULZ K. Supervised classification of remotely sensed imagery using a modified K-NN technique[J]. IEEE Transactions on Geoscience and Remote Sensing，2008，46(7)：2112 – 2125.

[6] 肖博林. 基于支持向量机的高光谱遥感影像分类[J]. 科技创新与应用，2020(4)：22 – 24.

[7] WANG Q，LIN J Z，YUAN Y. Salient band selection for hyperspectral image classification via manifold ranking[J]. IEEE Transactions on Neural Networks and Learning Systems，2016，27(6)：1279 – 1289.

[8] LICCIARDI G，MARPU P R，CHANUSSOT J，et al. Linear versus nonlinear PCA for the classification of hyperspectral data based on the extended morphological profiles[J]. IEEE Geoscience and Remote Sensing Letters，2012，9(3)：447 – 451.

[9] GAO W，PENG Y. Ideal kernel-based multiple kernel learning for spectral-spatial classification of hyperspectral image[J]. IEEE Geoscience and Remote Sensing Letters，2017，14(7)：1051 – 1055.

[10] CHEN Y，NASRABADI N M，TRAN T D. Hyperspectral image classification via kernel sparse representation[J]. IEEE Transactions on Geoscience and Remote Sensing，2013，51(1)：217 – 231.

[11] LECUN Y，BENGIO Y，HINTON G. Deep learning[J]. Nature，2015，521(7553)：436 – 444.

[12] CHEN Y S，LIN Z H，ZHAO X，et al. Deep learning-based classification of hyperspectral data[J]. IEEE Journal of Selected Topics in Applied Earth Observations and Remote Sensing，2014，7(6)：2094 – 2107.

［13］LIU P，ZHANG H，EOM K B. Active deep learning for classification of hyperspectral images［J］. IEEE Journal of Selected Topics in Applied Earth Observations and Remote Sensing，2017，10(2)：712－724.

［14］CHEN Y S，JIANG H L，LI C Y，et al. Deep feature extraction and classification of hyperspectral images based on convolutional neural networks ［J］. IEEE Transactions on Geoscience and Remote Sensing，2016，54(10)：6232－6251.

［15］LI Y，ZHANG H K，SHEN Q，et al. Spectral-spatial classification of hyperspectral imagery with 3D convolutional neural network［J］. Remote Sensing，2017，9(1)：67.

［16］HE K M，ZHANG X Y，REN S Q，et al. Deep residual learning for image recognition［C］//2016 IEEE Conference on Computer Vision and Pattern Recognition. June 27－30，2016，Las Vagas，NV，USA. IEEE Press，2016：770－778.

［17］ZHONG Z L，LI J，LUO Z M，et al. Spectral-spatial residual network for hyperspectral image classification：a 3-D deep learning framework［J］. IEEE Transactions on Geoscience and Remote Sensing，2018，56(2)：847－858.

［18］SONG W W，LI S T，FANG L Y，et al. Hyperspectral image classification with deep feature fusion network［J］. IEEE Transactions on Geoscience and Remote Sensing，2018，56(6)：3173－3184.

［19］WANG W J，DOU S G，JIANG Z M，et al. A fast dense spectral-spatial convolution network framework for hyperspectral images classification［J］. Remote Sensing，2018，10(7)：1068.

［20］王莹. 改进的基于 CNN 的高光谱遥感图像分类办法［J］. 现代商贸工业，2019，40(35)：204－206.

［21］SZEGEDY C，LIU W，JIA Y Q，et al. Going deeper with convolutions ［C］//2015 IEEE Conference on Computer Vision and Pattern Recognition. June 7－12，2015，Boston，MA，USA. IEEE，2015：1－9.

［22］LEE H，KWON H. Going deeper with contextual CNN for hyperspectral image classification［J］. IEEE Transactions on Image Processing，2017，26(10)：4843－4855.

［23］ZHANG C J，LI G D，DU S H. Multi-scale dense networks for hyperspectral remote sensing image classification［J］. IEEE Transactions on Geoscience and Remote Sensing，2019，57(11)：9201－9222.

思考题

1. 什么是空洞卷积、多尺度滤波器和特征拼接？

2. 多尺度近端特征拼接网络模型如何改进多尺度滤波器模块？如何利用近端特征上下文信息？其结构特点是什么？

3. 描述多尺度近端特征拼接网络模型用于 HSI 分类的具体处理步骤。

4. 如何引入注意力机制，设置近端特征权重？如何进一步优化近端特征拼接图，从而提升网络的整体性能？

第六章

深度置信网络在高光谱影像光谱-空间分类中的应用

随着高分辨率光学传感器的发展,与多元光学传感器相结合的地物分类模型及方法成为目前的研究热点,卷积神经网络等深度学习方法已被广泛应用于特征提取和分类。本章介绍了一种基于深度置信网络且结合光谱-空间信息的方法,用于高光谱影像的分类。该分类方法在深度置信网络(Deep Belief Network,DBN)的框架结构中增加了一个逻辑回归层,且在分类过程中结合光谱与空间信息。在 Indian Pines 和 Pavia University 数据集上对这一改进方法的分类效果进行验证,实验结果表明,经过无监督的预训练和有监督的微调后,此方法能够更有效地学习特征,与传统分类器相比,该方法网络结构较深,特征提取能力更强,分类效果优于其他对比方法。

6.1 引言

随着高分辨率光学传感器的发展,采集由同一遥感场景的数百个不同的光谱波段组成的高光谱遥感影像已经成为可能。由于地物类型复杂多变,不同的地物具有不同的光谱曲线。传统的多光谱遥感影像仅使用少数波段来表示一个完整的光谱曲线,而高光谱影像具有丰富的光谱信息,每个像素都可以生成一条高分辨率曲线。因此高光谱遥感影像可以描绘地物真值,是完成目标检测和分类等任务的重要工具,已广泛应用于农业、军事、地质学和环境科学。但是由于高光谱遥感影像数据量大,处理数百个波段本身也是一个挑战[1],故分类速度慢,且高光谱遥感影像的高光谱维数会导致休斯现象的出现。

高光谱遥感影像是由高分辨率光学传感器采集获取的,本章实验中使用的数据集分别由机载可见/红外成像光谱仪(AVIRIS)传感器和反射光学系统成像光谱仪(ROSIS)传感器拍摄。

高光谱影像分类是发现高光谱传感器数据信息的常用技术。在图像分类之前,由于高光谱影像包含大量的信息,降维是必要的。神经网络和支持向量机(SVM)[2]模型由于其处理高维数据的潜力而被广泛应用于高光谱分类过程。它们可以管理大部分分类,但却不能提供丰富的信息,因此这些算法在一些应用领域受到限制。

近年来,深度学习的研究由于在许多领域的突破而受到了广泛的关注,利用深度学习模型对高光谱影像进行分类可以得到较高的分类精度[3]。深度学习中常用的模型有深度神经网络模型和递归神经网络模型,它们的代表性网络分别为卷积神经网络(CNN)和递归神经网络(RNN)。CNN 有效地减少了大量参数的问题,使用卷积核作为中介,图像经卷积操作后,原始的位置关系仍然存在,但图像输入层的隐藏层参数则以几何倍数减少。CNN 的基本操作单元是卷积、池化、全连接和识别。RNN 又称为前向神经网络,其样本处理时间是独立的,在 RNN 中,神经元的输出可以在下一次作用于自身,递归神经网络可以看作是一种具有实时传输特性的神经网络。为了提高高光谱影像的分类精度,本章的方法将深度置信网络模型应用于高光谱影像。DBN 是 Hilton 等在 2006 年提出的一种算法[4],它基于神经网络,采用分层学习的方法,以无监督的方式逐层学习输入数据。每一层均使用受限玻尔兹曼机(Restricted Boltzmann Machine,RBM)创建,将学习到的特征作为后续层的输入。最后一层使用的 Softmax 分类器以有监督的方式微调网络参数,并对每个像素和分类结果进行标记。换言之,DBN 的构成是将多个 RBM 堆叠起来,前一个 RBM 的隐藏层作为下一个 RBM 的可视层,每次训练时,将下层的RBM 训练好后再训练上层的 RBM,每次训练一层,直至最后[5]。

玻尔兹曼机在无监督学习中很强大,可以定位隐藏在数据中的信息,因此,它适用于数据挖掘。玻尔兹曼机是一个全连接的网络,这种结构延长了训练时间,从而限制了网络的应用。RBM 及其学习算法可以解决如分类、回归、图像特征提取和协同滤波等深度神经网络的问题。

自受限玻尔兹曼机诞生以来,学者们开发出许多 RBM 的变体,如文献[6]创建的卷积 RBM 可以提取大规模特征,并表现出良好的性能。文献[7]提出一种使用基于迁移学习的卷积神经网络混合受限玻尔兹曼机模型 TLCNN-RBM 用于小样本的声纹识别。文献[8]提出一种高斯 RBM,从小尺寸图像中学习多层特征。在文献[9]中,条件 RBM 学习使用因子高阶玻尔兹曼机表示空间变换。

本章涉及的基于深度置信网络的分类模型在深度置信网络中堆叠了受限玻尔兹曼机,其主要贡献是开发了一个 RBM 的堆栈,对标准 RBM 及其学习算法进行了改进。前述过程可以看作是预训练和微调,以小批量的方式训练数据,从而优化验证数据集的损失函数。这类模型结构可以学习高光谱影像中不同地面真值类的深度特征。实验结果表明,该模型结构无论是仅结合空间信息还是与联合光谱–空间信息相结合都可以有效地学习到特征,前者称之为 SC-DBN 模型,后者称之为 JSSC-DBN 模型,而利用学习到的特征进而能够在高光谱影像分类中表现出更好的效果。

本章的其余部分组织如下:6.2 节详细讨论了 DBN 的主要思想和结构,并结合光谱信息和空间信息,分别介绍 SC-DBN 模型和 JSSC-DBN 模型的结构及工作原理;6.3 节详细阐述了实验结果;6.4 节为总结和讨论。

6.2 相关方法

本节介绍 RBM 和通用 DBN 模型的组成,然后介绍了基于空间信息和联合空间光谱-信息的 DBN 分类模型。

6.2.1 受限玻尔兹曼机(RBM)

RBM 是一种由两层结构组成的随机生成神经网络,一层为可见层,包含二进制可见单元;另一层为隐藏层,包含二进制隐藏单元。在非线性动态系统 Hopfield 网络能量函数的基础上,引入一个能量函数来辨识 RBM 的状态。因此,将系统的目标函数转化为一个极值问题,从而更加方便地分析 RBM 模型[10]。

RBM 被视为一个伊辛模型,因此,其能量函数表示为:

$$E(v,h;\theta) = -\sum_{ij} w_{ij} v_i h_j - \sum_i b_i v_i - \sum_j a_j h_j \qquad (6.1)$$

式中:$\theta = (w,a,b)$ 是 RBM 的参数;w_{ij} 表示可见单元 v 和隐藏单元 h 之间的连接值;b_i 和 a_j 分别为可见单元和隐藏单元的偏置项。

以式(6.2)、式(6.3)分别表示隐藏单元 h 和可见单元 v 的条件分布:

$$P(h_j = 1 \mid v) = \frac{1}{1 + \exp(-\sum_i w_{ij} v_i - a_j)} \qquad (6.2)$$

$$P(v_i = 1 \mid h) = \frac{1}{1 + \exp(-\sum_j w_{ij} h_j - b_i)} \qquad (6.3)$$

RBM 的目标函数侧重于求解 h 和 v 的分布,并使它们尽可能相等。因此,需要计算出此分布的 K-L(Kullback-Leibler)距离,然后将其缩小。在确定联合概率的期望值时,很难得到归一化常数 $Z(\theta)$,而时间复杂度为 $O(2^{m+n})$。因此,在近似重构数据中引入吉布斯采样。对权重的学习可以表示为:

$$\Delta w_{ij} = E_{\text{data}}(v_i h_j) - E_{\text{model}}(v_i h_j) \qquad (6.4)$$

式中:减去的值是输入数据能量函数的期望值,是已知的,该值等于模型从吉布斯采样中得到的能量函数的期望值。

通过吉布斯采样训练 RBM 是一项耗时的工作,我们通常使用 k 步对比散度算法(contrastive divergence,CD-k),以加速 RBM 网络的训练,实际应用中 1 步 CD 算法的效果就很不错[10],即 $k=1$。也就是说,使用从条件分布获得的样本来近似梯度的平均和,并且仅执行一次吉布斯采样。

6.2.2　深度置信网络(DBN)

DBN是一种与传统的判别模型相反的概率生成模型,这种深度学习模型将RBM堆叠起来并以贪婪的方式进行训练,前一层的输出被用作下一层的输入。最后,形成DBN网络。DBN分层学习的灵感来自人脑的结构,深层网络的每一层都可以看作是一个逻辑回归(Logistic Regression,LR)模型。

l层上x和h_k的联合分布函数表示为:

$$p(x,h^1,h^2,\cdots,h^l)=\left(\prod_{k=0}^{l-2}P\left(h^k\,\middle|\,h^{k+1}\right)\right)P(h^{l-1},h^l) \tag{6.5}$$

DBN模型的输入数据包括预处理过程中获得的二维向量,在预训练时对RBM层进行逐层训练,后一层的可见变量是上一层的隐藏变量的副本。该方法以分层的方式传递参数,并且从上一层学习特征。最高层的LR通过微调进行训练,而代价函数通过反向传播进行修正,以优化权值w[11]。

DBN的结构如图6-1所示。

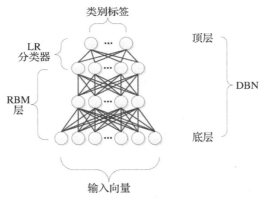

图6-1　深度置信网络结构图

DBN模型的训练过程包括两个步骤:每个RBM层都是无监督训练的,输入应该映射到不同的特征空间,并尽可能多地保留信息。随后,在DBN的顶部添加LR层作为有监督分类器[12]。

6.2.3　堆叠受限玻尔兹曼机的深度置信网络

特征是训练的原材料,并且影响最终模型的分类性能。理论上,隐藏层越多,深度神经网络(Deep Neutral Networks,DNN)可以提取的特征越多,而学习到的函数也就越复杂,因此DNN模型是能够被详细描述的。但是,在多层网络中,当用随机数初始化权值w时会出现问题,因此DNN逐渐被SVM和boosting等浅层学习模型所取代。如果权值设置过大,则训练过程将陷入局部最优。当权值设置得过小时,又会出现梯度离散现象,且权值会因为梯度较小而逐渐变化。总之获取权值的最优解非常困难。

为了解决上述问题,使用逐层初始化深度神经网络的方法来获取接近最优解的初始权值[13]。即通过无监督学习的方式进行逐层初始化,这一过程是可以自动进行的。

本章介绍一种基于 DBN 模型的高光谱影像分类方法。基本的 DBN 分类模型包括数据预处理、预训练和微调。DBN 与神经网络的区别在于引入预训练,在 DBN 模型中,初始权值可以接近全局最优值,因此,逐层贪心监督学习比神经网络具有更好的精度。在有监督的微调过程中,小批量 DBN 模型验证学习到的特征和损失函数以更新权值 w。在每个训练 epoch 都对参数进行小批量的训练。

高光谱传感器数据实际上是结合了光谱信息和空间信息的光谱影像立方体。因此,我们对两种 DBN 结构——SC-DBN(Spatial Classifier,SC)和 JSSC-DBN (Joint Spectral-Spatial Classifier,JSSC)的效果进行比较。SC-DBN 的输入数据为空间信息。而 JSSC-DBN 的输入数据为结合光谱信息和空间信息的向量[14]。整个处理过程如图 6 - 2 所示。

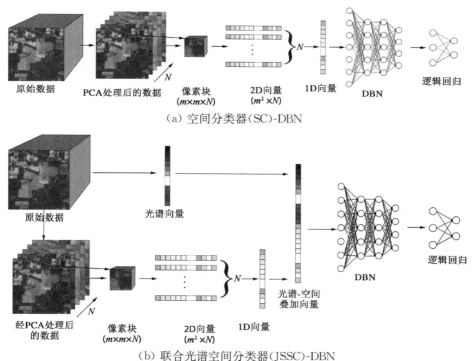

(a) 空间分类器(SC)-DBN

(b) 联合光谱空间分类器(JSSC)-DBN

图 6 - 2　基于 DBN 的高光谱分类过程

1) SC-DBN

为了提高分类精度,空间信息在分类过程中起着重要的作用。在获取空间数据之前,必须先对高光谱遥感影像进行降维处理。与从每个像素中提取光谱信息的光谱分类方法不同,如图 6 - 2(a)所示,SC 按窗口大小切割图像。首先用主成分分析方法对影像降维,提取出光谱信息的 N 个主成分。然后,以标记的像素为中心,提取出 $m \times m$ 的相邻像素块,每个像素块都包含空间结构信息,故像素块的大小为 $m \times m \times N$。然后,将像素块转化成大小为 $m^2 \times N$ 的二维特征向量,最后,再将二维特征向量拉升成一个大小为 $m^2 N \times 1$ 的一维向量。

将前述包含空间信息的一维向量输入 DBN 模型。构建每个 RBM 层,且每个 RBM 层与对应的 Sigmoid 层共享权重;在每一层中,采用 k 步对比散度算法(CD-k)进行预训练,通过预测分类结果与地表真实覆盖分类之间的误差来更新权值;最后逐层学习空间特征。在微调过程中,采用随机梯度下降法更新代价函数。在每个 epoch,SC-DBN 模型均计算验证集的成本,使损失尽可能接近最佳验证损失。最后,在测试集上进行实验得出分类准确率和 Kappa 系数。

2) JSSC-DBN

联合光谱和空间的分类方法长期以来应用于高光谱传感器数据分类[15-16]。JSSC-DBN 模型是在深度学习过程中结合了光谱-空间信息。为了充分利用光谱信息和空间信息,该方法将光谱和空间特征放在 DBN 分类器中。一般来说,同一空间邻域中的像素与中心像素具有相同或相似的光谱特征。因此,以标记像素为中心提取 $m \times m$ 的邻域像素块,每个像素块都包含空间结构信息。然后,将像素块转换为二维特征向量,再将二维特征向量转换为一维特征向量。同时提取出包含光谱信息的一维向量,其长度等于光谱波段数。将包含空间信息的一维向量和包含光谱信息的一维向量拼接成一个向量,作为 JSSC-DBN 的输入。

高光谱影像的空间信息具有同一地物占据一定连续空间的特性,因此,需要选择合适的窗口大小。选取 $m \times m$ 大小的影像数据,放置在 $m \times m \times N$ 的邻域空间,将 $m^2 \times N$ 的向量送入输入层,并且将空间数据与光谱数据合并为一个输入向量。随后,当我们训练 JSSC-DBN 模型的参数时,在主成分分析过程中使用正则化的方法。主成分分析可以对高光谱影像进行降维处理,而正则化则可以缓解训练中的过拟合问题。JSSC 和 SC 的区别在于前者将空间向量和光谱向量拼接成一个新的向量输入 DBN 模型。

6.3　实验与结果

6.3.1　数据集和实验设置

实验过程中使用 Pavia University 和 Indian Pines 这两幅高光谱遥感影像验证前文方法的有效性。Pavia University 影像有 9 个地物类别，Indian Pines 影像有 16 个地物类别，分别如图 6-3 和图 6-4 所示，每个类别的样本、训练集、验证集和测试集情况分别详见表 6-1 和表 6-2。

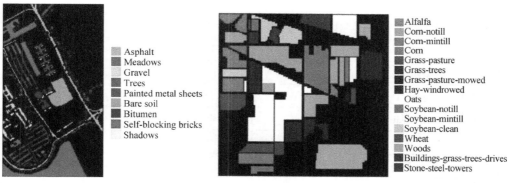

图 6-3　Pavia University 数据集的 9 个分类　　　图 6-4　Indian Pines 数据集的 16 个分类

表 6-1　Pavia University 数据集：地物类别、样本数、训练集、验证集和测试集情况表　单位：个

序号	类别	样本数	训练集	验证集	测试集
C1	Asphalt	6631	3979	1326	1326
C2	Meadows	18 649	11 189	3730	3730
C3	Gravel	2099	1259	420	420
C4	Trees	3064	1838	613	613
C5	Painted metal sheets	1345	807	269	269
C6	Bare soil	5029	3017	1006	1006
C7	Bitumen	1330	798	266	266
C8	Self-blocking bricks	3682	2210	736	736
C9	Shadows	947	569	189	189
	合计	42 776	25 666	8555	8555

表 6 - 2　**Indian Pines 数据集：土地覆盖类别、样本数、训练集、验证集和测试集情况表**　单位：个

序号	类别	样本数	训练集	验证集	测试集
C1	Alfalfa	46	28	9	9
C2	Corn-notill	1428	856	286	286
C3	Corn-mintill	830	498	166	166
C4	Corn	237	143	47	47
C5	Grass-pasture	483	289	97	97
C6	Grass-trees	730	438	146	146
C7	Grass-pasture-mowed	28	16	6	6
C8	Hay-windrowed	478	286	96	96
C9	Oats	20	12	4	4
C10	Soybean-notill	972	584	194	194
C11	Soybean-mintill	2455	1473	491	491
C12	Soybean-clean	593	355	119	119
C13	Wheat	205	123	41	41
C14	Woods	1265	759	253	253
C15	Buildings-grass-trees-drives	386	232	77	77
C16	Stone-steel-towers	93	55	19	19
合计		10 249	6147	2051	2051

实验过程中，对 6.2.3 节的 SC-DBN 和 JSSC-DBN 模型进行训练，研究 DBN 网络中参数的变化对分类精度的影响。采用总体精度（OA）、平均精度（AA）和 Kappa 系数（Kappa）比较不同的高光谱影像分类方法在 Pavia University 和 Indian Pines 这两个数据集上的分类结果。

预处理步骤对整个高光谱影像数据进行主成分分析，并将光谱信息和空间信息转换为二维向量。这一步骤中将三维矩阵转换为向量，作为 DBN 模型的输入。

为了避免潜在的自相关问题，在训练和测试数据中添加了验证数据集。训练集、验证集和测试集中的样本数量之比约为 6 : 2 : 2，具体如表 6-1 和表 6-2 所示。原始数据是矩阵形式的，需要进行归一化处理。DBN 网络的具体参数设置见表 6-3，两个数据集的窗口大小均为 7×7。参考文献[17]，使用网格搜索算法确定 SVM 的参数，并设置 $c = 10000, g = 10$。

表 6 - 3 DBN 的网络参数

数据集	隐藏层数量	隐藏层节点数	预训练学习率	微调学习率
Indian Pines	3	310×100×100	0.01	0.001
Pavia University	3	280×100×100	0.05	0.003

为了防止不同的训练样本所带来的偏差,对原始的随机训练样本进行 100 次实验,分析实验结果的平均值,得出 SVM、SC-DBN 和 JSSC-DBN 方法的分类结果。

6.3.2 SC-DBN 方法的分类实验

在这节的实验中使用 SC-DBN 方法对高光谱传感器数据进行分类。我们关注主成分数的影响,选取主成分数为 1～5 进行实验。在 Indian Pines 数据集上设置预训练 epoch＝1000,在 Pavia University 数据集上设置预训练 epoch＝800,实验结果如图 6-5 所示。同时,我们还研究了隐藏层数量的作用,即"网络深度"的影响。在不超过 5 的深度上进行了类似的试验。详细的分类精度和 Kappa 系数如表 6-4 所示。

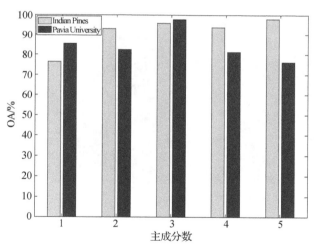

图 6 - 5 SC-DBN 分类器主成分数对 OA 的影响

表 6 - 4 Indian Pines 和 Pavia University 数据集:不同方法的 OA、AA 和 Kappa

数据集	评价指标	SC-DBN(N＝3)	JSSC-DBN(N＝3)	SVM
Indian Pines	OA/%	95.81	96.29	85.71
	AA/%	9450	95.18	82.93
	Kappa×100	95.22	95.78	83.26

数据集	评价指标	SC-DBN($N=3$)	JSSC-DBN($N=3$)	SVM
Pavia University	OA/%	95.83	97.67	85.45
	AA/%	94.67	96.79	80.33
	Kappa×100	94.54	96.95	80.94

在 SC-DBN 中,特征提取比较困难。前述实验在 $1\sim5$ 的范围内选取主成分数,以 OA 为评价指标。根据图 6-5 可知,主成分的数量会影响分类精度。Indian Pines 数据集上,SC-DBN 模型在 $N=5$ 时表现最好,而 Pavia University 数据集上的最优主成分数为 3。

SC-DBN 模型对高光谱影像的分类结果如图 6-6 所示,分类图中不同的颜色表示不同的分类,与图 6-3、图 6-4 所示的土地覆盖分类相比,每一类的边缘保持较好,并未明显变直。在 Pavia University 和 Indian Pines 数据集上的总体精度分别为 95.81% 和 95.83%。总之,实验结果表明,该模型对高光谱影像的分类效果较好。

(a) Pavia University　　　　　(b) Indian Pines

图 6-6　空间信息分类结果

6.3.3　JSSC-DBN 方法的分类实验

在这节的实验中使用 JSSC-DBN 方法对高光谱传感器数据进行分类,同样研究主成分数量和隐藏层层数对分类效果的影响。与 6.3.2 节类似,对 JSSC-DBN 模型的主成分数进行实验,在 Pavia University 和 Indian Pines 数据集上的实验结果如图 6-7 所示。由图可知,使用 JSSC-DBN 方法对高光谱遥感数据进行分类时,主成分数会影响分类结果。Indian Pines 和 Pavia University 数据集的最佳主成分数分别为 4 和 3。JSSC-DBN 方法在 Indian Pines 和 Pavia University 数据集上的总体精度分别为 96.29% 和 97.67%。JSSC-DBN 方法在 Pavia University 和 Indian Pines 数据集上的分类结果如图 6-8 所示,与图 6-3、图 6-4 所示的土地覆盖分类相比,每一类的边缘同样保持较好,并未明显变直。

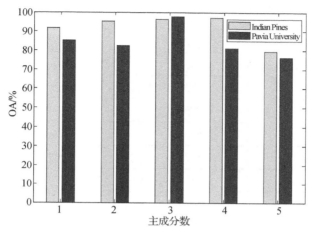

图 6-7　JSSC-DBN 分类器主成分数对 OA 的影响

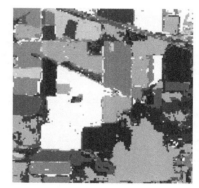

(a) Pavia University　　　　　(b) Indian Pines

图 6-8　空间-光谱联合信息分类结果

综上所述,基于 DBN 的模型是一种很有潜力的高光谱影像分类模型,无论使用空间信息还是联合光谱-空间信息。

此外,基于支持向量机的空间和光谱分类方法也能获得较高的分类精度。将原始数据分为两部分用于验证分类结果和计算平均精度(AA),并将前述基于 DBN 的方法与基于 SVM 的方法进行比较。以 Indian Pines 数据集为例,各类别的详细分类精度和相应的 Kappa 系数见表 6-5,实验结果表明,与 SC-DBN 方法和 SVM 方法相比,JSSC-DBN 方法能够提取更多的特征信息,所以 JSSC-DBN 在三种分类方法中表现最好。

表 6-5　Indian Pines 数据集的分类结果　　　　　　单位：%

类别	SC-DBN(N=4)	JSSC-DBN(N=4)	SVM
Alfalfa	100.00	100.00	33.33
Corn-notill	92.71	96.87	94.44
Corn-mintill	86.93	94.01	77.84
Corn	95.56	100.00	88.89
Grass-pasture	97.03	100.00	91.09
Grass-trees	96.53	98.26	91.33
Grass-pasture-mowed	85.71	100.00	28.57
Hay-windrowed	100.00	100.00	97.94
Oats	100.00	100.00	33.33
Soybean-notill	86.01	98.93	84.46
Soybean-mintill	97.59	97.73	100.00
Soybean-clean	85.59	92.03	66.95
Wheat	95.83	9791	91.67
Woods	99.21	98.41	91.67
Buildings-grass-trees-drives	80.25	89.23	27.16
Stone-steel-towers	100.00	100.00	0.00
Kappa×100	92.82	96.88	83.26
OA	93.71	97.26	85.71
AA	93.68	96.28	83.08

6.4　总结与讨论

本章介绍了一种高光谱影像分类模型 JSSC-DBN，该模型基于深度置信网络，在顶部增加了一个 LR 层，经过无监督的预训练和有监督的微调，在分类过程中学习深度特征，结合光谱信息和空间信息对高光谱遥感影像数据进行分类。实验结果表明，与基于 SVM 的方法以及仅使用空间信息的 SC-DBN 方法相比，该模型在分类精度和 Kappa 系数等指标上表现更好，该深度学习的方法有效提高了高光谱分类的准确性。此外，根据研究结果，建议将 DBN 模型设计为 3～5 个隐藏层，每一层的隐藏单元不超过 100 个。

在未来的工作中,可以针对分类精度和时间成本进一步改进 DBN 模型。鉴于光谱-空间特征提取在 DBN 模型中不可替代的作用,需要进一步研究深度学习框架的参数优化。DBN 模型运行缓慢,因此,预处理阶段使用 PCA 算法降低高光谱数据的维数,再输入后续的 DBN 模型进行分类。然而,PCA 算法完成分类任务时性能并不特别理想。后续的工作可以考虑结合降维算法领域的最新研究成果,继续对模型进行改进。

参考文献

[1] LI H, XIAO G R, XIA T, et al. Hyperspectral image classification using functional data analysis[J]. IEEE Transactions on Cybernetics, 2014, 44 (9): 1544 - 1555.

[2] BAZI Y, MELGANI F. Toward an optimal SVM classification system for hyperspectral remote sensing images[J]. IEEE Transactions on Geoscience and Remote Sensing, 2006, 44(11): 3374 - 3385.

[3] ZHAO W Z, GUO Z, YUE J, et al. On combining multiscale deep learning features for the classification of hyperspectral remote sensing imagery[J]. International Journal of Remote Sensing, 2015, 36(13): 3368 - 3379.

[4] HINTON G E, OSINDERO S, TEH Y W. A fast learning algorithm for deep belief nets[J]. Neural Computation, 2006, 18(7): 1527 - 1554.

[5] GOUDARZI S, KAMA M N, ANISI M H, et al. Self-organizing traffic flow prediction with an optimized deep belief network for Internet of vehicles[J]. Sensors, 2018, 18(10): 3459.

[6] NOROUZI M, RANJBAR M, MORI G. Stacks of convolutional Restricted Boltzmann Machines for shift-invariant feature learning[C]//2009 IEEE Conference on Computer Vision and Pattern Recognition. June 20 - 25, 2009, Miami, FL, USA. IEEE, 2009: 2735 - 2742.

[7] SUN C W, YANG Y X, WEN C, et al. Voiceprint identification for limited dataset using the deep migration hybrid model based on transfer learning[J]. Sensors, 2018, 18(7): 2399.

[8] CHO K H, RAIKO T, ILIN A. Gaussian-Bernoulli deep Boltzmann machine [C]//The 2013 International Joint Conference on Neural Networks (IJCNN). August 4 - 9, 2013, Dallas, TX, USA. IEEE, 2014: 1 - 7.

[9] TAYLOR G W, HINTON G E, ROWEIS S T. Modeling human motion using binary latent variables[M]//Advances in Neural Information Processing Systems 19. Cambridge,MA: The MIT Press, 2007: 1345 - 1352.

[10] HINTON G E. Training products of experts by minimizing contrastive divergence[J]. Neural Computation, 2002, 14(8): 1771 - 1800.

[11] HECHT-NIELSEN R. Theory of the backpropagation neural network[C]// Proceedings of the International Joint Conference on Neural Networks (IEEE, 2002). May 12 - 17 2002, Honolulu, HI, USA. IEEE, 2002: 593 - 605.

[12] SCHOLKOPF B, PLATT J,HOFMANN, T. Greedy laye-wise training of deep networks [C]//International Conference on Neural Information Processing Systems. Cambridge, MA: The MIT Press, 2006:153 - 160.

[13] BENGIO Y, DELALLEAU O. On the expressive power of deep architectures [C]//International Conference on Algorithmic Learning Theory. Berlin, Heidelberg: Springer, 2011: 18 - 36.

[14] PU H Y, CHEN Z, WANG B, et al. A novel spatial-spectral similarity measure for dimensionality reduction and classification of hyperspectral imagery[J]. IEEE Transactions on Geoscience and Remote Sensing, 2014, 52(11): 7008 - 7022.

[15] ZHAO W Z, DU S H. Spectral-spatial feature extraction for hyperspectral image classification: A dimension reduction and deep learning approach[J]. IEEE Transactions on Geoscience and Remote Sensing, 2016, 54 (8): 4544 - 4554.

[16] FAUVEL M, TARABALKA Y, BENEDIKTSSON J A, et al. Advances in spectral-spatial classification of hyperspectral images[J]. Proceedings of the IEEE, 2013, 101(3): 652 - 675.

[17] FAUVEL M, CHANUSSOT J, BENEDIKTSSON J A, et al. Spectral and spatial classification of hyperspectral data using SVMs and morphological profiles [C]//2007 IEEE International Geoscience and Remote Sensing Symposium. July 23 - 28, 2007, Barcelona, Spain. IEEE, 2008: 4834 - 4837.

思考题

1. 什么是深度置信网络、受限玻尔兹曼机,以及堆叠受限玻尔兹曼机的深度置信网络?

2. 描述 SC - DBN 和 JSSC - DBN 模型结构的特点及具体的工作过程。

3. 如何设置基于深度置信网络模型的隐藏层数目,以及每一层的隐藏单元个数?

4. 如何优化深度学习框架的参数,提取光谱-空间特征,减少时间成本,提高分类精度?

5. 针对 DBN 模型运行缓慢的问题,在预处理阶段使用 PCA 算法,但是该方法完成分类任务时,效果并不特别理想,如何结合最新的研究成果在预处理阶段降低高光谱数据的维数?

第七章

局部与混合扩张卷积融合网络在高光谱影像分类中的应用

与传统的分类方法相比,卷积神经网络(CNN)在高光谱影像(HSI)分类中具有更好的性能。传统的 CNN 应用于高光谱影像分类时更加关注光谱特征而忽略空间信息。本章介绍一种 HSI 分类模型——局部与混合扩张卷积融合网络(Local and Hybrid Dilated Convolution Fusion Network,LDFN),通过扩张感受野,融合局部细节信息和丰富的空间特征。LDFN 分类方法的具体细节如下:首先,使用如标准卷积、平均池化、失活(dropout)和批量归一化等操作;然后,采用局部卷积和混合扩张卷积的融合操作,提取丰富的光谱-空间信息;接着,将不同的卷积层集成到残差融合网络中;最后输入 Softmax 层进行分类。实验中使用了三个基准的高光谱数据集(即 Indian Pines、Salinas 和 Pavia University 数据集),实验结果表明 LDFN 优于对比方法。

7.1 引言

高光谱遥感技术是通过信息处理和传输,充分利用使用了可见光、红外光和微波等技术手段的高空探测设备,从而实现对地物的远程非接触分类和识别的技术。高光谱影像(HSI)具有数百个相邻的窄波段[1],这些窄波段又具有大量的信道维度,因此它们在遥感领域发挥着重要的作用。高光谱影像包括如下两个方面的重要信息:一是光谱信息,可以用于区分土地覆盖物,二是空间信息,能够提供关于空间结构的丰富信息。因此,HSI 被广泛应用于如军事勘探[2-3]、农业[4-5]、环境监测[6-7]和医疗[8]等许多领域。

传统的机器学习模型,例如支持向量机(SVM)[9-10]、k-近邻(KNN)[11-12]、多项式逻辑回归(MLR)[13-14]、决策树[15-16]等在早期的高光谱影像分类研究中得到了广泛的应用。但是,因为同一地物内部不同空间存在光谱差异,不同地物又可能具有相似的光谱特征,因此受限于空间结构特征的提取能力,最终的分类图中仍然存在噪声。为了解决仅凭光谱特征难以对高光谱影像进行有效分类的问题,学者们提出许多提取空间特征和光谱特征的方法,如马尔科夫随机场(MRFs)[17]、广义复合核机[18]等。

近年来,随着技术的发展,深度学习方法能够更加自动化地提取特征。深度学习的基本思想是对模型进行训练,以解决在较少人工干预的情况下,判断哪些特征比其他特征更重要的问题。深度学习方法已广泛应用于 HSI 的分类,例如,He 等人提出了一种具有多尺度三维深度卷积的 HSI 分类神经网络,能够从 HSI 数据中端到端地学习二维多尺度空间特征和一维光谱特征[19]。Mei 等人提出了一种使用三维卷积自动编码器(3D-CAE)的无监督光谱-空间特征学习方法,该方法设计了一个 3D 解码器对输入模式进行重构,并且可以在不标记训练样本的情况下训练所有参数[20]。在文献[21]中,提出了一种光谱-空间残差网络(SSRN),针对输入的三维立方体高光谱数据邻域块,设计单独的光谱残差块和空间残差以提取丰富的光谱和空间特征信息。文献[22]中的上下文深度 CNN 模型(D-CNN)利用相邻的单个像素向量的局部光谱-空间相关性来优化局部上下文特征。在文献[23]中,提出了一种融合 2D 和 3D 网络的新型协同 CNN,用于提高 HSI 的分类精度。在文献[24]中,提出了一种基于残差通道和注意力网络的 3D-CNN 用于 HSI 分类,通过提取空间上下文信息来增强空间特征,并且减少有用信息的丢失。

前述这些模型在深度学习的基础上采用了不同的方法,但是,随着网络层次的加深,它们不可避免地面临着训练困难和准确性下降的问题。

针对上述问题,本章介绍一种基于局部和混合扩张卷积的多尺度特征融合网络(LDFN)模型,该模型采用融合策略,不仅能够提取局部的细节特征信息,而且通过扩张感受野收集丰富的空间特征信息。在局部卷积和混合扩张卷积(Hybrid Dilated Convolution, HDC)的集成过程中运用了残差融合方法,该网络结构较深,与其他层连接速度快。因此,这种 HSI 分类方法具有很强的鲁棒性,能够更好地学习光谱-空间信息。

本章的 LDFN 模型主要有以下三个方面的贡献:

(1) 将扩张率不同的混合扩张卷积层叠加起来用于空间信息的提取。

(2) 使用局部卷积和混合扩张卷积替换传统的标准卷积。局部卷积层的层间神经元只有局部范围内的连接,感受域内采用全连接的方式,而感受域之间间隔采用局部连接与全卷积的连接方式,局部卷积将局部像素紧密连接在一起,使卷积层有更强的灵活性和表达能力。混合扩展卷积能够在不增加计算量的情况下扩张感受野,从而可以充分提取高光谱影像的光谱-空间特征。

(3) LDFN 模型还使用了特定的残差网络[25]在主通道上融合前面的 HDC 和标准卷积,从而提取多尺度融合特征。

本章的其余部分安排如下。7.2 节讨论了卷积层的相关操作,并介绍了用于高光谱影像分类的 LDFN 框架;7.3 节在三个基准高光谱数据集上进行了实验,并详细分析了实验结果;7.4 节是总结与讨论。

7.2 相关方法

7.2.1 卷积操作

传统的 CNN 由几个常规操作组成,如卷积操作、激活操作、批量归一化操作和池化操作。本章涉及的卷积操作具体如下。

1) 卷积层

卷积层是卷积神经网络最重要的部分。每个节点的输入只是上层的一小部分,卷积层通过滤波器对前一层的特征图进行深入分析,并且获取更加抽象的特征。因此,它可以加深网络的深度。假设 x 为输入的影像数据,尺寸为 $h \times l \times c$,其中 h 和 l 表示空间特征的高度和宽度,c 表示光谱通道数。设 w 和 b 表示权重参数和偏差参数,y_0 表示第 0 层的输出,k 表示内核,则卷积层的计算如式(7.1)所示[26]:

$$y_0 = \sum_{i=1}^{c} \sigma(x_i \times w_i + b_o), o = 1, 2, \cdots, k \tag{7.1}$$

需要注意 σ 表示激活函数。

2) 扩张卷积和混合扩张卷积

在考虑分类算法的同时,还应考虑光谱-空间特征。为了提取高光谱特征,标准卷积更加关注重复的操作,这极大地提高了计算复杂度,而局部卷积又忽略了邻域的空间相似性。

图 7-1 比较了标准卷积和扩张卷积。扩张卷积能够扩展卷积域的感受野并且获取到多尺度上下文信息,从而有效地解决空间信息提取不足的问题。但是传统的扩张卷积会导致两个问题,一个是网格效应问题,也就是说并非所有输入的像

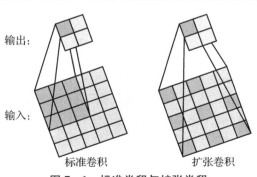

图 7-1 标准卷积与扩张卷积

素点都能得到计算,这意味着卷积核不连续,另一个问题是远距离获取的信息没有相关性,这意味着该方法在小尺寸对象上可能无效。因此,本章的模型采用扩张率不同的扩张卷积组成的混合扩张卷积。

混合不同扩张率的扩张卷积,可以有效地解决上述问题。图 7-2 展示了从扩张卷积到 HDC 的过程。HDC 有如下三个特征[27]:首先,将连续的扩张卷积的扩张率设置为"锯齿状";其次,HDC 叠加时,不连续使用相同扩张率的扩张卷积,而且扩张率也不能成倍数增加;最后,HDC 应满足式(7.2):

$$M_i = \max[M_{i+1} - 2r_i, M_{i+1} - 2(M_{i+1} - r_i), r_i] \tag{7.2}$$

式中:r_i 表示第 i 层的扩张率;M_i 表示第 i 层的最大扩张率。通过局部卷积和 HDC 的结合使用,从而覆盖完整的空间信息。

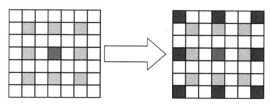

图 7-2　混合扩张卷积

7.2.2　基于 LDFN 的 HSI 分类方法

HSI 具有四个特征:波段相关性、高分辨率、数据量大和光谱可变性。针对前述特征,LDFN 模型由局部卷积和混合扩张卷积组成,既可以提取丰富的光谱内容,又可以提取大量的空间信息。LDFN 模型的框架如图 7-3 所示。

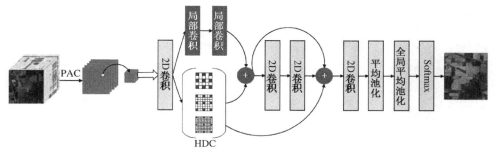

图 7-3　LDFN 模型流程图

在图 7-3 中,首先对 HSI 进行预处理。预处理过程中使用 PCA 算法[28]去除一些无用的波段,然后降低 HSI 的维数。该算法首先保留高光谱影像中差异性最大的那些主成分,然后提取以标记像素为中心的那些 patch 块,用于训练 LDFN 模型。如图 7-3 所示，LDFN 框架的整体工作过程如下：将图像块的原始输入大小设置为 $X \in \mathbf{R}^{(H,W,C)}$，其中 H,W 分别表示图像在空间维的高度和宽度，C 表示光谱维的波段数。首先，将图像块输入到 3×3 的二维卷积层。然后，主通道分为两部分。一方面，图像块向上通过两个 1×1 的局部卷积层。另一方面，图像块向下进入 HDC 模块，该模块由扩张率为 2,3 和 5 的扩张卷积层叠加组成。然后，集成特征，生成复合层，并且随后反馈到残差块中。在残差块中，使用两个 3×3 的卷积层提取输入特征，并生成输出特征层，然后通过跨层连接将 HDC 层、复合层和输出特征层连接起来。随后，通过一个 1×1 的二维卷积层、一个 2×2 的平均池化层和一个全局平均池化层融合特征图。最后，将高层特征输入到 Softmax 层，实现 HSI 分类。

除了第一个卷积层的滤波器为 16 个之外，其余卷积层的滤波器数量均为 48 个，除了第一次局部卷积操作外，每次卷积操作后都需要进行批量范化且运行 ReLU 激活函数。HDC 的扩张率大小为 2,3 和 5。此外，在两个局部卷积层都需要随机失活（dropout），第一个以 0.2 的概率失活，另一个以 0.5 的概率失活。

7.3　实验与结果

7.3.1　数据集和实验设置

本章依然使用 Indian Pines、Salinas 和 Pavia University 三个基准高光谱数据集验证 LDFN 模型的有效性。图 7-4～图 7-6 分别显示了 Indian Pines、Salinas 和 Pavia University 数据集的样本波段影像、地面真值和分类图例。

（a）样本波段影像　　　（b）地面真值　　　　　　　（c）分类图例

图 7-4　Indian Pines 数据集的波段影像、地面真值和分类图例

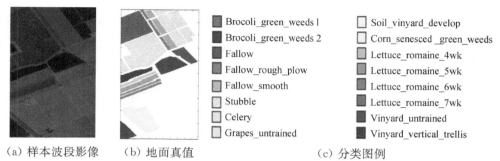

（a）样本波段影像　　（b）地面真值　　　　　　　　（c）分类图例

图 7-5　Salinas 数据集的样本波段影像、地面真值和分类图例

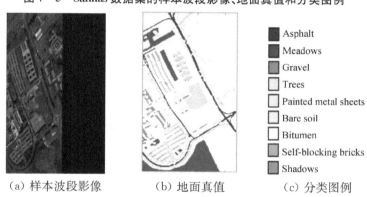

（a）样本波段影像　　　　（b）地面真值　　　　　（c）分类图例

图 7-6　Pavia University 数据集的样本波段影像、地面真值和分类图例

监督学习需要大量的标记样本数据，但高光谱影像的标记样本数据非常稀少且标记过程复杂。因此，实验过程使用小样本，这能够有效地解决高光谱数据标记样本不足的问题。在三个数据集中，训练样本的比例均小于 10%。

将 Indian Pines、Salinas 和 Pavia University 数据集的样本分为训练集和测试集，样本的划分细节分别如表 7-1～表 7-3 所示。

表 7-1　Indian Pines 数据集的样本划分情况表　　　　　　　　单位：个

序号	类别	样本	训练集	测试集
C1	Alfalfa	46	5	41
C2	Corn-notill	1428	143	1285
C3	Corn-mintill	830	83	747
C4	Corn	237	24	213
C5	Grass-pasture	483	48	435
C6	Grass-trees	730	73	657

续表

序号	类别	样本	训练集	测试集
C7	Grass-pasture-mowed	28	3	25
C8	Hay-windrowed	478	48	430
C9	Oats	20	2	18
C10	Soybean-notill	972	97	875
C11	Soybean-mintill	2455	245	2210
C12	Soybean-clean	593	59	534
C13	Wheat	205	20	185
C14	Woods	1265	126	1139
C15	Buildings-grass-trees-drives	386	39	347
C16	Stone-steel-towers	93	9	84
合计		10 249	1024	9225

表 7-2 Salinas 数据集的样本划分情况表 　　　　　单位：个

序号	类别	样本	训练集	测试集
C1	Brocoli_green_weeds_1	2009	20	1989
C2	Brocoli_green_weeds_2	3726	37	3689
C3	Fallow	1976	20	1956
C4	Fallow_rough_plow	1394	14	1380
C5	Fallow_smooth	2678	27	2651
C6	Stubble	3959	39	3920
C7	Celery	3579	36	3543
C8	Grapes_untrained	11 271	113	11 158
C9	Soil_vinyard_develop	6203	62	6141
C10	Corn_senesced_green_weeds	3278	33	3245
C11	Lettuce_romaine_4wk	1068	11	1057
C12	Lettuce_romaine_5wk	1927	19	1908
C13	Lettuce_romaine_6wk	916	9	907
C14	Lettuce_romaine_7wk	1070	11	1059

续表

序号	类别	样本	训练集	测试集
C15	Vinyard_untrained	7268	72	7196
C16	Vinyard_vertical_trellis	1807	18	1789
合计		54 129	541	53 588

表 7-3 Pavia University 数据集的样本划分情况表 单位:个

序号	类别	样本	训练集	测试集
C1	Asphalt	6631	132	6499
C2	Meadows	18 649	373	18 276
C3	Gravel	2099	42	2057
C4	Trees	3064	61	3003
C5	Painted metal sheets	1345	27	1318
C6	Bare soil	5029	100	4929
C7	Bitumen	1330	27	1303
C8	Self-blocking bricks	3682	74	3608
C9	Shadows	947	19	928
合计		42 776	855	41 921

LDFN 模型基于 TensorFlow2.0 和 Keras 深度学习框架,使用编程语言 Python。实验环境为 64 位 Windows10 操作系统,RAM 16 GB 和 NVIDIA GeForce GTX 1660 Ti 6 GB GPU。Batch Size = 64,epochs=100,采用 Adam 优化器[29]对训练参数进行优化,初始学习率设置为 0.001,训练组和测试组按照 1∶9 的比例划分。为了统一输入像素,在三个基准数据集中,将一对大小相同且相邻的像素单元输入模型。

图 7-7 展示了三个数据集中不同超参数情况下 LDFN 模型的 OA。

图 7-7(a)显示了 OA 曲线随 patch 块大小的变化。首先将三个数据集中的主成分数均设置为 20,从图 7-7(a)的曲线可以清楚地看出,OA 先快速增加,然后逐渐进入稳定状态,最后曲线下降,这表明较大或较小的 patch 块都不利于模型的稳定和优化。因此,在 Indian Pines、Salinas 和 Pavia University 数据集中,将 patch 块的大小分别设置为 11×11、13×13 和 11×11。

图 7-7(b)显示了 OA 曲线随主成分数的变化。首先,将三个数据集中的 patch 大小设置为 11×11。可以看出,OA 曲线先增加直至稳定然后下降,这意味

着主成

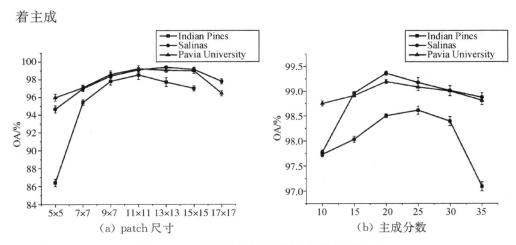

（a）patch 尺寸 （b）主成分数

图 7-7　三个数据集上不同超参数情况下的 OA

分数的合理增加有利于提取丰富的光谱信息，但如果主成分数过多，则可能导致网络性能的下降。因此，在 Indian Pines、Salinas 和 Pavia University 数据集中，将主成分数分别设置为 25、20 和 20。

7.3.2　可量化指标和对比方法

　　HSI 分类中使用了三个评价指标来评价不同模型的分类效果，这三个可量化指标即总体精度（OA）、平均精度（AA）和 Kappa 系数（Kappa）。将 LDFN 方法与其他不同的分类方法进行对比。对比方法分为两组：一组是传统的机器学习方法，如 SVM[5]；另一组是深度学习方法，如 3D-CNN[19]、3D-CAE[20]、D-CNN[22] 和 SSRN[21]。前述对比方法与 LDFN 模型使用相同尺寸的 patch 块输入。为了保证实验结果的客观性，每个实验重复进行 10 次，记录相应的平均值。

7.3.3　分类结果

　　第一个实验在 Indian Pines 数据集上进行，所有的方法均选择 10% 的样本用作训练集，90% 的样本用作测试集。表 7-4 显示了不同方法的分类结果。很明显，对于上述三个评价指标，SVM、3D-CNN 和 3D-CAE 的精度都小于 95%，而使用上下文深度 CNN 框架的 D-CNN 和使用多个残差块的 SSRN 三个指标值超过 95%，而本章的 LDFN 模型在三个指标上的表现均优于其他对比方法。图 7-8 清楚地展示了 Indian Pines 数据集上不同方法的分类图。SVM 存在严重的噪声，3D-CNN 和 3D-CAE 比 SVM 平滑，但在视觉上仍然存在明显的噪声。SSRN 和 LDFN 表现良好且噪声较少，此外，LDFN 模型在细节上优于 SSRN。

表 7 - 4　Indian Pines 数据集上不同方法的分类结果　　　单位:%

类别	SVM[5]	3D-CNN[19]	3D-CAE[20]	D-CNN[22]	SSRN[21]	LDFN
C1	67.05	98.00	90.48	95.24	97.82	100.00
C2	93.77	96.12	92.49	97.66	99.16	99.50
C3	67.55	80.49	90.37	97.72	97.11	96.02
C4	61.20	92.00	86.90	97.70	97.51	99.05
C5	93.15	97.00	94.25	97.63	99.24	99.54
C6	95.70	96.77	97.07	99.16	98.57	99.09
C7	84.00	98.02	91.26	97.20	98.70	100.00
C8	90.52	98.35	97.79	99.08	99.70	100.00
C9	75.05	86.30	75.90	93.33	98.53	100.00
C10	67.70	90.65	87.34	97.16	98.27	97.27
C11	87.61	90.17	90.24	95.53	97.18	96.90
C12	61.21	92.60	95.76	96.17	97.12	97.47
C13	92.01	97.00	97.49	98.53	99.00	100.00
C14	88.77	97.85	96.03	98.37	99.17	99.22
C15	88.81	96.43	90.48	97.06	99.20	99.12
C16	90.71	97.00	98.82	93.23	97.82	97.62
OA	80.01	94.10	92.04	97.93	98.09	98.54
AA	81.55	94.05	92.35	96.92	98.38	98.80
Kappa	78.33	93.48	92.21	95.17	97.01	98.34

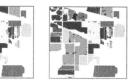

(a) SVM:　(b) 3D-CNN:　(c) 3D-CAE:　(d) D-CNN:　(e) SSRN:　(f) LDFN:
80.01%　94.10%　　92.04%　　97.93%　　98.09%　　98.54%

图 7 - 8　Indian Pines 数据集上不同方法的分类图

　　第二个实验在 Salinas 数据集上进行。选择 1% 的样本作为训练集,99% 的样本作为测试集。表 7 - 5 给出了不同方法的分类结果,具体结果取 10 次重复实验结果的平均值。传统的 SVM 方法分类准确率只有 80% 左右,而深度学习的方法基本上准确率都在 95% 以上。在 3D-CNN、3D-CAE 和 D-CNN 中,网络层的加深可以达到 95% 的精度。LDFN 模型的 OA 为 99.36%，AA 为 99.56%，Kappa 为 99.29%，非常优秀。图 7-9 显示了 Salinas 数据集上不同方法的分类图，可以清晰地看出 LDFN 模型比其他对比方法更平滑。总之 LDFN 模型的性能更好。

表 7-5　Salinas 数据集上不同方法的分类结果　　　　　单位：%

类别	SVM[5]	3D-CNN[19]	3D-CAE[20]	D-CNN[22]	SSRN[21]	LDFN
C1	80.00	97.54	99.00	97.20	99.23	100.00
C2	87.94	98.89	98.29	96.92	99.94	100.00
C3	89.72	97.42	96.13	83.62	99.95	100.00
C4	82.55	98.10	97.34	96.28	97.49	98.22
C5	77.87	97.98	97.35	94.76	96.70	100.00
C6	88.67	97.97	97.90	95.07	99.15	99.90
C7	89.86	98.71	97.64	97.12	99.62	100.00
C8	81.33	89.67	91.58	90.84	98.16	98.53
C9	90.02	98.99	98.93	97.07	99.96	99.55
C10	86.57	96.27	95.98	96.43	99.43	99.81
C11	90.00	98.48	98.37	95.87	97.16	100.00
C12	84.06	98.76	98.84	95.64	98.53	99.95
C13	58.19	95.88	98.56	96.24	95.81	99.66
C14	57.49	98.94	97.52	95.10	98.53	98.69
C15	69.81	86.18	88.85	96.03	99.08	98.69
C16	89.56	98.70	97.34	95.11	99.35	100.00
OA	85.97	95.24	96.05	95.35	98.38	99.36
AA	81.48	96.78	96.85	94.96	98.63	99.56
Kappa	83.93	94.66	95.51	95.46	98.36	99.29

(a) SVM：85.97%　(b) 3D-CNN：95.24%　(c) 3D-CAE：96.05%　(d) D-CNN：95.35%　(e) SSRN：98.38%　(f) LDFN：99.36%

图 7-9　Salinas 数据集上不同方法的分类图

　　第三个实验在 Pavia University 数据集上进行,选择 2% 的样本作为训练集,98% 的样本作为测试集。表 7-6 显示了不同方法的定量结果,实验结果表明,LDFN 模型的 OA 为 99.19%,AA 为 98.89%,Kappa 系数为 98.92%,这与 OA=98.57%、AA=97.16%、Kappa 系数=98.27% 的 SSRN 方法,以及其他一些精度在 95% 左右的深度学习方法相比,精度更高。由于没有考虑空间特征信息,传统的 SVM 方法平均只能达到 80% 的精度。图 7-10 显示了 Pavia University 数据集上不同方法的分类图,直观地显示出 LDFN 模型视觉效果更好,尤其在边缘和局部细节方面。

表 7-6　Pavia University 数据集上不同方法的分类结果　　　　单位:%

类别	SVM[5]	3D-CNN[19]	3D-CAE[20]	D-CNN[22]	SSRN[21]	LDFN
C1	90.36	93.27	95.21	96.11	98.80	99.17
C2	97.25	97.61	96.06	98.91	99.69	99.95
C3	70.93	90.01	91.32	90.82	95.15	94.64
C4	90.93	94.17	98.28	92.63	95.02	99.53
C5	96.46	98.02	95.55	97.63	99.14	100.00
C6	81.76	90.03	95.30	99.14	99.69	99.92
C7	83.59	80.21	95.14	93.12	96.68	99.85
C8	88.14	95.97	91.38	97.77	98.74	97.24
C9	96.97	99.63	99.96	89.43	91.54	99.78
OA	89.18	94.33	95.36	97.19	98.57	99.19
AA	88.48	93.21	95.35	95.06	97.16	98.89
Kappa	88.63	93.07	95.12	96.29	98.27	98.92

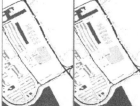

(a) SVM:　(b) 3D-CNN:　(c) 3D-CAE:　(d) D-CNN:　(e) SSRN:　(f) LDFN:
89.18%　94.33%　95.36%　97.19%　98.57%　99.19%

图 7-10　Pavia University 数据集上不同方法的分类图

7.3.4 不同的局部与 HDC 融合模型的比较

本节比较了局部与 HDC 融合模型结构上的不同,验证 LDFN 模型的有效性。由于局部光谱-空间信息是通过局部卷积提取的,因此 HDC 的扩张率从 2 而不是 1 开始。表 7-7 显示了使用局部与 HDC 融合模型对 HSI 分类获得的 OA 值。LDFN24 表示按照扩张率为 2 和 4 叠加扩张卷积层,LDFN25 表示按照扩张率为 2 和 5 叠加扩张卷积层,LDFN34 表示按照扩张率为 3 和 4 叠加扩张卷积层,LDFN234 则按照三种不同的扩张率叠加扩张卷积层,扩张率分别为 2、3 和 4。从表 7-7 中可以明显看出,与 D-CNN 模型相比,使用了局部与 HDC 结构的 LDFN 模型能够实现更高的分类精度。同时,实验结果表明,与其他将不同扩张率的扩张卷积层叠加起来的 LDFN 模型相比,本章的 LDFN 模型应用于 HSI 分类时表现更好。

表 7-7　三个数据集上局部和 HDC 融合模型的 OA　　　　　单位:%

数据集	度量指标	D-CNN	LDFN24	LDFN25	LDFN34	LDFN234	LDFN
Indian Pines	OA	97.93	98.09	98.01	97.92	98.25	98.54
Salinas	OA	95.35	99.01	98.47	98.12	99.11	99.36
Pavia University	OA	97.19	98.59	98.30	97.79	99.07	99.19

总的来说,在三个基准 HSI 数据集上的大量实验结果证明,本章的 LDFN 模型稳定且易于训练,并且在技术上先进有效。

7.4　总结与讨论

本章介绍了一种新颖的深度学习方法——局部与混合扩张卷积融合网络(LDFN),用于 HSI 分类。该网络模型融合了局部卷积与混合扩张卷积,局部卷积紧密连接局部像素,这可以使卷积层有更强的灵活性和表达能力。混合扩张卷积将扩张率为 2、3 和 5 的扩张卷积层叠加起来,从而在不增加计算量的情况下扩大感受野,并且考虑相邻区域高光谱影像的空间相关性。此外,该模型还利用残差融合网络将之前的 HDC 和标准卷积集成到主通道中,从而不仅解决感受野不足的问题,而且可以提取多尺度的特征信息。实验结果表明,LDFN 模型作为一种轻量级模型应用于高光谱影像的分类时,取得了满意的分类精度。

目前,LDFN 模型仍然存在参数冗余的问题,故需要花费较多的时间训练模型以提取光谱-空间特征,仍有很大的改进空间。在未来的研究工作中,可以考虑更多地关注多尺度信息融合,减少模型参数,进一步优化 LDFN 模型,从而更好地融合光谱特征和空间特征,用于 HSI 分类。

参考文献

[1] ZHENG X T, YUAN Y, LU X Q. Dimensionality reduction by spatial-spectral preservation in selected bands[J]. IEEE Transactions on Geoscience and Remote Sensing, 2017, 55(9): 5185 - 5197.

[2] ZHANG L F, ZHANG L P, TAO D C, et al. Hyperspectral remote sensing image subpixel target detection based on supervised metric learning[J]. IEEE Transactions on Geoscience and Remote Sensing, 2014, 52(8): 4955 - 4965.

[3] MCMANAMON P F. Dual use opportunities for EO sensors-how to afford military sensing[C]//15th Annual AESS/IEEE Dayton Section Symposium. Sensing the World: Analog Sensors and Systems Across the Spectrum (Cat. No. 98EX178). May 14 - 15, 1998, Fairborn, OH, USA. IEEE, 2002: 49 - 52.

[4] GEVAERT C M, SUOMALAINEN J, TANG J, et al. Generation of spectral-temporal response surfaces by combining multispectral satellite and hyperspectral UAV imagery for precision agriculture applications[J]. IEEE Journal of Selected Topics in Applied Earth Observations and Remote Sensing, 2015, 8(6): 3140 - 3146.

[5] LU B, DAO P, LIU J G, et al. Recent advances of hyperspectral imaging technology and applications in agriculture[J]. Remote Sensing, 2020, 12(16): 2659.

[6] YANG X G, YU Y. Estimating soil salinity under various moisture conditions: An experimental study[J]. IEEE Transactions on Geoscience and Remote Sensing, 2017, 55(5): 2525 - 2533.

[7] BANERJEE B P, RAVAL S, CULLEN P J. UAV-hyperspectral imaging of spectrally complex environments [J]. International Journal of Remote Sensing, 2020, 41(11): 4136 - 4159.

[8] FREEMAN J, DOWNS F, MARCUCCI L, et al. Multispectral and hyperspectral imaging: Applications for medical and surgical diagnostics [C]//Proceedings of the 19th Annual International Conference of the IEEE

Engineering in Medicine and Biology Society. October 30-November 2, 1997, Chicago, IL, USA. IEEE, 2002: 700 – 701.

[9] ZHONG S W, CHANG C I, ZHANG Y. Iterative support vector machine for hyperspectral image classification[C]//2018 25th IEEE International Conference on Image Processing (ICIP). October 7 – 10, 2018, Athens, Greece. IEEE, 2018: 3309 – 3312.

[10] SUN S J, ZHONG P, XIAO H T, et al. An active learning method based on SVM classifier for hyperspectral images classification[C]//2015 7th Workshop on Hyperspectral Image and Signal Processing: Evolution in Remote Sensing (WHISPERS). June 2 – 5, 2015, Tokyo, Japan. IEEE, 2017: 1 – 4.

[11] SONG W W, LI S T, KANG X D, et al. Hyperspectral image classification based on KNN sparse representation[C]//2016 IEEE International Geoscience and Remote Sensing Symposium (IGARSS). July 10 – 15, 2016, Beijing, China. IEEE, 2016: 2411 – 2414.

[12] LI W, DU Q, ZHANG F, et al. Collaborative representation based k-nearest neighbor classifier for hyperspectral imagery[C]//2014 6th Workshop on Hyperspectral Image and Signal Processing: Evolution in Remote Sensing (WHISPERS). June 24 – 27, 2014, Lausanne, Switzerland. IEEE, 2017: 1 – 4.

[13] KUTLUK S, KAYABOL K, AKAN A. Spectral-spatial classification of hyperspectral images using CNNs and approximate sparse multinomial logistic regression[C]//2019 27th European Signal Processing Conference (EUSIPCO). September 2 – 6, 2019, A Coruna, Spain. IEEE, 2019: 1 – 5.

[14] KHODADADZADEH M, GHAMISI P, CONTRERAS C, et al. Subspace multinomial logistic regression ensemble for classification of hyperspectral images[C]//IGARSS 2018 – 2018 IEEE International Geoscience and Remote Sensing Symposium. July 22 – 27, 2018, Valencia, Spain. IEEE, 2018: 5740 – 5743.

[15] MONTEIRO S T, MURPHY R J. Embedded feature selection of hyperspectral bands with boosted decision trees[C]//2011 IEEE International Geoscience and Remote Sensing Symposium. July 24 – 29, 2011, Vancouver, BC, Canada. IEEE, 2011: 2361 – 2364.

[16] WANG M, GAO K, WANG L J, et al. A novel hyperspectral classification

method based on C5. 0 decision tree of multiple combined classifiers[C]//2012 Fourth International Conference on Computational and Information Sciences. August 17 – 19, 2012, Chongqing, China. IEEE, 2012: 373 – 376.

[17] GHAMISI P, BENEDIKTSSON J A, ULFARSSON M O. Spectral-spatial classification of hyperspectral images based on hidden Markov random fields [J]. IEEE Transactions on Geoscience and Remote Sensing, 2014, 52(5): 2565 – 2574.

[18] LI J, MARPU P R, PLAZA A, et al. Generalized composite kernel framework for hyperspectral image classification[J]. IEEE Transactions on Geoscience and Remote Sensing, 2013, 51(9): 4816 – 4829.

[19] HE M Y, LI B, CHEN H H. Multi-scale 3D deep convolutional neural network for hyperspectral image classification[C]//2017 IEEE International Conference on Image Processing (ICIP). September 17 – 20, 2017, Beijing, China. IEEE, 2018: 3904 – 3908.

[20] MEI S H, JI J Y, GENG Y H, et al. Unsupervised spatial-spectral feature learning by 3D convolutional autoencoder for hyperspectral classification [J]. IEEE Transactions on Geoscience and Remote Sensing, 2019, 57(9): 6808 – 6820.

[21] ZHONG Z L, LI J, LUO Z M, et al. Spectral-spatial residual network for hyperspectral image classification: A 3-D deep learning framework[J]. IEEE Transactions on Geoscience and Remote Sensing, 2018, 56(2): 847 – 858.

[22] LEE H, KWON H. Going deeper with contextual CNN for hyperspectral image classification[J]. IEEE Transactions on Image Processing, 2017, 26 (10): 4843 – 4855.

[23] YANG X F, ZHANG X F, YE Y M, et al. Synergistic 2D/3D convolutional neural network for hyperspectral image classification[J]. Remote Sensing, 2020, 12(12): 2033.

[24] WU P D, CUI Z G, GAN Z L, et al. Residual group channel and space attention network for hyperspectral image classification [J]. Remote Sensing, 2020, 12(12): 2035.

[25] ZHONG Z L, LI J, MA L F, et al. Deep residual networks for hyperspectral image classification[C]//2017 IEEE International Geoscience and Remote Sensing Symposium (IGARSS). July 23 – 28, 2017, Fort Worth, TX, USA. IEEE, 2017: 1824 – 1827.

［26］ NEBAUER C. Evaluation of convolutional neural networks for visual recognition ［J］. IEEE Transactions on Neural Networks，1998，9(4)：685 – 696.

［27］ WANG T Y，SUN M X，HU K N. Dilated deep residual network for image denoising［C］//2017 IEEE 29th International Conference on Tools with Artificial Intelligence （ICTAI）. November 6 – 8，2017，Boston，MA，USA. IEEE，2018：1272 – 1279.

［28］ IMANI M，GHASSEMIAN H. Principal component discriminant analysis for feature extraction and classification of hyperspectral images［C］//2014 Iranian Conference on Intelligent Systems （ICIS）. February 4 – 6，2014，Bam，Iran. IEEE，2014：1 – 5.

［29］ KINGMA D P，BA J. Adam：A method for stochastic optimization［EB/OL］.［2022-11-19］. arXiv2014：1412. 6980. https：//arxiv. org/abs/1412. 6980. pdf

思考题

1. 什么是标准卷积、扩张卷积和混合扩张卷积？

2. 基于局部与混合扩张卷积的特征融合网络模型的特点是什么？描述其用于 HSI 分类的具体步骤。

3. 针对 LDFN 模型参数冗余的问题,考虑如何更多地关注多尺度信息融合,减少模型参数,从而更好地融合光谱特征和空间特征。

第八章

预激活残差注意力网络在高光谱影像分类中的应用

近年来,卷积神经网络(CNN)被用于高光谱影像(HSI)分类,并展现出很好的分类效果。但是以往针对 HSI 光谱-空间分类需求设计的 CNN 模型重点关注 HSI 数据的空间相关性学习,却忽略了特征图的通道响应。此外,训练样本的缺乏仍然是基于 CNN 的 HSI 分类方法获得更好性能的主要挑战。为了解决上述问题,本章采用一种端到端的预激活残差注意力网络(Pre-activation Residual Attention Network,PRAN)用于 HSI 分类。该网络模型中引入预激活机制和注意力机制,并且设计了预激活残差注意力块(Pre-activation Residual Attention Block,PRAB),PRAB 使得 PRAN 模型能够自适应地进行通道响应的特征重新校准并学习更加鲁棒的光谱-空间联合特征表示。PRAN 模型配备了两个 PRAB 和多个具有不同卷积核大小的卷积层,这使得 PRAN 能够提取高级判别特征。在三个基准 HSI 数据集上的实验结果表明,与几种最先进的 HSI 分类方法相比,该方法特别是当训练集规模相对较小的时候,具有竞争力。

8.1 引言

高光谱影像(HSI)由数百个光谱分辨率为纳米级的连续光谱通道组成。与普通遥感影像相比,HSI 包含更丰富的光谱和空间信息,这使得准确识别地物成为可能[1]。因此,高光谱遥感技术已广泛应用于农业[2]、环境地球科学[3]、军事监视[4]等领域。此外,HSI 分类已经成为遥感分析领域的一个非常热门的研究课题。

大多数传统方法在 HSI 分类过程中仅考虑光谱信息,例如 k 近邻[5]、支持向量机(SVM)[6-7]、多项式逻辑回归[8-9]、极限学习机[10]等。这些方法虽然能够充分利用光谱信息,但由于光谱域高光谱数据类内差异明显、类间差异不明显,最终的分类精度并不理想。此外,维数灾难,即休斯现象[11],使得这些方法若想实现更好的分类性能,面临巨大的挑战。

为了提高分类性能,学者们提出了许多光谱空间分类方法,这些方法可以同时提取高光谱数据的光谱特征和空间特征。例如,Benediktsson 等人[12]采用了多重形态运算来设计光谱空间分类器。Yu 等人[13]将基于子空间的 SVM 分类方法与自适应马尔科夫随机场(MRF)方法相结合,对光谱和空间信息进行建模。在文献[14-15]中,引入了稀疏表示来分析和处理 HSI。Zhou 等人[16]开发了一种光谱-空间特征学习方法,该方法在层次结构中利用光谱和空间特征,并采用基于核的极限学习机对图像像素进行分类。Cao 等人[17]将三维离散小波变换与 MRF 相结合,用于 HSI 分类。文献[18]提出一种新的可判别低秩 Gabor 滤波方法对高光谱数据进行分类,且在精度和计算时间方面性能优异。

上述方法虽然可以提高 HSI 分类的准确性,但仅提取手工特征,高度依赖于领域知识。相反,深度学习方法可以端到端地从原始数据中自动学习层次特征表示,从而避免了手工特征提取的过程。近年来,深度学习因其在图像分类[19-20]、目标检测[21-22]和自然语言处理[23]等领域的卓越表现而受到越来越多的关注。在这些成功应用的推动下,人们在基于深度学习的高光谱数据分类方面做出了许多努力。Chen 等人[24]首先引入了堆叠自动编码器这一深度学习框架,用于提取 HSI 的光谱特征和空间特征。随后 Liu 等人[25]将堆叠去噪自动编码器和基于超像素的空间约束相结合,以提高 HSI 分类性能。在文献[26]中提出了一种堆叠稀疏自动编码器,通过学习特征映射函数,从未标记的数据中自适应地构造特征。此外,文献[27]提出了一种用于 HSI 分类的紧凑且可判别的堆叠自动编码器。文献[28-29]引入了深度置信网络用于 HSI 分类。Li 等人[30]采用一维卷积层并提出了一种自适应光谱-空间特征学习网络。尽管上述深度模型[24-30]可以提取深层特征,但为了满足输入要求,必须将输入样本延展为一维向量,这会导致它们无法充分利用 HSI 的空间信息。此外,有限的 HSI 标记样本使这些深度学习模型受到小样本问题的困扰,这给 HSI 分类带来了巨大的挑战。

为了解决上述问题,许多研究人员设计了 2D CNN 模型从 3D 图像立方体中提取可判别空间特征[31-38]。例如,为了从 HSI 中学习联合频谱空间特征,Yang 等人[33]提出了一种双分支 CNN,并通过迁移学习来训练模型。Lee 等人[35]提出了一种上下文深度 CNN(DCNN),利用多尺度滤波器组来实现空间光谱信息的联合利用。文献[36]结合 CNN 和 MRF 对 HSI 进行分类。Song 等人[37]采用残差连接,提出了一种深度特征融合网络(DFFN),它可以融合不同层的输出。为了学习光谱-空间特征,Ma 等人[38]设计了一种具有跳跃结构的深度反卷积网络。虽然这些基于 CNN 的 HSI 分类方法可以利用空间上下文信息,但由于模型结构中的所有卷积层都使用了二维卷积运算,所以它们仅在空间维度上对特征图进行了卷积运算,而忽略了对于 HSI 分类非常重要的光谱相关性。

考虑到 2D 卷积层的局限性,研究者们提出了一些 3D-CNN 模型对高光谱数据进行分类[39-41]。3D 卷积运算可以同时在空间维度和光谱维度上对特征图进行卷积,然后使得 3D-CNN 模型能够提取光谱特征,并且联合光谱-空间相关性信息。Paoletti 等人[42]提出了一种深度 3D CNN 模型,获得了较高的分类精度。文献[43]提出了光谱空间残差网络(SSRN),SSRN 可以从 HSI 丰富的光谱特征和空间上下文中连续学习判别特征。文献[44]提出了金字塔残差网络,同时获取光谱特征和空间特征。Wang 等人[45]提出了一种快速密集光谱空间卷积框架,通过设计密集光谱块、密集空间块和降维层分别提取光谱和空间特征。此外,文献[46]提出了一种多尺度中层-深层特征融合网络,通过融合多尺度中层-深层特征来提取更多的判别特征。Chen 等人[47]首次研究了用于 HSI 分类的 CNN 自动设计,并开发了 3D 自动 CNN 模型。这些基于 CNN 的方法有效地提高了 HSI 的分类精度,并且在小训练集上表现良好。然而,他们重视学习 HSI 数据的空间相关性,却忽略了特征的通道响应,而特征的通道响应对于 HSI 分类又是至关重要的。此外,为了处理梯度消失/爆炸问题,并减轻有限训练样本导致的过拟合问题,残差连接被广泛应用于许多现有的基于 CNN 的 HSI 分类方法,如 DCNN[35]、DFFN[37] 和 SSRN[43]。然而,这些网络中的残差块采用后激活机制,这意味着激活函数 ReLU 在卷积运算之后才执行。如果信号为负,ReLU 会强制将信号转换为 0,这可能会导致一些包含丰富信息的残差特征丢失。

为了解决上述问题,本章介绍一种新颖的结合了注意力机制的残差网络——预激活残差注意力网络 PRAN,用于光谱-空间高光谱影像分类,其主要贡献可概括为以下方面:

(1)为了处理梯度消失/爆炸问题并提高 PRAN 模型的分类性能,在模型中采用了残差连接和批量归一化(BN)。与之前用于 HSI 分类的网络不同,该模型将预激活机制引入到残差块中,以学习更加鲁棒的光谱和空间特征表示,从而获得更好的泛化效果。

(2)为了从输入的图像 patch 中学习更加鲁棒的光谱-空间特征表示,将注意力机制引入残差块,并构造预激活残差注意力块(PRAB),它可以通过显式建模通道之间的相互依赖性,自适应地重新校准通道特征响应。

(3)PRAN 能够改善小训练样本量下的 HSI 分类结果,它包含两个 PRAB,使得网络可以更好地学习分层特征。在三个基准 HSI 数据集上的实验结果表明,与几种最先进的 HSI 分类方法相比,PRAN 的分类结果更加准确。

本章的其余部分安排如下:8.2 节详细介绍了 PRAN 这一 HSI 分类方法;在 8.3 节中,分析和讨论了三个基准数据集上的实验结果,通过与几种最先进的 HSI 分类方法进行比较,评估 PRAN 方法的分类效果;8.4 节为总结与讨论。

8.2　预激活残差注意力网络

PRAN 模型结构如图 8-1 所示。可以看出，PRAN 包括三个卷积层、两个 PRAB、一个全局平均池化（Global Average Pooling，GAP）层和一个全连接（Fully Connection，FC）层。

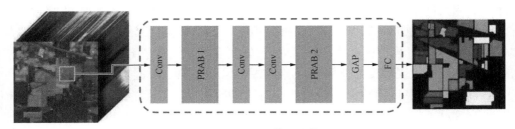

图 8-1　PRAN 模型结构图

HSI 数据集可以表示为 $D \in \mathbf{R}^{H \times W \times B}$，其中 H、W 和 B 分别表示 HSI 的高度、宽度和波段数。为了提取光谱-空间特征，使用以标记像素为中心的 3D 图像 patch 作为 PRAN 的输入样本，并且图像 patch 的标记与对应中心像素的标记一致。图像 patch 的大小为 $S \times S \times B$，其中 $S \times S$ 表示邻域空间大小。假设 HSI 数据集包含 N 个标记像素，则图像 patch 的集合可以表示为 $X = \{x_1, x_2, \cdots, x_N\} \in \mathbf{R}^{S \times S \times B}$，其中 x_i 是第 i 个图像 patch。对应的地面真值标签集合可以表示为 $Y = \{y_1, y_2, \cdots, y_N\}$，其中 $y_i \in \{1, 2, \cdots, Q\}$ 是 x_i 的标记，Q 是土地覆盖类别的数量。patch 集合 X 分为训练集、验证集和测试集。相应地，Y 分为三组。在训练 PRAN 之前，配置如学习率、批大小和 patch 大小等超参数。PRAN 训练了 200 个 epoch。epoch 是神经网络训练过程中的一个重要概念，通俗来说，一个 epoch 等于使用训练集中的全部样本训练一次的过程。当一个完整的数据集通过了神经网络一次并且返回了一次，即进行了一次正向传播和反向传播，这个过程称为一个 epoch。在每个 epoch，将训练集划分为若干个小批次，并将小批次数据逐一输入网络。在训练过程中，通过模型的前向传播获得训练集的预测标记向量，然后采用交叉熵损失函数计算预测的标记向量与对应的 one-hot 标记向量之间的差异，one-hot 标记向量是由地面真值标签转换而来的。随后，通过反向传播算法更新 PRAN 的学习参数。此外，在训练阶段，每隔几个 epoch 对验证集进行分类并计算分类精度，以监控模型性能。这样，我们就可以选择准确率最高的训练模型。最后，采用测试集来评估训练后的 PRAN 的性能。

8.2.1 残差连接和预激活机制

残差块是前述 PRAN 的关键组成部分,其结构如图 8-2(a)所示。可以看出,残差块由两个卷积层和残差连接(也称为跳跃连接)组成。通过残差连接,可以以加法的方式聚合低层特征和高层特征。因此,残差块可以缓解深度网络中通常存在的梯度消失/爆炸问题。每个残差块的计算方法如式(8.1)所示:

$$H(x) = f(F(x) + x) \tag{8.1}$$

式中:x 和 $H(\cdot)$分别表示残差块的输入和输出;F 表示残差学习函数;$F(x)$表示求和运算之前卷积层的输出;f 表示激活函数。

为了获得更好的性能,PRAN 模型的残差块中应用了批量归一化和预激活机制。如图 8-2(b)所示,预激活结果是通过在卷积运算之前移动 BN 和 ReLU 激活函数来实现的。预激活残差块的计算方法如式(8.2)所示:

$$H(x) = F(x) + x \tag{8.2}$$

如图 8-2(a)所示,式(8.1)中的激活函数 f 为 ReLU 函数,即

$$f(x) = \max(0, x) \tag{8.3}$$

如果信号为负,ReLU 函数强制将信号转换为 0,这可能会导致正常的残差块中一些包含丰富信息的残差特征丢失。如果将 f 设为恒等映射,则式(8.1)将等价于式(8.2)。恒等映射使得信号可以在任意两个单元之间直接传播,这意味着残差学习函数学到的特征不会丢失。通过这种方式,预激活机制使得网络的训练变得更加容易,并且增强了网络的泛化性能。

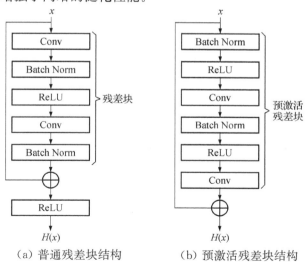

（a）普通残差块结构　　（b）预激活残差块结构

图 8-2　两种残差块结构对比

8.2.2 预激活残差注意力块

由于所有光谱波段的数据都直接用作 PRAN 模型的输入,因此不可避免地存在冗余信息,这可能会造成分类精度的降低。为了解决这个问题,采用挤压和激励(Squeeze-and-Excitation,SE)块[48],通过显式建模通道之间的相互依赖性来自适应地重新校准通道特征响应,因此它可以被视为一种通道注意力机制。本章的方法将注意力机制添加到预激活残差块中,并提出了预激活残差注意力块(PRAB)。

PRAB 的细节如图 8-3 所示。注意力机制是在卷积运算之后、求和运算之前添加的。它允许 PRAB 执行特征重新校准,从而选择性地增强信息丰富的特征并抑制不太重要的特征。假设注意力机制的输入特征图的大小为 $s \times s \times d$,数量为 c,其中 c 和 d 分别表示通道数量和深度大小。首先通过 3D 全局平均池化(GAP)层对每幅特征图进行处理,压缩全局空间信息,从而生成 c 个 $1 \times 1 \times 1$ 的通道特征张量。然后,将特征张量输入到 $1 \times 1 \times 1$ 的 3D 卷积层中,以降低通道维数。具体而言,经过卷积运算后,特征张量的通道维度变为 c/r,其中 r 是压缩比。PRAN 模型中,r 设置为 4。接下来,使用 ReLU 函数改进通道响应的非线性,并采用另一个 $1 \times 1 \times 1$ 的 3D 卷积层来增加通道维度,并生成 c 个特征张量。最后,使用 Sigmoid 函数将前述输出与预激活残差的特征图相乘,从而把注意力机制的最终输出结果重新调整为 c 个 $s \times s \times d$ 的特征图。通过这种方式,将通道权重分配给每个特征图,从而实现自适应地重新校准特征。此外,注意力机制有 $2c^2/r$ 个参数,这些参数是从预激活残差注意力块的两个 3D 卷积层导出的。PRAN 模型仅包含两个注意力块,因此网络参数的增加很少。

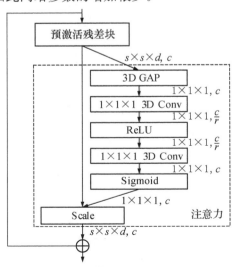

图 8-3 预激活残差注意力块结构

8.2.3　PRAN 模型结构

以 Indian Pines 数据集为例,使用 $7×7×200$ 的图像 patch 作为输入样本, PRAN 模型的详细结构如图 8-4 所示。除了 PRAB 中的卷积层外,每个卷积层后面都跟着 BN 和 ReLU。参考 SSRN 模型[43],PRAN 首先从原始输入数据中学习光谱特征,然后学习空间特征,从而提取可判别的光谱-空间联合特征。最后,通过 GAP 和 FC 运算对联合特征进行处理。FC 运算可以自适应地生成特征向量,其长度等于 HSI 数据中土地覆盖类别的数量。由于 Indian Pines 数据集中有 16 个土地覆盖类别,因此图 8-4 中输出向量的长度为 16。此外,值得注意的是,第一个卷积层的步长为 $(1,1,2)$,所以输入样本的通道数量从 200 减小到 97,而 PRAN 中所有其他的卷积层步长均为 $(1,1,1)$。在 PRAB 中,所有卷积层都通过边界扩充(padding)保持特征长方体的大小不变。由于没有使用边界扩充,用 PRAB 外部的卷积层处理特征长方体时,空间尺寸或通道数量会减小。

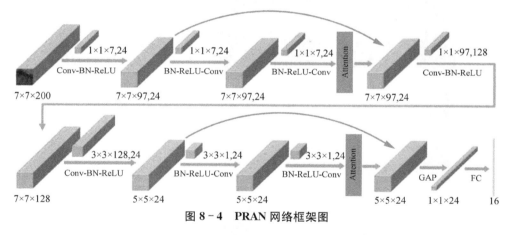

图 8-4　PRAN 网络框架图

其中大长方体是特征,其他长方体指卷积核。"$1×1×7,24$"表示 24 个 $1×1×7$ 的卷积核,"$7×7×97,24$"表示 24 个 $7×7×97$ 的特征长方体。其他参数类似,不再赘述。

8.3　实验与结果

8.3.1　数据集和实验设置

本章使用 Indian Pines、Salina 和 Pavia University 三个基准高光谱数据集验

证 PRAN 模型的有效性。去除吸水带后，分别将剩余的 200 个、204 个和 103 个波段用于分类实验。图 8－5～图 8－7 显示了 Indian Pines、Pavia University 和 Salinas 数据集的伪彩色图和地面真值图。在 Indian Pines 数据集中随机选择 20%、10% 和 70% 的标记样本分别用作训练集、验证集和测试集，具体见表 8－1；如表 8－2 所示，在 Pavia University 数据集中随机选择 10%、10% 和 80% 的标记样本分别用作训练集、验证集和测试集；在 Salinas 数据集中训练样本、验证样本和测试样本的比例为 1∶1∶8，详见表 8－3。

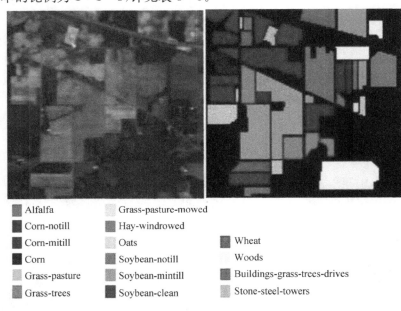

■ Alfalfa	■ Grass-pasture-mowed	
■ Corn-notill	■ Hay-windrowed	
■ Corn-mitill	■ Oats	■ Wheat
■ Corn	■ Soybean-notill	■ Woods
■ Grass-pasture	■ Soybean-mintill	■ Buildings-grass-trees-drives
■ Grass-trees	■ Soybean-clean	■ Stone-steel-towers

图 8－5　Indian Pines 的伪彩色图和地面真值图

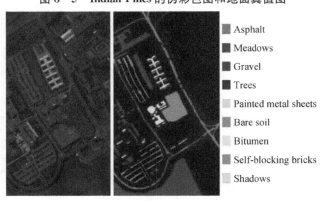

■ Asphalt
■ Meadows
■ Gravel
■ Trees
■ Painted metal sheets
■ Bare soil
■ Bitumen
■ Self-blocking bricks
■ Shadows

图 8－6　Pavia University 的伪彩色图和地面真值图

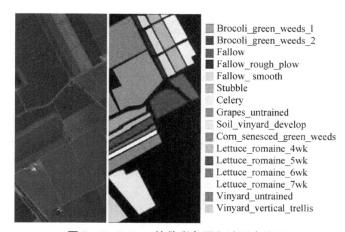

Brocoli_green_weeds_1
Brocoli_green_weeds_2
Fallow
Fallow_rough_plow
Fallow_ smooth
Stubble
Celery
Grapes_untrained
Soil_vinyard_develop
Corn_senesced_green_weeds
Lettuce_romaine_4wk
Lettuce_romaine_5wk
Lettuce_romaine_6wk
Lettuce_romaine_7wk
Vinyard_untrained
Vinyard_vertical_trellis

图 8 - 7 Salinas 的伪彩色图和地面真值图

表 8 - 1 Indian Pines 数据集的训练、验证、测试结果

类别	名称	训练集	验证集	测试集
C1	Alfalfa	9	4	33
C2	Corn-notill	285	142	1001
C3	Corn-mitill	166	83	581
C4	Corn	47	23	167
C5	Grass-pasture	96	48	339
C6	Grass-trees	146	73	511
C7	Grass-pasture-mowed	5	2	21
C8	Hay-windrowed	95	47	336
C9	Oats	4	2	14
C10	Soybean-notill	194	97	681
C11	Soybean-mintill	491	245	1719
C12	Soybean-clean	118	59	416
C13	Wheat	41	20	144
C14	Woods	253	126	886
C15	Buildings-grass-trees-drives	77	38	271
C16	Stone-steel-towers	18	9	66
合计		2045	1018	7186

表 8－2　Pavia University 数据集的训练、验证、测试结果

类别	名称	训练集	验证集	测试集
C1	Asphalt	663	663	5305
C2	Meadows	1864	1864	14 921
C3	Gravel	209	209	1681
C4	Trees	306	306	2452
C5	Painted metal sheets	134	134	1077
C6	Bare soil	502	502	4025
C7	Bitumen	133	133	1064
C8	Self-blocking bricks	368	368	2946
C9	Shadows	94	94	759
合计		4273	4273	34 230

表 8－3　Salinas 数据集的训练、验证、测试结果

类别	名称	训练集	验证集	测试集
C1	Brocoli_green_weeds_1	200	200	1609
C2	Brocoli_green_weeds_2	372	372	2982
C3	Fallow	197	197	1582
C4	Fallow_rough_plow	139	139	1116
C5	Fallow_smooth	267	267	2144
C6	Stubble	395	395	3169
C7	Celery	357	357	2865
C8	Grapes_untrained	1127	1127	9017
C9	Soil_vinyard_develop	620	620	4963
C10	Corn_senesced_green_weeds	327	327	2624
C11	Lettuce_romaine_4wk	106	106	856
C12	Lettuce_romaine_5wk	192	192	1543
C13	Lettuce_romaine_6wk	91	91	734
C14	Lettuce_romaine_7wk	107	107	856
C15	Vinyard_untrained	726	726	5816
C16	Vinyard_vertical_trellis	180	180	1447
合计		5403	5403	43 323

使用总体精度(OA)、平均精度(AA)和 Kappa 系数(Kappa)评价 PRAN 方法的分类效果。其中,OA 表示正确分类的样本数量与所有标记样本总数的比率。AA 表示所有类别的分类精度平均值。Kappa 用于评估所有类别的分类一致性,Kappa 值越大,整体分类效果越好。实验环境为 64 位 Windows10 操作系统,RAM 16 GB 和 NVIDIA GeForce GTX 1660 Ti 6 GB GPU。Batch Size＝32,epochs＝20,采用 RMSProp 优化器对训练参数进行优化,学习率设置为 0.000 3。为了防止不同的训练样本造成偏差,使用随机选择的训练样本重复所有实验 10次,取 OA、AA 和 Kappa 的平均值和标准偏差进行分析。

实验包括以下三部分内容:首先,分析输入图像 patch 的大小对 PRAN 方法性能的影响。其次,验证 PRAB 的有效性。最后,通过与其他分类方法的比较评估 PRAN 方法的分类效果。

8.3.2　patch 尺寸的影响

为了分析 patch 尺寸的大小对 PRAN 方法分类效果的影响,在三个基准数据集上展开实验,比较 patch 尺寸不同时 PRAN 的分类结果,具体如表 8-4 所示。可以看出,随着 patch 尺寸的增加,Indian Pines 数据集上 OA 值首先快速增加,然后略有下降。而在其他两个数据集上,OA 值先快速增加,然后趋于稳定。究其原因,是因为 3×3 这样的小尺寸 patch 不能充分利用空间信息,导致分类精度不理想。而更大尺寸的 patch 有助于 PRAN 方法提取出更多的判别特征,并获得更好的分类结果。但是,当图像 patch 超过一定大小时,又会导致信息冗余或引入噪声,不仅无法提高分类精度,甚至于可能降低精度。在 Indian Pines、Pavia University 和 Salinas 数据集上,最佳 patch 尺寸分别为 7×7、7×7 和 9×9。鉴于较大的 patch 尺寸需要更高的计算成本,因此三个数据集的 patch 尺寸均取 7×7。

表 8-4　PRAN 方法在不同 patch 尺寸时的分类结果(OA)　　　　单位:%

patch 尺寸	Indian Pines	Pavia University	Salinas
3×3	95.95±0.65	98.35±0.13	96.23±0.23
5×5	99.45±0.18	99.79±0.05	99.45±0.13
7×7	99.67±0.14	99.92±0.03	99.93±0.01
9×9	99.55±0.14	99.91±0.04	99.98±0.01
11×11	99.43±0.15	99.90±0.04	99.94±0.01

8.3.3　预激活残差注意力块(PRAB)的影响

为了验证注意力机制和 PRAB 的作用,将 PRAN 模型与深度残差网络(Deep

Residual Network,DRN)和预激活残差网络(Pre-activation Residual Network,PRN)进行对比。其中,DRN 将 PRAN 中的 PRAB 替换为正常的残差块,PRN 与 PRAN 的区别在于 PRN 没有采用注意力机制,而 PRAN 设有注意力机制。

DRN、PRN 和 PRAN 在三个基准数据集上的分类结果见表 8-5。实验结果表明,与 DRN 相比,PRAN 在三个数据集上的分类结果均更好,这验证了 PRAB 的有效性。此外,与 PRN 相比,三个数据集上 PRAN 的分类精度均有所提高,这是因为注意力机制有选择地增强了信息通道,并且抑制了不太有用的通道,因此 PRAN 能够同时学习可判别的光谱特征和空间特征。由于对比方法的分类准确率高于 99%,已经非常高了,所以 PRAN 对准确率的提升不太明显。需要注意的是,表 8-5 中呈现的数据都是实验过程中随机选择训练样本,经过 10 次重复实验后的平均结果,因此即使数值提升较小,同样能够在一定程度验证 PRAB 的有效性。

表 8-5　三个数据集上 PRAB 的有效性

数据集	指标	DRN	PRN	PRAN
Indian Pines	OA/%	99.28±0.19	99.56±0.16	99.67±0.14
	AA/%	99.01±0.76	99.25±0.64	99.37±0.57
	Kappa×100	99.13±0.19	99.50±0.16	99.62±0.16
Pavia University	OA/%	99.47±0.04	99.83±0.04	99.92±0.03
	AA/%	99.39±0.05	99.75±0.06	99.87±0.06
	Kappa×100	99.42±0.04	99.81±0.05	99.90±0.04
Salinas	OA/%	99.52±0.05	99.82±0.04	99.90±0.04
	AA/%	99.49±0.02	99.81±0.02	99.93±0.01
	Kappa×100	99.46±0.04	99.78±0.04	99.89±0.04

8.3.4　不同分类方法的对比

将 PRAN 方法与 SVM[7],以及几种最先进的基于 CNN 的方法,如 DCNN[35]、DFFN[37] 和 SSRN[43] 进行比较。基于 SVM 的方法,仅采用单个 RBF 核,通过网格搜索方法调整最优核参数 y 和惩罚参数 C。HSI 分类过程中,先使用主成分分析(PCA)方法处理原始数据,然后提取以标记像素为中心的训练 patch (patch 尺寸为 25×25),再将这些 patch 转换为一维数据输入 SVM 模型进行训练。基于 CNN 的方法中,DCNN 和 DFFN 是 2D-CNN,SSRN 是 3D-CNN,它们都使用了残差连接设计深层结构以提高 HSI 的分类精度。与 PRAN 结构相比,这三个 CNN 模型的结构都更深。其中,DCNN 模型带权重的层数为 10 层,SSRN 模型带权重的层数为 12 层,而 DFFN 模型中带权重的层超过 20 个。DCNN 和 SSRN 从原始的 HSI 中提取出 3D 图像 patch 输入模型,而 DFFN 模型首先使用主成分分析(PCA)方法对高光谱数据降维处理,获得主要的光谱信息,然后从降维后的数据中提取出输入图像 patch。DCNN、DFFN 和 SSRN 的最优超参数均按照对应的参考文献进行设置。比较过程为了公平起见,用批量归一化代替 DCNN 方法中的局部响应归一化。具体的数据集划分如表 8 - 1～表 8 - 3 所示。

　　三个基准数据集上不同方法的分类结果见表 8 - 6～表 8 - 8,可以看出,SVM 模型在三个数据集上的分类精度都是最低的,这是因为其输入的是一维影像数据,会导致空间信息的丢失。此外,由于模型本身是浅层结构,无法提取深层特征。但是所有基于 CNN 的对比方法都实现了较高的分类精度,这主要是因为这些模型均为深层结构,能够学习 HSI 的高层判别特征。此外,这些方法中使用的残差连接能够有效地缓解深层结构的过拟合。但是,DCNN 中大多数卷积层都是由 1×1 的卷积核组成,这导致提取空间相关特征的能力有限。而 DFFN、SSRN 和 PRAN 中堆叠了许多 3×3 的卷积层,因此这些方法可以提取更加丰富的空间相关特征,进而实现更高的分类精度。

表 8 - 6　Indian Pines 数据集上不同方法的分类结果　　　　　　单位:%

类别	SVM	DCNN	DFFN	SSRN	PRAN
C1	72.16	95.15	97.56	98.57	98.78
C2	98.97	96.88	97.99	99.45	99.42
C3	91.14	98.00	98.65	99.14	99.52
C4	51.05	95.92	97.06	99.11	99.55
C5	93.17	98.11	98.40	98.90	99.16
C6	97.65	99.82	99.27	99.88	99.86
C7	39.56	97.61	96.66	97.85	98.22
C8	88.01	99.97	99.88	99.95	100.00
C9	27.50	87.85	93.78	98.40	98.57
C10	92.45	97.22	97.94	99.51	99.42
C11	95.16	97.86	98.23	99.13	99.71
C12	63.34	97.66	98.32	99.26	99.68
C13	91.89	99.58	99.61	99.30	99.85
C14	92.61	98.93	99.89	99.28	99.71

续表

类别	SVM	DCNN	DFFN	SSRN	PRAN
C15	71.00	96.49	97.19	99.86	99.85
C16	0.00	97.13	96.45	97.85	98.62
OA	89.44±0.61	97.94±0.28	98.23±0.28	99.41±0.17	99.67±0.14
AA	72.85±0.14	97.14±0.99	97.93±0.87	99.09±0.79	99.37±0.57
Kappa	87.87±0.70	97.66±0.32	97.87±0.32	99.33±0.19	99.62±0.16

表 8－7　Pavia University 数据集上不同方法的分类结果　　单位：%

类别	SVM	DCNN	DFFN	SSRN	PRAN
C1	97.34	98.37	99.57	99.89	99.96
C2	99.63	99.88	99.95	99.98	99.99
C3	89.94	94.14	99.29	99.09	99.67
C4	95.52	98.33	95.34	99.64	99.76
C5	100.00	99.99	99.42	100.00	99.95
C6	97.77	99.25	99.95	100.00	100.00
C7	92.65	95.99	99.28	99.94	99.94
C8	95.42	96.66	98.54	99.61	99.67
C9	75.82	99.94	93.51	100.00	99.86
OA	97.19±0.23	98.78±0.19	99.23±0.08	99.87±0.04	99.92±0.03
AA	93.79±0.53	98.06±0.33	98.32±0.20	99.79±0.06	99.87±0.06
Kappa	96.28±0.31	98.39±0.25	98.98±0.11	99.82±0.06	99.90±0.04

表 8－8　Salinas 数据集上不同方法的分类结果　　单位：%

类别	SVM	DCNN	DFFN	SSRN	PRAN
C1	99.98	99.74	100.00	99.99	100.00
C2	99.96	99.99	99.96	100.00	100.00
C3	99.87	99.89	100.00	100.00	100.00
C4	99.88	99.86	99.87	99.91	99.91
C5	99.78	99.06	99.51	99.52	99.80
C6	99.98	99.99	99.94	100.00	100.00

类别	SVM	DCNN	DFFN	SSRN	PRAN
C7	99.99	99.86	99.94	100.00	100.00
C8	75.32	95.37	99.99	99.84	99.77
C9	100.00	99.97	100.00	100.00	100.00
C10	99.93	98.31	99.94	99.92	99.95
C11	99.35	99.36	99.75	99.95	99.97
C12	99.99	99.99	100.00	100.00	100.00
C13	100.00	99.72	99.80	99.98	99.97
C14	99.96	98.57	99.76	99.90	99.88
C15	94.59	92.79	99.94	99.62	99.76
C16	99.81	99.23	100.00	99.85	99.84
OA	94.09±0.28	97.82±0.18	99.93±0.02	99.87±0.04	99.90±0.03
AA	98.02±0.84	98.86±0.11	99.90±0.03	99.90±0.02	99.93±0.01
Kappa	93.45±0.31	97.57±0.20	99.92±0.02	99.86±0.04	99.89±0.03

与 DFFN 相比，PRAN 在三个数据集上表现出色。例如，Indian Pines 和 Pavia University 数据集上，PRAN 的平均 OA 分别提高了 1.44 和 0.69 个百分点。在 Salinas 数据集上，DFFN 的 OA/AA/Kappa 略高于 PRAN，但差距极小（平均 OA 只有 0.03%）。值得注意的是，Indian Pines 数据集中的 C1、C7、C9 类样本很少，而 PRAN 在这些类别中的表现明显优于 DFFN。实验结果表明，与 DFFN 相比，尤其在小样本量情况下，PRAN 能够更加鲁棒地提取判别特征。与 SSRN 相比，PRAN 在三个数据集上的表现都比它稍好，但改进并不明显，这只是因为 OA 和 AA 均高于 99.8%，分类精度已经非常高了。此外，SSRN 的结构比 PRAN 更深，HSI 分类过程中需要更高的计算成本。换言之，与 SSRN 相比，尽管 PRAN 的结构较浅，但不仅其泛化性能没有变差，而且还更容易训练，HSI 分类速度更快。

图 8-8～图 8-10 显示了不同方法在三个基准数据集上的分类结果，可以看出，每个数据集上，SVM 和 DCNN 生成的分类图中都存在许多分类错误的像素，SVM 中的误分类像素更多，与前述定量结果一致。观察 DFFN、SSRN 和本章介绍的 PRAN 方法生成的分类图，可以发现尤其是在 Pavia University 和 Salinas 数据集上，它们引入的噪声都非常小。

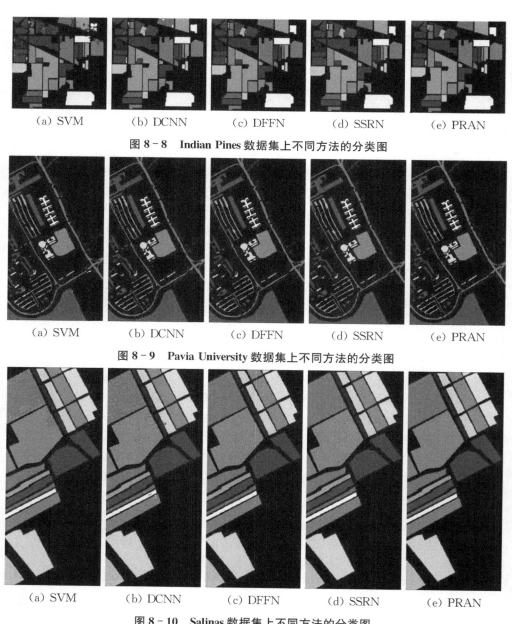

(a) SVM　　(b) DCNN　　(c) DFFN　　(d) SSRN　　(e) PRAN

图 8 - 8　Indian Pines 数据集上不同方法的分类图

(a) SVM　　(b) DCNN　　(c) DFFN　　(d) SSRN　　(e) PRAN

图 8 - 9　Pavia University 数据集上不同方法的分类图

(a) SVM　　(b) DCNN　　(c) DFFN　　(d) SSRN　　(e) PRAN

图 8 - 10　Salinas 数据集上不同方法的分类图

　　为了进一步评估 PRAN 方法的鲁棒性和泛化能力,在不同的训练集大小情况下,比较 PRAN 方法与对比方法的分类结果。图 8 - 11 展示了训练集大小不同时三个基准数据集上不同方法的分类结果,即 OA 值。训练样本的百分比如图 8 - 11 所示,所有样本的 10% 用于验证集,其余样本用于测试集。为了防止不同的训练

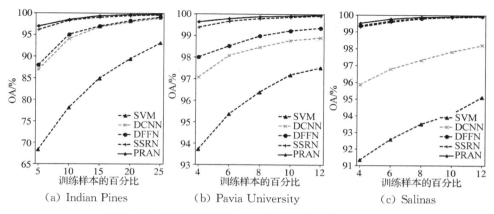

（a）Indian Pines　　　（b）Pavia University　　　（c）Salinas

图 8 - 11　不同训练集尺寸,不同方法的分类结果(OA)

样本造成偏差,实验过程中随机选择训练样本,取 10 次重复实验的平均值作为最终结果。由图 8 - 11 可知,所有方法的分类精度都随着训练样本数量的增加而增加。训练集大小不同时,与对比方法相比,PRAN 方法的分类精度都更高。并且,训练集越小的情况下,PRAN 方法的优势越明显。此外,三个基准数据集中,每个类选择 4/8 个训练样本,用 PRAN,DFFN 和 SSRN 方法分类,注意每个类 4 个训练样本意味着在 Indian Pines,Pavia University 和 Salinas 数据集上分别只有 64 个、36 个和 64 个样本用作训练集。也就是说,训练样本的数量小于所有标记样本总数的 1%。同样,验证集占比 10%,其余样本用于评估模型性能。表 8 - 9 和表 8 - 10 详细显示了对应的分类结果。以 Pavia University 的分类结果(OA)为例,当每个类选择 4 个样本用于网络训练时,如表 8 - 9 所示,与 DFFN 和 SSRN 方法相比,PRAN 方法的 OA 分别提高了 10.11 和 9.37 个百分点。当每个类使用 8 个样本进行训练时,如表 8 - 10 所示,PRAN 方法的 OA 分别比 DFFN 和 SSRN 方法提高了 2.30 和 6.67 个百分点。而在其他两个数据集中,无论每个类使用 4 个样本还是 8 个样本训练,与 DFFN 和 SSRN 方法相比,PRAN 的分类结果均得到了显著提高。上述实验结果进一步证明了该方法在小训练样本下的优越性。

表 8 - 9　不同数据集上每类 4 个训练样本的分类结果

数据集	Indian Pines			Pavia University			Salinas		
度量指标	OA/%	AA/%	Kappa ×100	OA/%	AA/%	Kappa ×100	OA/%	AA/%	Kappa ×100
DFFN	63.57± 1.54	54.88± 1.37	59.44± 1.71	60.97± 8.13	60.69± 4.52	53.11± 9.65	83.24± 2.32	87.93± 1.43	81.82± 2.57
SSRN	61.30± 0.99	60.45± 0.96	56.33± 1.11	61.71± 3.13	66.98± 3.12	53.52± 2.90	82.06± 1.40	89.05± 1.51	80.18± 1.52

续表

数据集	Indian Pines			Pavia University			Salinas		
度量指标	OA/%	AA/%	Kappa ×100	OA/%	AA/%	Kappa ×100	OA/%	AA/%	Kappa ×100
PRAN	66.25± 1.20	67.19± 3.06	62.23± 1.16	71.08± 5.91	73.70± 3.71	63.47± 6.49	84.37± 1.00	89.65± 0.83	82.67± 1.06

表 8-10　不同数据集上每类 8 个训练样本的分类结果

数据集	Indian Pines			Pavia University			Salinas		
度量指标	OA/%	AA/%	Kappa ×100	OA/%	AA/%	Kappa ×100	OA/%	AA/%	Kappa ×100
DFFN	72.41± 3.13	62.51± 1.17	69.13± 3.38	72.25± 4.66	73.20± 3.52	67.06± 5.61	87.04± 2.32	91.93± 1.43	86.82± 2.57
SSRN	70.68± 1.40	67.75± 2.20	66.99± 1.68	67.88± 2.57	74.03± 2.01	60.75± 2.69	86.06± 0.95	90.30± 1.10	84.51± 1.05
PRAN	74.81± 1.18	76.75± 2.59	71.69± 1.39	74.55± 3.47	78.83± 2.19	69.29± 3.96	88.28± 1.17	92.02± 0.85	87.89± 1.29

表 8-11 展示了 PRAN 方法与对比方法的训练时间，可以看出，与 SSRN 和 PRAN 相比，DCNN 和 DFFN 的训练时间更少。这是因为 DCNN 和 DFFN 采用二维卷积层作为基本单元，而 SSRN 和 PRAN 采用三维卷积层作为基本单元。虽然 DFFN 的计算成本低于 PRAN，但 DFFN 需要大尺寸的输入图像 patch，例如 Indian Pines 数据集上，图像 patch 的尺寸为 25×25，否则分类精度会降低。较大的 patch 尺寸可能会出现更多的噪声，从而导致分类性能变差。因此，使用 DFFN 方法进行 HSI 分类，特别是当土地覆盖物的空间分布复杂且混乱时，可能会出现问题，而 PRAN 方法没有这一困扰。如图 8-11 所示，尽管当训练集相对较大时，DFFN 的分类精度非常接近于 PRAN，但是随着训练样本的减少，PRAN 的优势逐渐明显。此外，SSRN 方法与 PRAN 方法的分类精度虽然差距不大，但是由表 8-11 可知，SSRN 的训练时间大约是 PRAN 的 2 倍，这是因为 SSRN 模型的结构更深，所以当用于 HSI 分类时，PRAN 明显比 SSRN 速度更快。

表 8-11　三个数据集上不同方法的训练时间　　　　　　　　　　单位：s

方法	SVM	DCNN	DFFN	SSRN	PRAN
Indian Pines	43.6	540.8	692.9	2551.3	1135.2
Pavia University	136.1	962.5	1126.8	4380.3	1958.0
Salinas	176.1	1354.7	1446.2	6350.7	2872.6

总之,与前述方法相比,PRAN 方法无论是分类精度还是分类速度均更具竞争力。

8.4 总结与讨论

本章介绍了一种结合了光谱和空间信息的预激活残差注意力网络,用于高光谱影像分类。具体而言,与以前基于 CNN 的 HSI 分类方法不同,该方法采用预激活机制来提高网络的泛化性能。此外,为了提取更鲁棒的光谱-空间特征,引入了注意力机制构造预激活残差块,使得 PRAN 模型能够自适应地重新校准通道特征响应,并有效地利用判别特征。三个基准 HSI 数据集上的实验结果表明,与 SVM 和 DCNN、DFFN、SSRN 这些先进的方法相比,PRAN 方法具有竞争优势,特别是在小训练集时优势更明显。

尽管 PRAN 方法具有优越性,但由于使用 3D 卷积核,需要学习大量的参数,因此计算成本较高。未来的研究工作可以进一步改进算法,例如用八度卷积代替 3D 卷积,在不降低分类精度的情况下,降低计算成本。此外,由于 HSI 中的训练样本不足,可以考虑将 PRAN 方法与先进的数据增强技术相结合,从而进一步提高分类精度。

参考文献

[1] ZHANG L P, ZHONG Y F, HUANG B, et al. Dimensionality reduction based on clonal selection for hyperspectral imagery[J]. IEEE Transactions on Geoscience and Remote Sensing, 2007, 45(12): 4172 – 4186.

[2] LUO B, YANG C H, CHANUSSOT J, et al. Crop yield estimation based on unsupervised linear unmixing of multidate hyperspectral imagery[J]. IEEE Transactions on Geoscience and Remote Sensing, 2013, 51(1): 162 – 173.

[3] BIOUCAS-DIAS J M, PLAZA A, CAMPS-VALLS G, et al. Hyperspectra remote sensing data analysis and future challenges[J]. IEEE Geoscience Remote Sensing Letters, 2013, 1(2): 6 – 36.

[4] ERTÜRK A, IORDACHE M D, PLAZA A. Sparse unmixing with dictionary pruning for hyperspectral change detection[J]. IEEE Journal of Selected Topics in Applied Earth Observations and Remote Sensing, 2017, 10(1): 321 – 330.

[5] TU B, HUANG S Y, FANG L Y, et al. Hyperspectral image classification via weighted joint nearest neighbor and sparse representation[J]. IEEE

Journal of Selected Topics in Applied Earth Observations and Remote Sensing, 2018, 11(11): 4063 - 4075.

[6] BAZI Y, MELGANI F. Toward an optimal SVM classification system for hyperspectral remote sensing images[J]. IEEE Transactions on Geoscience and Remote Sensing, 2006, 44(11): 3374 - 3385.

[7] WASKE B, VAN DER LINDEN S, BENEDIKTSSON J A, et al. Sensitivity of support vector machines to random feature selection in classification of hyperspectral data [J]. IEEE Transactions on Geoscience and Remote Sensing, 2010, 48(7): 2880 - 2889.

[8] WU Z B, WANG Q C, PLAZA A, et al. Real-time implementation of the sparse multinomial logistic regression for hyperspectral image classification on GPUs[J]. IEEE Geoscience and Remote Sensing Letters, 2015, 12(7): 1456 - 1460.

[9] KHODADADZADEH M, LI J, PLAZA A, et al. A subspace-based multinomial logistic regression for hyperspectral image classification[J]. IEEE Geoscience and Remote Sensing Letters, 2014, 11(12): 2105 - 2109.

[10] LI W, CHEN C, SU H J, et al. Local binary patterns and extreme learning machine for hyperspectral imagery classification[J]. IEEE Transactions on Geoscience and Remote Sensing, 2015, 53(7): 3681 - 3693.

[11] HUGHES G. On the mean accuracy of statistical pattern recognizers[J]. IEEE Transactions on Information Theory, 1968, 14(1): 55 - 63.

[12] BENEDIKTSSON J A, PESARESI M, AMASON K. Classification and feature extraction for remote sensing images from urban areas based on morphological transformations[J]. IEEE Transactions on Geoscience and Remote Sensing, 2003, 41(9): 1940 - 1949.

[13] YU H Y, GAO L R, LI J, et al. Spectral-spatial hyperspectral image classification using subspace-based support vector machines and adaptive Markov random fields[J]. Remote Sensing, 2016, 8(4): 355.

[14] YU H Y, GAO L R, ZHANG B. Union of random subspace-based group sparse representation for hyperspectral imagery classification[J]. Remote Sensing Letters, 2018, 9(6): 534 - 540.

[15] GAN L, XIA J S, DU P J, et al. Dissimilarity-weighted sparse representation for hyperspectral image classification [J]. IEEE Geoscience and Remote Sensing Letters, 2017, 14(11): 1968 - 1972.

[16] ZHOU Y C，WEI Y T. Learning hierarchical spectral-spatial features for hyperspectral image classification[J]. IEEE Transactions on Cybernetics，2016，46(7)：1667－1678.

[17] CAO X Y，XU L，MENG D Y，et al. Integration of 3-dimensional discrete wavelet transform and Markov random field for hyperspectral image classification[J]. Neurocomputing，2017，226：90－100.

[18] HE L，LI J，PLAZA A，et al. Discriminative low-rank Gabor filtering for spectral-spatial hyperspectral image classification[J]. IEEE Transactions on Geoscience and Remote Sensing，2017，55(3)：1381－1395.

[19] RAWAT W，WANG Z H. Deep convolutional neural networks for image classification：A comprehensive review[J]. Neural Computation，2017，29(9)：2352－2449.

[20] WANG F，JIANG M Q，QIAN C，et al. Residual attention network for image classification[EB/OL]. [2022-11-21]. arXiv2017：1704. 06904. https：//arxiv. org/abs/1704. 06904. pdf

[21] REN S Q，HE K M，GIRSHICK R，et al. Faster R-CNN：Towards real-time object detection with region proposal networks[J]. IEEE Transactions on Pattern Analysis and Machine Intelligence，2017，39(6)：1137－1149.

[22] HE K M，ZHANG X Y，REN S Q，et al. Spatial pyramid pooling in deep convolutional networks for visual recognition[J]. IEEE Transactions on Pattern Analysis and Machine Intelligence，2015，37(9)：1904－1916.

[23] XU Y，LIU J W. Implicitly incorporating morphological information into word embedding[EB/OL]. [2022-11-21]. arXiv20172017：1701. 02481. https：//arxiv. org/abs/1701. 02481. pdf

[24] CHEN Y S，LIN Z H，ZHAO X，et al. Deep learning-based classification of hyperspectral data[J]. IEEE Journal of Selected Topics in Applied Earth Observations and Remote Sensing，2014，7(6)：2094－2107.

[25] LIU Y Z，CAO G，SUN Q S，et al. Hyperspectral classificationviadeep networks and superpixel segmentation[J]. International Journal of Remote Sensing，2015，36(13)：3459－3482.

[26] TAO C，PAN H B，LI Y S，et al. Unsupervised spectral-spatial feature learning with stacked sparse autoencoder for hyperspectral imagery classification[J]. IEEE Geoscience and Remote Sensing Letters，2015，12(12)：2438－2442.

［27］ ZHOU P,HAN J,CHENG G，et al. Learning compact and discrim-inative stacked autoencoder for hyperspectral image classification［J］. IEEE Transactions on Geoscience and Remote Sensing,2019,57(7):4823 – 4833.

［28］ CHEN Y S, ZHAO X, JIA X P. Spectral-spatial classification of hyperspectral data based on deep belief network[J]. IEEE Journal of Selected Topics in Applied Earth Observations and Remote Sensing, 2015, 8(6): 2381 – 2392.

［29］ ZHONG P,GONG Z Q, LI S T, et al. Learning to diversify deep belief networks for hyperspectral image classification[J]. IEEE Transactions on Geoscience and Remote Sensing, 2017,55(6):3516 – 3530.

［30］ LI S M, ZHU X Y, LIU Y, et al. Adaptive spatial-spectral feature learning for hyperspectral image classification[J]. IEEE Access, 2019, 7: 61534 – 61547.

［31］ GAO H M, YANG Y, LEI S, et al. Multi-branch fusion network for hyperspectral image classification［J］. Knowledge-Based Systems, 2019, 167: 11 – 25.

［32］ CHENG G, LI Z P, HAN J W, et al. Exploring hierarchical convolutional features for hyperspectral image classification［J］. IEEE Transactions on Geoscience and Remote Sensing, 2018, 56(11): 6712 – 6722.

［33］ YANG J X, ZHAO Y Q, CHAN J C W. Learning and transferring deep joint spectral-spatial features for hyperspectral classification[J]. IEEE Transactions on Geoscience and Remote Sensing, 2017, 55(8): 4729 – 4742.

［34］ PAN B, SHI Z W, XU X A. MugNet: Deep learning for hyperspectral image classification using limited samples ［J］. ISPRS Journal of Photogrammetry and Remote Sensing, 2018, 145: 108 – 119.

［35］ LEE H, KWON H. Going deeper with contextual CNN for hyperspectral image classification[J]. IEEE Transactions on Image Processing, 2017, 26 (10): 4843 – 4855.

［36］ CAO X Y, ZHOU F, XU L, et al. Hyperspectral image classification with Markov random fields and a convolutional neural network ［J］. IEEE Transactions on Image Processing: A Publication of the IEEE Signal Processing Society, 2018, 27(5): 2354 – 2367.

［37］ SONG W W, LI S T, FANG L Y, et al. Hyperspectral image classification with deep feature fusion network[J]. IEEE Transactions on Geoscience and Remote Sensing, 2018, 56(6): 3173 – 3184.

［38］ MA X R, FU A Y, WANG J, et al. Hyperspectral image classification based on deep deconvolution network with skip architecture[J]. IEEE Transactions on Geoscience and Remote Sensing, 2018, 56(8): 4781 - 4791.

[39] LI Y, ZHANG H K, SHEN Q A. Spectral-spatial classification of hyperspectral imagery with 3D convolutional neural network[J]. Remote Sensing, 2017, 9(1): 67.

[40] YANG X F, YE Y M, LI X T, et al. Hyperspectral image classification with deep learning models [J]. IEEE Transactions on Geoscience and Remote Sensing, 2018, 56(9): 5408 - 5423.

[41] CHEN Y S, JIANG H L, LI C Y, et al. Deep feature extraction and classification of hyperspectral images based on convolutional neural networks [J]. IEEE Transactions on Geoscience and Remote Sensing, 2016, 54(10): 6232 - 6251.

[42] PAOLETTI M E, HAUT J M, PLAZA J, et al. A new deep convolutional neural network for fast hyperspectral image classification[J]. ISPRS Journal of Photogrammetry and Remote Sensing, 2018, 145: 120 - 147.

[43] ZHONG Z L, LI J, LUO Z M, et al. Spectral-spatial residual network for hyperspectral image classification: A 3-D deep learning framework[J]. IEEE Transactions on Geoscience and Remote Sensing, 2018, 56(2): 847 - 858.

[44] PAOLETTI M E, HAUT J M, FERNANDEZ-BELTRAN R, et al. Deep pyramidal residual networks for spectral-spatial hyperspectral image classification[J]. IEEE Transactions on Geoscience and Remote Sensing, 2019, 57(2): 740 - 754.

[45] WANG W J, DOU S G, JIANG Z M, et al. A fast dense spectral-spatial convolution network framework for hyperspectral images classification[J]. Remote Sensing, 2018, 10(7): 1068.

[46] LI Z K, HUANG L, HE J R. A multiscale deep middle-level feature fusion network for hyperspectral classification [J]. Remote Sensing, 2019, 11(6): 695.

[47] CHEN Y S, ZHU K Q, ZHU L, et al. Automatic design of convolutional neural network for hyperspectral image classification [J]. IEEE Transactions on Geoscience and Remote Sensing, 2019, 57(9): 7048 - 7066.

[48] HU J E, SHEN L, ALBANIE S, et al. Squeeze-and-excitation networks [J]. IEEE Transactions on Pattern Analysis and Machine Intelligence, 2020, 42(8): 2011 - 2023.

思考题

1. 什么是残差连接和预激活机制?

2. 普通残差块、预激活残差块和预激活残差注意力块结构上的区别是什么?预激活残差注意力块能够解决什么问题?

3. 描述预激活残差注意力网络模型用于 HSI 分类的具体处理步骤。

4. PRAN 模型中 patch 大小以及是否引入预激活残差注意力块对 HSI 分类效果的影响和原因分析。

5. 针对 PRAN 模型中使用的 3D 卷积核需要学习大量参数,计算成本高的问题,如何用八度卷积代替 3D 卷积,在不降低分类精度的情况下,降低计算成本?

第九章

基于多判别器生成对抗网络的高光谱影像分类方法

高光谱遥感具有巨大的研究价值和广阔的应用前景,而深度学习目前已经成为研究图像处理的一种重要方法。生成对抗网络(Generative Adversarial Network,GAN)模型是近年来发展起来的一种深度学习网络,可以应用于高光谱遥感影像(HRI)的分类。但是,在 HRI 的分类过程中仍然存在一些问题:一方面,由于不同地物可能会有相似的光谱特征,而原始的 GAN 模型仅从光谱样本中生成样本,会产生错误的细节特征信息;另一方面,原始的 GAN 模型中存在梯度消失的问题,单个判别器的打分能力限制了生成样本的质量。针对上述问题,本章采用一种多判别器生成对抗网络(Multi-Discriminator Generative Adversarial Networks,MDGAN),并研究判别器数量对分类结果的影响。针对只有单个判别器的原始 GAN 模型存在模式崩溃和多样性不足的问题,MDGAN 模型引入了多判别器协作的打分机制,在三个高光谱数据集上实现了半监督分类。与使用单个判别器的原始 GAN 模型相比,改进后的 MDGAN 模型判断标准更加严格和准确,因此生成的样本能够表现出更准确的特征。实验结果表明,多分类器的引入能够提高模型的判别能力,并且保证生成样本的质量,解决了光谱样本生成过程中引入噪声的问题,改善了 HSI 的分类效果。此外,研究结果还表明,判别器的数量在不同数据集上的影响不尽相同,并非越多越好。

9.1 引言

遥感技术是 20 世纪 60 年代提出的一种远距离对地观测技术,作为一门新兴的学科,已经被广泛地应用于环境监测、大气探测、地球资源普查、自然灾害、天文观测等诸多领域,为人类社会的发展起到了难以估量的作用,并且还将继续发展下去,引起了广大学者的关注。不同时期的遥感影像记录了一个地区动态变化的地理信息,反映了城市、湖泊等生态系统的演变,具有深远的研究意义。20 世纪 80年代,美国和德国推出了成像光谱仪,并发射了多颗带有全色、多光谱和高光谱传感器的卫星,极大地提高了遥感探测技术的物理手段。高光谱遥感,又称成像光谱遥感,全称是"高光谱分辨率遥感"。与普通遥感影像相比,高光谱遥感影像(HSI)具有更多、更精细的波段。图像中的每个像素对应数百个光谱带,其中包含丰富的光谱信息。此外,HSI还包含精确的空间几何信息,能够反映物体的空间分布和几何关系,实现光谱信息与空间几何信息的有机结合。因此,与全色和多光谱遥感影像相比,高光谱数据在地物识别和分类方面具有无可比拟的优势。

遥感影像处理的目的是恢复影像并提取信息,传统的数学方法和支持向量机(SVM)方法处理大数据量的HSI时有很大的局限性。因此许多形态学方法被应用于HSI的分类,以获取HSI的空间结构信息特征。在后处理阶段,使用基于上下文信息的方法通过正则化过程来检索分类结果。此外,近年来虽然多视图方法在HSI分类中尚未得到广泛应用,但应用前景广阔。Zhao等人[1]开发了有监督算法(SMVML-LA)和无监督算法(UMVML-LA),这些方法使用少量的类内和类间邻居信息就能够学习更具判别力的潜在空间,该空间包含了所有特征集的丰富信息;Xu等人[2]提出一种新颖的鲁棒学习算法,能够提高在视图缺失情况下的多视图学习性能,增强潜在表示的完备性;Xie等人[3]提出一种基于多翼和声模型的多模态距离度量学习框架;Yu等人[4]提出一种分层的双线性池化方法,将层间交互和判别特征学习相结合,实现了多层特征的细粒度融合;Wang等人[5]提出几种基于核的方法,用于多模态信息分析与融合,这些多视图方法为如何将空间特征与光谱特征结合起来用于HSI分类,提供了新的思路。未来的工作可以考虑在HSI的分类过程中结合多视图方法与深度学习方法。

近年来,深度学习的出现为处理大规模数据集提供了可能。依靠深度网络本身强大的学习能力,原有的影像处理方法在去噪、降维等问题上得到了很大的改进。深度神经网络已经成为一种有效的特征提取和分类模型,例如Arsa等人[6]研究了深度置信网络在高光谱影像大数据中的降维和分类效果;Ghamisi等人[7]提出了一种自升CNN模型,首次引入抖动的概念,以解决遥感影像处理中的过拟合问题。同时,深度学习又应用于高光谱影像的分类。Chen等人[8]提出了基于堆叠自编码的联合空间-光谱维度分类模型,这是相对早期的研究。后来,Yang等人[9]提出一种双通道深度卷积神经网络,CNN的两个通道分别提取光谱特征和空间特征,并使用迁移学习来提高小样本情况下的分类精度。Mou等人[10]首先使用带有门控单元的循环卷积网络将光谱像素表示为序列数据,从而实现高光谱影像的分类。2014年,随着生成对抗网络(Generative Adversarial Networks,GAN)[11]的出现,深度神经网络得到了全面发展。GAN的创始人Goodfellow等在文献[12]中详细阐述了GAN训练不稳定的原因,并通过实验对比给出了一些解决方案,以便更好地训练网络。Arjovsky等人[13-14]在此基础上建立的Wasserstein GAN从理论上解决了梯度消失问题。此外,Odena等人[15]在2016年提出了一种使用特征匹配方法的生成对抗网络,该网络仅依赖少量训练数据,在半监督分类中就取得了良好的效果。早期的 GAN 主要用于无监督分类,目前,生成对抗网络在图像半监督分类中的应用尚处于初步发展阶段。Souly 等人[16]提出了一种用于语义分割的半监督 GAN 模型,该模型生成大量数据,并通过多个分类器实现图像的自动语义标注。Zhao[17]和 Sun 等人[18]将 GAN 应用于受损图像恢复,效果良好。Jin 等人[19]将双判别器的生成对抗网络模型应用于接触网的异常检测,可以识别鸟巢等异常物体。生成对抗网络的理论来源于博弈论中的零和博弈思想[20],它可以模拟随机输入变量,根据原始图像生成相似类型的图像。这种扩展数据集的半监督分类方法是图像分类领域的一种全新模型,研究前景广阔。基于此,本章介绍一种基于生成对抗网络的高光谱影像分类算法。

在高光谱影像的分类过程中,存在如下问题:一方面,由于不同地物可能会有相似的光谱特征,如果仅从光谱样本中生成样本,就会产生错误的细节特征信息。另一方面,在原始的 GAN 模型中梯度消失,单判别器的打分能力会限制生成器生成的样本质量。此外,原始的单判别器的 GAN 又存在生成样本多样性不足的问题,即模式崩溃。具体而言,生成器将不同的输入映射为大致相同的输出,即生成差异很小的样本,并且无法学习输入样本的所有潜在分布。为了解决前述问题,进一步提高模型的分类性能,引入多判别器协同工作的打分机制,提出一种多判别器生成对抗网络(MDGAN),并将其应用于三个基准高光谱数据集,完成半监督分类。改进后判别器的判定标准比原来的更加严格和准确,生成样本的对应特征也更加接近真实样本。此外,还研究了判别器数量对分类结果的影响。实验结果表明,多判别器生成对抗网络能够在一定程度上提高模型的分类效果。MDGAN 的主要贡献具体如下:

(1) GAN 通常用于无监督学习领域,MDGAN 使用半监督分类,在原有 GAN 结构的基础上做了一些改变,即在判别器的顶部增加一层 Softmax 作为分类器。判别器的输出是 $l_1, l_2, \cdots, l_n$,对应于不同的标记类别。MDGAN 模型可以同时对标记的原始数据和未标记的生成样本进行分类。这样一来,与原始数据相比,训练样本大幅增加。因此,这种半监督的 MDGAN 模型可以应用于小样本情况,以提高小样本分类的精度。

(2) MDGAN 引入多判别器协同工作的打分机制,与原始的单判别器 GAN 相比,MDGAN 的判断条件更加严格和准确,生成的样本可以显示更多的真实特征。因此,它能够有效地解决原始的单判别器 GAN 的模式崩溃和多样性不足的问题,还能够解决生成的光谱样本中存在噪声信号的问题。基于 MDGAN 的高光谱影像半监督分类的一般过程具体见本章的 9.3 节。

(3) 研究了判别器数量对分类结果的影响:判别器的数量会影响整个模型的

判断能力,因此,对分类精度亦有很大的影响。实验结果表明,Indian Pines 数据集对判别器数量最敏感,Pavia University 数据集对判别器数量最不敏感,MDGAN 在不同数据集上进行 HSI 分类时最优的判别器数量并不相同。Indian Pines 和 Salinas 数据集上判别器数量为 5 时,可以得到理想的分类结果,而在 Pavia University 数据集上,若想得到理想的分类结果,需要选择 3 个或 3 个以上的判别器。

　　本章的其余部分组织如下:9.2 节讨论了相关的研究工作,9.3 节详细介绍了 MDGAN 方法,9.4 节给出了三个基准数据集上的实验结果,9.5 节对本章进行了总结。

9.2　相关工作

　　生成对抗网络是一种将生成模型与判别模型相结合的全新模型。生成模型学习原始数据的分布,判别模型判断生成的结果是否与原始分布一致。调整其学习参数后,可以对原始分布进行最佳拟合。生成对抗网络的诞生为特征提取提供了一种新的无监督学习方法。在整个模型中,样本不断地相互训练,并且根据判别器的梯度反馈更新生成器参数,这与输入数据样本的分布无关。理论上而言,该模型更具普适性。

　　典型的生成模型有自回归模型和变分自动编码器(Variational Autoencoder, VAE),两者都基于最大似然。自回归模型类似于马尔科夫链,属于序列生成的范畴,它在像素级对图像进行操作[21]。变分自动编码器是一种概率图模型,通常包括编码和解码两部分,它主要约束编码过程,并强制解码器生成重建图像[22]。生成对抗网络的特点是不需要直接定义分布函数,而是依赖于初始噪声信息进行拟合和生成数据。与其他生成模型相比,GAN 具有以下优点:(1) 在不改变边界条件的情况下生成样本数据;(2) 生成函数没有太多的限制;(3) 与 VAE 相比,GAN 能够生成更好的图像质量。但是作为生成模型,GAN 的缺点是生成器的训练过程不够稳定,训练困难[11]。

9.2.1　传统 GAN 模型的结构与应用

　　前文介绍了判别模型和生成模型的基本原理,本节详细阐述如何求解传统的 GAN 模型中判别器和生成器的优化函数,以及如何最终达到两者的平衡状态。

　　假设 $X=\{x_1, x_2, \cdots x_m\}$ 表示 m 个真实样本的集合,z 表示随机噪声向量,$P_{data}(x)$ 表示真实数据的样本分布。$\{x_1, x_2, \cdots x_m\}$ 是从 $P_{data}(x)$ 中采样的 m 个样本,而来自先验分布 $P_{prior}(z)$ 的 m 个噪声样本被记作 $P_z(z)$。

如图 9-1 所示,GAN 在结构上主要包括两个组成部分:一是生成器 G,接收随机噪声样本 z,输出生成的图片集合,记作 $G(z)$;另一个是判别器 D,它对来自生成器或真实数据的参数 x 进行判断,并输出 x 是真实数据的概率,记作 $D(x)$。D 相当于一个二分的判别器,根据判定的概率,将数据分为真和假两类。此外,D还可以通过类似于距离的表达式将生成器与真实数据两者之间的差异反馈给生成器 G,使其尽可能地拟合真实数据。

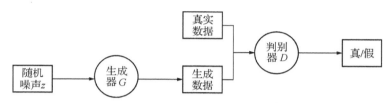

图 9-1　生成对抗网络(GAN)的基本框架结构图

因此,GAN 模型的目标函数 $V(D,G)$ 可以表示为式(9.1)[11]:

$$\min_{G} \max_{D} V(D,G) = E_{x \sim P_{\text{data}}(x)}[\log D(x)] + E_{z \sim P_z(z)}[\log(1-D(G(z)))]$$

$$(9.1)$$

式中:$E(*)$ 表示分布函数的期望值;$D(*)$ 表示从真实样本估计输入样本的概率;z 表示随机噪声样本;$G(z)$ 表示伪样本。我们可以看出,这实际上是一个极小极大问题。在给定 G 的情况下,首先最大化 $V(D,G)$ 并取 D,然后固定 D 并最小化 $V(D,G)$ 以获得 G。此时,给定 G,最大化 $V(D,G)$ 能够评估生成样本分布与真实样本分布之间的差异或距离。

为了定量化地描述差异值,引入 Jensen-Shannon 距离(J-S 散度)计算两个概率分布之间的距离,用式(9.2)计算 GAN 模型的目标函数:

$$\min_{G} \max_{D} V(D,G) = -2\log 2 + 2\text{JSD}(P_{\text{data}}(x) \| P_G(x)) \qquad (9.2)$$

式中:$P_{\text{data}}(x)$ 表示实际样本的分布;$P_G(x)$ 表示生成样本的分布;JSD$(*)$ 表示 J-S 散度的计算公式。事实证明 GAN 模型能够收敛,且判别器 D 和生成器 G 都可以相应地获得最优解。大多数情况下,求解过程其实是判别器和生成器的博弈过程,理想的结果能够达到纳什均衡状态。但有时 GAN 模型中的博弈结果并不理想,即出现了判别器太强,生成器的梯度消失,训练无法继续的情况,这是由于 J-S 散度定义的距离测量方法造成的。J-S 散度可以从 K-L 散度得到[23],对于同一个随机变量 x,有两个单独的概率分布 P_1,P_2,这两个分布的差异可以使用 K-L 散度(Kullback-Leibler divergence)来衡量[24],具体如式(9.3)所示:

$$D_{\text{KL}}(P_1 \| P_2) = E_{x \sim P_1} \log \frac{P_1}{P_2} = E_{x \sim P_1}[\log P_1 - \log P_2] \qquad (9.3)$$

由于 K-L 散度是非对称性的，即 $\text{DKL}(P_1 \parallel P_2) \neq \text{DKL}(P_2 \parallel P_1)$，因此 K-L 散度存在无意义的值。此时，$P_1$ 和 P_2 并不一致。

此外，假设有两个分布 P_1 和 P_2，两个分布的平均分布为 $M = \dfrac{P_1 + P_2}{2}$，则两个分布之间的 J-S 散度可以表示为 P_1 和 M 之间的 K-L 散度与 P_2 和 M 之间的 K-L 散度之和除以 $2^{[24]}$，具体见式（9.4）：

$$D_{\text{JS}}(P_1 \parallel P_2) = \frac{1}{2}\text{KL}\left(P_1 \parallel \frac{P_1 + P_2}{2}\right) + \frac{1}{2}\text{KL}\left(P_2 \parallel \frac{P_1 + P_2}{2}\right) \qquad (9.4)$$

任意两个分布的 J-S 散度范围为 $0 \sim \log(n)$，当两个分布相距较远且完全不重叠时，得到最大的 $\log(n)$。$\log(n)$ 是一个常数，此时计算出的梯度无疑为 0。因此，用 J-S 散度表示的 GAN 模型会出现梯度消失现象。

GAN 模型虽然存在一些不足，但仍然广泛应用于很多领域。GAN 作为一种生成模型，其优点主要体现在避免了马尔科夫链的学习机制，集成了各种损失函数，在概率密度无法计算的情况下仍能发挥自身的优势。例如，在自然语言处理领域，可以与 RNN 结合生成自然句，如生成诗歌[25]。在图像领域的应用更为广泛，近年来从超分辨率[26]到图像恢复[27]，以及面部特征运算的出现[28]，生成对抗网络的应用场景不断扩大，且进一步细分。此外，GAN 还可以与强化学习相结合。通过引入不稳定的惩罚-奖励机制，对抗网络可以促进模型内更多高质量的对话。

此类应用开拓了图像处理中许多以前未曾涉及的领域；另一方面，GAN 模型本身也在不断地改进和优化。

9.2.2 半监督分类的 GAN 模型

常用的半监督学习方法包括：自训练方法、生成模型、半监督支持向量机（S3VM）、基于图的算法、多视图算法等[29]。基于图的算法将数据集映射到图，学习过程与在图上扩展或传播的数据节点相对应。由于求解过程为矩阵运算，处理大规模数据集的能力不足，而且添加新的样本就需要重建训练图，因此该方法的适用范围较窄。S3VM 需要附加类别平衡作为约束条件，且目标函数是非凸的，难以计算，因此主要研究方向是寻求有效的优化策略。多视图算法需要样本提供其他视图下的属性集，适用范围也较窄。而生成模型根据随机变量生成大量的未标记样本数据，因此能够提供大量的数据用于模型训练，进而提取特征。如果这些未标记的样本数据能够被有效地使用，则无疑可以提升分类模型的性能。GAN 就是一种应用广泛的生成模型。

GAN 自提出以来，基本上应用于无监督学习领域，直到后来学者们才发现它也适用于半监督学习。把少量标记样本和多分类器加入 GAN 模型后，它就是一种半监督学习方法。但是原始判别器的输出为真或假(0 或 1),这其实是一个二值分类问题。为了将 GAN 应用于半监督分类,实现高光谱影像分类,基于原始的 GAN 结构做了一些改进,即在判别器的顶部添加一个 Softmax 层作为分类器。此时,判别器的输出为 $l_1, l_2, \cdots, l_n$,对应于标记的类别。$\text{Softmax}(x_i) = \dfrac{\exp(x_i)}{\sum_{j=1}^{n} \exp(x_j)}$ 是广义 Logistic 函数,采用多项式分布建模,因此可以将不同类型的分类器组合起来形成多分类器。假设原始样本有很多个类别,类别数记作 c。将生成器生成的样本划分到 $c+1$ 类,因此在训练半监督 GAN 模型的时候,Softmax 分类器还增加了一个输出神经元,用于表示判别器模型判定输入为假的概率,即划归到 $c+1$ 类。GAN 模型可以同时对标记的原始数据和未标记的生成样本进行分类,并且训练样本远大于原始数据。因此,半监督的 GAN 模型可以应用于小样本情况,以提高分类算法的精度。前述半监督分类的 GAN 结构如图 9-2 所示,将类别标签 L 添加到输入中,与输出的分类结果相匹配。

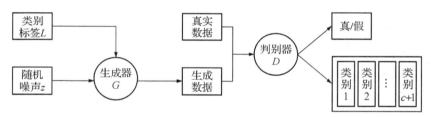

图 9-2　半监督分类的 GAN 结构流程图

因为判别器的输出不再是判定为真或假的概率,所以此时的损失函数也不同。半监督 GAN 的损失函数分为两部分,一部分是监督学习的损失函数,另一部分是无监督学习的损失函数,将两者相加得出最终的损失函数[12],具体见式(9.5)~式(9.7)。

$$L_D = -E_{x,y \sim P_{\text{data}(x,y)}} \left[\log P_{\text{model}}(y|x) \right] - E_{x \sim G} \left[\log P_{\text{model}}(y=c+1|x) \right] \quad (9.5)$$

$$L_{\text{sup}} = -E_{x,y \sim P_{\text{data}(x,y)}} \left[\log P_{\text{model}}(y|x, y<c+1) \right] \quad (9.6)$$

$$L_{\text{unsup}} = -E_{x,y \sim P_{\text{data}(x,y)}} \left[\log \left[1 - P_{\text{model}}(y=c+1|x) \right] \right] \\ - E_{x \sim G} \left[\log P_{\text{model}}(y=c+1|x) \right] \quad (9.7)$$

设 $D(x) = 1 - P_{\text{model}}(y=c+1|x)$,则无监督学习的损失函数可以简化如下:

$$L_{\text{unsup}} = -E_{x,y \sim P_{\text{data}(x,y)}} \left[\log D(x) \right] - E_{z \sim \text{noise}} \log \left[1 - D(G(z)) \right] \quad (9.8)$$

式中:c 是类别数;$P_{\text{model}}(y|x)$ 是每个类别的数据分布;$P_{\text{model}}(y=c+1|x)$ 表示错误的概率。由此可见,无监督学习的损失函数 L_{unsup} 实际上可以表示为式(9.1)中 GAN 的损失函数。在训练过程中,对于标记样本,计算交叉熵损失,而对于未标记

样本,需要同时最小化两个损失函数。

半监督学习方法能够扩展数据集,通过大量的无标记数据集提高模型的泛化能力,并且学习无标记样本中的隐藏特征,适用于标记数据缺失的场景。在 GAN 应用于半监督领域之前,这些无标记数据基本上都是真实可用的数据。而半监督 GAN 出现之后,这些未标记的数据可以人工合成,这解决了一些由于原始样本数量少而无法处理的问题。生成对抗网络不仅可以用于图像和语音生成,还适用于深度模型擅长的图像分类领域。这正是本章讨论的高光谱影像分类的基础。

9.3　多判别器生成对抗网络(MDGAN)

9.3.1　算法框架

多判别器生成对抗网络 MDGAN 的框架结构如图 9-3 所示,MDGAN 由多个判别器 $D_1,D_2,\cdots,D_n$ 和一个生成器 G 组成。Softmax 分类器用于判别器的输出层,而判别器的输出对应于标记类别 L。Softmax 函数是一个广义的 Logistic 函数,它使用多项式分布作为建模的模型,因此可以将不同类型的分类器组合在一起形成多分类器。将噪声 z 输入生成器,将生成器生成的光谱信息与数据集的空间谱样本一起输入多判别器,得出分类结果,并将损失返回给生成器。在训练 MDGAN 模型时,Softmax 分类器添加了一个输出神经元,用于表示判别器模型判定输入为假的概率。由图 9-3 可知,MDGAN 模型既可以对标记的原始数据进行分类,也可以对生成的未标记的样本进行分类,与原始数据相比,训练样本大幅增加。整个模型在 Pytorch 平台上实现,并且增加了 $(n-1)$ 个判别器。这些判别器联合判定样本属于某个类别的概率,并且指导样本的生成。以取平均值的方式集成多判别器的结果,常用的平均方法有算术平均、几何平均和谐波平均三种。最后,在多判别器的顶部添加 Softmax 函数作为分类器,输出样本的类别。

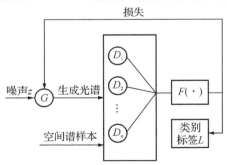

图 9-3　MDGAN 的结构流程图

很多情况下,生成的样本不够好的原因不是生成器的模仿能力不足,而是判别器判定真假的能力不足,使得一些生成样本骗过了判别器。引入多个判别器之后,能够更加严格地进行判断,从而保证生成样本的质量,解决了生成的光谱样本中的噪声信号问题。接下来介绍基于 MDGAN 的高光谱影像半监督分类的一般过程。

总体方案和处理流程大致如下:在 Pytorch 深度学习平台上对高光谱数据集 Indian Pines、Pavia University 和 Salinas 进行预处理,然后输入 MDGAN 模型。在训练阶段生成高质量的高光谱影像,在测试阶段对测试样本进行分类。一个完整的迭代训练过程包括以下操作:将噪声变量 z 和类别信息 L 输入生成器 G,每次迭代训练都学习对应类别的样本信息,判别器 D 判定输入的是实际光谱信息还是生成的光谱信息。然后,将训练生成的光谱与实际光谱按一定比例混合,输入 Softmax 分类器(图 9-3 中的函数 F)。每个训练 epoch 都对网络权值进行更新,直到 MDGAN 稳定为止。最后,Softmax 分类器输出测试集图像中每个像素的对象类别。

在分类阶段,MDGAN 确定类别概率的计算方法如下。第一种方法是利用装袋(bagging)思想。生成器根据输入的随机噪声信号生成样本,通过多个判别器间的多数投票获取真假样本的概率,通过反向传播更新生成网络的参数,训练稳定后再利用分类器对生成的样本和实际样本进行分类,得到光谱数据的分类结果。第二种集成方法是指 Boosting 算法流程。多个判别器根据各自的权重进行加权平均,得到分类结果。同时,在训练阶段根据误差函数更新每个判别器的权重。考虑到第二种方法比较烦琐,而且效果可能不理想,实验中选择了泛化能力较好的装袋方法。具体的训练步骤如下:

步骤1:输入真实光谱样本作为原始数据集 D;

步骤2:对 D 进行多次随机采样,得到采样集 T;

步骤3:经过 k 次回退采样,得到 k 个判别器;

步骤4:利用多个判别器间的多数投票,确定生成的样本;

步骤5:更新生成器参数并训练判别器直到训练稳定,然后使用 Softmax 分类器对样本进行分类。

9.3.2　空间-光谱维度的分类

高光谱影像中的同谱异物现象,即不同的地物可能会呈现相同的光谱特征,导致很多分类器对样本数据分类错误,直接从高光谱影像中提取光谱样本的方法不能达到最佳的分类效果。考虑到同类地物的空间相似性,可以利用高光谱影像的空间纹理特征,结合光谱样本和空间样本,提取完整的高光谱信息,从而提高分类算法的精度。若想通过 GAN 提取空间维数信息,需要真实的空间样本,再将这些真实的空间样本与光谱样本拼接起来,形成空间-光谱样本,这部分工作放在预处理阶段完成。然后将预处理阶段得到的空间-光谱样本输入 MDGAN 模型,完成分类任务。多个判别器联合判定生成的空间-光谱样本,经过多轮训练后,当 MDGAN 不能确定样本的真假概率时,则训练结束,得出分类结果。MDGAN 使用 Softmax 函数计算样本集中每个样本属于各类别的概率,概率最大的那个类别作为最终的分类结果。基于 MDGAN 的半监督分类方法的具体流程如图 9-4 所示。

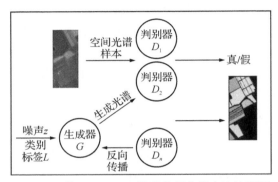

图 9-4　基于 MDGAN 的半监督分类方法流程图

获取空间-光谱样本有两种方法:一种是使用形态轮廓法[30]获得空间特征,然后将其与光谱特征简单连接。考虑到此时数据仍然是高维的,通常在分类之前进行降维。另一种是直接提取带有空间信息的光谱样本,如 3D Gabor 滤波器或 2D-CNN,可以提取整个空间-光谱信息并对其进行分类。本章采用的特征融合方法是一种简单的拼接方法。在此之前,对高光谱影像进行预处理,预处理阶段包括高光谱数据的归一化、标准化和零均值处理。由于高光谱影像中的少量像素很可能属于同一类别,因此在提取空间特征时,使用滑动窗口,在固定大小的窗口中依次提取各波段的特征。提取的邻域块表示为空间样本,随后与光谱特征拼接,在 MDGAN 中生成新的空间样本用于训练。与原始的光谱样本相比,预处理后的空间-光谱样本的噪声信息较少,有利于提高生成样本的质量,优化最终的分类结果。

9.3.3　Dropout 介绍及参数设置

Dropout 在 CNN 中广泛用于防止模型过拟合,也可以用于多个判别器的集成[31]。鲁棒的打分系统通常会考虑异常值,例如最低分和最高分的影响并消除它们。因此,考虑在 MDGAN 的训练过程中引入了该机制,即在每个训练周期内过滤掉部分判别器,剩余的判别器参与投票打分。这样,在每个训练周期中,能够动态地集成判别器,指导生成器生成光谱样本,使 MDGAN 能够学习一系列的模式特征,并且避免训练过程中的模式崩溃现象。由于模型中的判别器是采用集成方法的强分类器,因此适当降低单个判别器的网络复杂度,以防判别器的训练速度与生成器的学习速度一样,需保证前者比后者快。此外,为了使模型更具通用性和可比性,在判别器之后添加的分类器没有选择 CNN,而是选择了通用的 Softmax 多分类器,以便更好地与原始的 GAN 和其他经典的分类算法进行比较。在具体的实验中,设置 dropout=0.5,即每次训练时,随机使用判别器总数的一半参与投票打分。一般来说,多判别器的打分方法使得判别器优于生成器,因此我们在生成器参数更新多次后才更新多判别器网络参数。为了便于训练,其他的初始超参数包括训练轮次,具体设置如下:epoch=100,学习率:lr=0.001,batch_size=256,初始噪声 z 的维度为 30,判别器数量 $n=5$,生成样本与真实样本按 $1:10$ 混合,设置为半监督学习。

9.4　实验与结果

9.4.1　实验配置

实验环境为 64 位 Windows10 操作系统,RAM 16 GB 和 NVIDIA GeForce GTX 1660 Ti 6 GB GPU,所有程序都使用 Python 语言在 Pytorch 深度学习平台上实现。每次实验的训练样本都是从原始数据集中随机选取的,因此每次实验的结果略有不同。为了防止不同的训练样本造成偏差,使用随机选择的训练样本重复所有实验 10 次,取评价指标的平均值进行分析。

9.4.2　数据集与评价指标

本章依然在 Indian Pines、Salina 和 Pavia University 三个基准高光谱数据集上进行实验,采用总体精度(OA)、平均精度(AA)、类别精度(CA)和 Kappa 系数(Kappa)四个指标评价模型的分类效果。OA、AA 和 Kappa 的计算方法在第一章已经进行了详细介绍,此处不再赘述,仅对类别精度(CA)加以说明。假设高光谱数据集中待分类地物有 C 类,第 i 类地物被正确分类为第 i 类的样本数为 n_{ii},第 i 类地物被错误分类为 j 类的样本数为 n_{ij},则 OA、AA、CA_i(第 i 类的精度)和 Kappa 具体定义如式(9.9)~式(9.12)所示:

$$OA = \frac{\sum_{i=1}^{C} n_{ii}}{\sum_{i,j=1}^{C} n_{ij}} \tag{9.9}$$

$$AA = \frac{\sum_{i=1}^{C} A_i}{C} \tag{9.10}$$

$$CA_i = \frac{n_{ii}}{\sum_j^C n_{ij}} \tag{9.11}$$

$$\text{Kappa} = \frac{OA - P_e}{1 - P_e}, \text{其中}: P_e = \frac{1}{N^2} \sum_{i=1}^C a_i b_i \tag{9.12}$$

式中：A_i 为第 i 类地物正确分类的样本数占该类总样本的比例；N 为待分类样本的总数；a_i 为第 i 类地物的真实样本；b_i 为第 i 类地物的预测样本，即 $a_i = \sum_{j=1}^C n_{ij}$，$b_i = \sum_{j=1}^C n_{ji}$。

Indian Pines、Pavia University 和 Salinas 数据集中训练集和测试集的样本数量分别如表 9-1～表 9-3 所示。图 9-5～图 9-7 显示了 Indian Pines、Pavia University 和 Salinas 数据集的伪彩色图和地面真值图。

表 9-1　Indian Pines 数据集中训练集和测试集的样本数量　　　　单位：个

类别	名称	训练集	测试集
C1	Alfalfa	14	32
C2	Corn-notill	428	1000
C3	Corn-mintill	249	581
C4	Corn	71	166
C5	Grass-pasture	145	338
C6	Grass-trees	219	511
C7	Grass-pasture-mowed	8	20
C8	Hay-windrowed	143	335
C9	Oats	6	14
C10	Soybean-notill	292	680
C11	Soybean-mintill	737	1718
C12	Soybean-clean	178	415
C13	Wheat	62	143
C14	Woods	380	885
C15	Buildings-grass-trees-drives	116	270
C16	Stone-steel-towers	28	65
合计		3076	7173

表 9 - 2　Pavia University 数据集中训练集和测试集的样本数量　　　单位:个

类别	名称	训练集	测试集
C1	Asphalt	1989	4642
C2	Meadows	5595	13 054
C3	Gravels	630	1469
C4	Trees	919	2145
C5	Painted metal sheets	404	941
C6	Bare soil	1509	3520
C7	Bitumen	399	931
C8	Self-blocking bricks	1105	2577
C9	Shadows	284	663
合计		12 834	29 942

表 9 - 3　Salinas 数据集中训练集和测试集的样本数量　　　单位:个

类别	名称	训练集	测试集
C1	Brocoli_green_weeds_1	603	1406
C2	Brocoli_green_weeds_2	1118	2608
C3	Fallow	593	1383
C4	Fallow_rough_plow	418	976
C5	Fallow_smooth	803	1875
C6	Stubble	1188	2771
C7	Celery	1074	2505
C8	Grapes_untrained	3381	7890
C9	Soil_vinyard_develop	1861	4342
C10	Corn_senesced_green_weeds	983	2295
C11	Lettuce_romaine_4wk	320	748
C12	Lettuce_romaine_5wk	578	1349
C13	Lettuce_romaine_6wk	275	641
C14	Lettuce_romaine_7wk	321	749
C15	Vinyard_untrained	2180	5088
C16	Vinyard_vertical_trellis	542	1265
合计		16 238	37 891

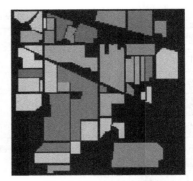

（a）伪彩色图　　　　　　　　　（b）对应的地面真值图

图 9-5　Indian Pines 数据集的伪彩色图和地面真值图

（a）伪彩色图　　（b）对应的地面真值图　　　（a）伪彩色图　　（b）对应的地面真值图

图 9-6　Pavia University 数据集的伪彩色图
和地面真值图

图 9-7　Salinas 数据集的伪彩色图
和地面真值图

9.4.3　分类效果评价

　　根据表 9-1~表 9-3，在 Indian Pines、Pavia University 和 Salinas 高光谱数据集上划分训练集和测试集用于半监督分类。为了准确评估 MDGAN 的分类效果，选择 K 近邻（K-Nearest Neighbor，KNN）、神经网络（Neural Network，NN）、支持向量机（SVM）和卷积神经网络（CNN）四种模型作对比实验。不同方法的分类结果见图 9-8~图 9-10，表 9-4~表 9-6 显示了不同方法对不同类型地物的分类准确率（精度最高的值加黑显示）。

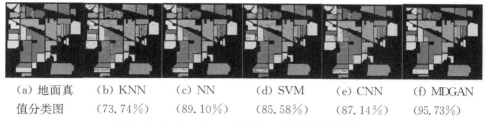

| （a）地面真
值分类图 | （b）KNN
（73.74%） | （c）NN
（89.10%） | （d）SVM
（85.58%） | （e）CNN
（87.14%） | （f）MDGAN
（95.73%） |

图 9-8　Indian Pines 数据集上不同方法的分类图

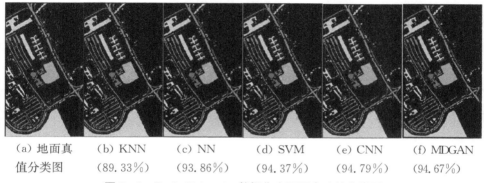

| （a）地面真
值分类图 | （b）KNN
（89.33%） | （c）NN
（93.86%） | （d）SVM
（94.37%） | （e）CNN
（94.79%） | （f）MDGAN
（94.67%） |

图 9-9　Pavia University 数据集上不同方法的分类图

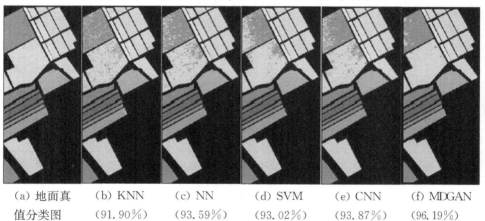

| （a）地面真
值分类图 | （b）KNN
（91.90%） | （c）NN
（93.59%） | （d）SVM
（93.02%） | （e）CNN
（93.87%） | （f）MDGAN
（96.19%） |

图 9-10　Salinas 数据集上不同方法的分类图

图 9-8～图 9-10 显示了不同方法在 Indian Pines、Pavia University 和 Salinas 三个基准数据集上的分类效果，图中能够清楚地看出，MDGAN 在三个数据集上的分类结果都更好。表 9-4～表 9-6 展现了不同方法在三个 HSI 数据集上的分类精度，与对比组方法 KNN、NN、SVM 和 CNN 进行比较，验证 MDGAN 方法的分类效果。由表 9-4 可知，在 Indian Pines 数据集中，16 类地物的 CA、OA、AA 和 Kappa 均高于对比组方法；观察表 9-5 可以发现，在 Pavia University

数据集中,8 类地物的 AA、Kappa 和 CA 都高于对比方法,而 OA 仅比 CNN 低 0.12 个百分点,因此整体分类效果仍然优于其他四种方法;表 9-6 的实验结果说明,在 Salinas 数据集中,9 类地物的 OA、AA、Kappa 和 CA 均高于对比组方法。

表 9-4 Indian Pines 数据集上使用不同方法的分类结果

类别	名称	KNN	NN	SVM	CNN	MDGAN
C1	Alfalfa	41.50%	78.00%	87.50%	64.20%	**95.20%**
C2	Corn-notill	61.10%	88.10%	82.00%	84.60%	**99.20%**
C3	Corn-mintill	59.60%	83.90%	77.90%	80.50%	**92.70%**
C4	Corn	49.40%	78.50%	72.70%	73.00%	**97.20%**
C5	Grass-pasture	86.20%	91.40%	92.90%	92.90%	**94.10%**
C6	Grass-trees	90.20%	95.90%	95.10%	95.40%	**99.80%**
C7	Grass-pasture-mowed	87.80%	88.90%	90.00%	87.20%	**97.60%**
C8	Hay-windrowed	94.10%	97.60%	99.00%	97.50%	**99.90%**
C9	Oats	48.00%	74.10%	33.30%	75.00%	**78.30%**
C10	Soybean-notill	70.00%	86.00%	76.50%	84.60%	**96.70%**
C11	Soybean-mintill	74.80%	88.80%	83.70%	86.10%	**97.90%**
C12	Soybean-clean	51.90%	87.70%	87.40%	87.90%	**96.40%**
C13	Wheat	91.90%	100.00%	97.60%	95.50%	**100.00%**
C14	Woods	92.00%	94.70%	94.70%	93.90%	**99.40%**
C15	Buildings-Grass-Trees-Drives	45.00%	69.90%	71.20%	65.40%	**81.60%**
C16	Stone-steel-towers	91.80%	96.90%	94.60%	96.10%	**97.70%**
OA		73.74%	89.10%	85.58%	87.14%	**95.73%**
AA		70.96%	87.53%	83.51%	84.88%	**97.68%**
Kappa		0.700	0.876	0.835	0.853	**0.952**

表 9-5 Pavia University 数据集上使用不同方法的分类结果

类别	名称	KNN	NN	SVM	CNN	MDGAN
C1	Asphalt	91.50%	95.50%	95.10%	96.20%	**97.60%**
C2	Meadows	93.50%	96.90%	**97.00%**	96.90%	95.20%
C3	Gravels	73.60%	80.60%	83.50%	85.90%	**95.70%**

类别	名称	KNN	NN	SVM	CNN	MDGAN
C4	Trees	91.70%	96.10%	96.90%	96.90%	**99.00%**
C5	Painted metal sheets	99.60%	99.60%	99.50%	99.60%	**99.90%**
C6	Bare soil	76.20%	93.50%	90.10%	92.70%	**99.90%**
C7	Bitumen	81.70%	90.30%	88.50%	91.40%	**99.10%**
C8	Self-blocking bricks	82.70%	83.80%	88.30%	89.70%	**98.70%**
C9	Shadows	99.90%	99.90%	99.90%	99.90%	**99.90%**
	OA	89.33%	93.86%	94.37%	**94.79%**	94.67%
	AA	79.44%	93.01%	93.20%	94.36%	**98.50%**
	Kappa	0.700	0.876	0.835	0.853	**0.931**

表 9-6　Salinas 数据集上使用不同方法的分类结果

类别	名称	KNN	NN	SVM	CNN	MDGAN
C1	Brocoli_green_weeds_1	99.40%	99.70%	**99.90%**	**99.90%**	97.30%
C2	Brocoli_green_weeds_2	99.50%	99.60%	99.90%	99.80%	**100%**
C3	Fallow	97.10%	99.30%	99.40%	97.20%	**99.80%**
C4	Fallow_rough_plow	99.10%	99.40%	99.30%	99.30%	**99.50%**
C5	Fallow_smooth	98.30%	99.30%	99.20%	97.60%	**100%**
C6	Stubble	99.80%	99.90%	**99.90%**	**99.90%**	98.90%
C7	Celery	99.40%	99.70%	**100%**	99.80%	99.40%
C8	Grapes_untrained	83.50%	86.00%	85.20%	87.00%	**97.10%**
C9	Soil_vinyard_develop	99.20%	99.70%	99.60%	99.40%	**99.70%**
C10	Corn_senesced_green_weeds	93.20%	96.50%	96.90%	96.90%	**98.10%**
C11	Lettuce_romaine_4wk	94.60%	96.60%	**98.30%**	97.80%	98.00%
C12	Lettuce_romaine_5wk	98.30%	99.60%	99.60%	**99.70%**	98.10%
C13	Lettuce_romaine_6wk	96.90%	99.50%	**99.90%**	98.90%	98.60%
C14	Lettuce_romaine_7wk	93.90%	98.40%	**98.60%**	97.50%	98.00%
C15	Vinyard_untrained	73.50%	77.90%	72.50%	79.00%	**93.90%**
C16	Vinyard_vertical_trellis	98.90%	98.80%	99.40%	**99.50%**	88.90%

类别	名称	KNN	NN	SVM	CNN	MDGAN
	OA	91.90%	93.59%	93.02%	93.87%	**96.19%**
	AA	95.29%	96.87%	96.73%	96.83%	**97.74%**
	Kappa	0.910	0.929	0.922	0.932	**0.958**

表9-7展现了类别不平衡条件下,三个数据集的总体精度(OA)。由表中数据可知,在总数据量相对较少的 Indian Pines 数据集中,随着训练集占比从5%增加到50%,OA 明显提高。而在总数据量相对较大的 Pavia University 和 Salinas 数据集中,随着训练集占比从5%增加到50%,OA 的提升不如 Indian Pines 数据集明显。这是因为 Pavia University 和 Salinas 数据集的数据量较大,选取5%的样本数据用作训练集时,OA 就已经能达到93%以上了。观察表9-7还可以发现,对于 Salinas 数据集而言,占比50%的训练集反而不如占比30%的训练集有效,这是因为 Salinas 的数据量最大,选取50%的样本用作训练集时,会出现过拟合现象。因此,并非训练集占比越高,分类精度就越高。

表9-7 类别不平衡条件下三个数据集的 OA

训练集	5%	10%	30%	50%
Indian Pines	85.12%	91.04%	95.73%	95.98%
Pavia University	93.51%	94.30%	94.67%	95.14%
Salinas	93.44%	94.85%	96.19%	96.03%

由表9-8可知,在不同数据集上,从 Feng 提出的 STMI-CSA[32],Romero 等人提出的 CNN[33],Chen 等人提出的 DBN[34],李等人提出的 SC-DBN[35]中选取合适的模型,与 MDGAN 进行对比。整个实验过程中,STMI-CSA、CNN 和 MDGAN 都选取30%的样本用作训练集,而 DBN 选取50%的样本用作训练集,SC-DBN 选取60%的样本用作训练集,以达到各自更好的分类效果。实验结果表明,在三个数据集上,与 STMI-CSA 方法相比,MDGAN 方法的 OA、AA 和 Kappa 结果明显更优。Indian Pines 数据集上,再与 CNN 和 DBN 方法相比,MDGAN 方法的 OA、AA 和 Kappa 也更好。在 Pavia University 数据集上,与 MDGAN 方法相比,SC-DBN 方法的 OA 提高了1.16个百分点,Kappa 提高了0.014,这是因为如前所述,SC-DBN 方法用作训练集的样本数是 MDGAN 的两倍,因此准确率也略高。综合分析实验结果可知,MDGAN 引入多个判别器后,能够更加严格地进行判断,从而保证生成样本的质量,解决了生成光谱样本中的噪声信号问题,提高了HSI 的分类效果。与传统的分类方法相比,具有一定的优势。对比图9-11~图

9-13 可以看出,Indian Pines 数据集上,当训练 epoch 达到 150 次时,精度趋于稳定。当 MDGAN 迭代次数超过 80k 时,损失函数接近 0,基本保持不变;Pavia University 数据集上,当训练 epoch 达到 100 时,精度趋于稳定,当 MDGAN 迭代次数超过 200k 时,损失函数趋近于 0;Salinas 数据集上,当训练 epoch 达到 70 次时,精度趋于稳定,当 MDGAN 迭代次数达到 100k 时,损失函数趋近于 0,前述差别的主要原因是 Pavia University 和 Salinas 数据集的数据量更大。

表 9-8　与其他方法的比较

数据集	参考文献	方法	训练集	OA	AA	Kappa
Indian Pines	Feng[32]	STMI-CSA	30%	83.70%	73.50%	0.813
	Romero et al.[33]	CNN	30%	—	—	0.840
	Chen et al.[34]	DBN	50%	91.34%	89.70%	0.901
	—	MDGAN	30%	95.73%	97.68%	0.952
Pavia University	Feng[32]	STMI-CSA	30%	94.60%	92.80%	0.928
	Li et al.[35]	SC-DBN	60%	95.83%	94.67%	0.945
	—	MDGAN	30%	94.67%	98.50%	0.931
Salinas	Feng[32]	STMI-CSA	30%	93.70%	96.80%	0.930
	—	MDGAN	30%	96.19%	97.74%	0.958

为了与原始的 GAN 分类模型进行比较,研究判别器数量 n 对分类结果的影响。实验中,保持其他参数不变,仅改变判别器个数,n 依次设置为:1、3、5、8、10,学习率设置为 0.001,训练周期为 800,在三个基准数据集上获取 MDGAN 的总体精度(OA),实验结果如图 9-14 所示。从图 9-14 可以看出,当 $n=1$ 时,MDGAN 是单个判别器的 GAN 模型。本章的 MDGAN 没有结合 CNN 分类器来提高分类性能,因此单个判别器的分类结果不如 SVM 和 CNN 分类方法。实验结果表明,多判别器集成的方法可以在一定程度上提高模型的分类精度。这是因为集成学习的方法能够提高单个判别器的生成效果,换言之,判别器数量的增加有利于 MDGAN 判断能力的增强,从而有效地提高分类精度。在 Indian Pines 和 Salinas 数据集上,判别器数量的影响显而易见,当判别器数量 $n=5$ 时,分类效果最好,并且 MDGAN 的运行时间也不会太长。但在 Pavia University 数据集上,判别器数量 $n \geqslant 3$ 时,都可以达到理想的分类结果,n 的增加对分类结果的影响并不明显,而当 $n=3$ 时,MDGAN 的运行时间相对较短。

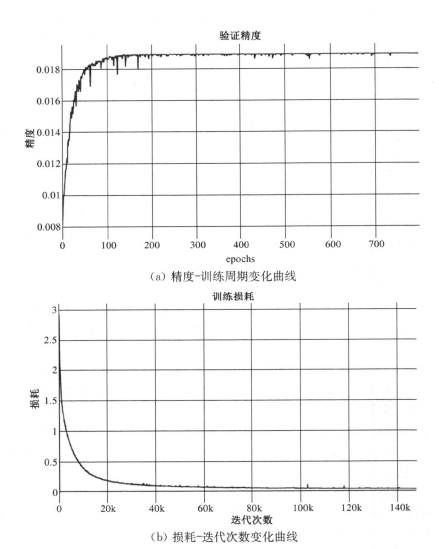

（a）精度-训练周期变化曲线

（b）损耗-迭代次数变化曲线

图 9－11　Indian Pines 数据集：精度-训练周期和损耗-迭代次数变化曲线

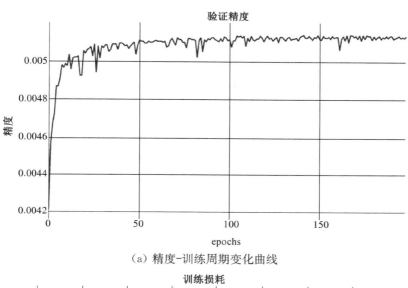

（a）精度-训练周期变化曲线

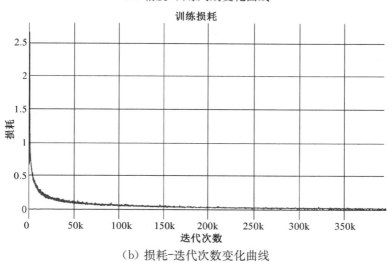

（b）损耗-迭代次数变化曲线

图 9 - 12　**Pavia University 数据集：精度-训练周期和损耗-迭代次数变化曲线**

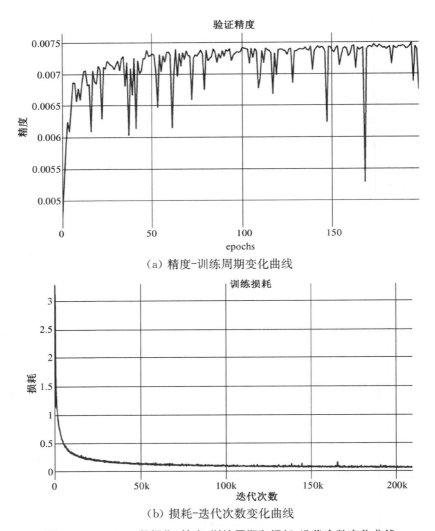

（a）精度-训练周期变化曲线

（b）损耗-迭代次数变化曲线

图 9 - 13　Salinas 数据集:精度-训练周期和损耗-迭代次数变化曲线

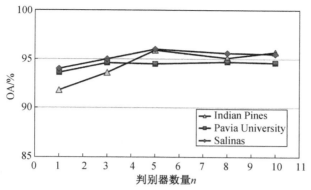

图 9‐14　不同数据集中判别器数量对于 OA 的影响

　　将多判别器集成方法 MDGAN 应用于 HSI 分类,通过动态选择判别器对生成结果进行投票打分,克服了 GAN 中模式崩溃的问题,保证了生成样本的质量。同时 MDGANs 具有多样性的特点。实验结果表明,该方法在三个高光谱数据集上的分类精度均优于 SVM 和 CNN。此外,我们还研究了判别器数量对分类精度的影响,结果表明 MDGAN 的分类结果优于单判别器分类模型。

9.5　总结与讨论

　　针对高光谱影像中存在噪声信号且训练样本过少的问题,本章介绍了应用于高光谱影像分类的多判别器生成对抗网络 MDGAN。该模型将集成学习的思想应用于 GAN 的结构优化,通过高光谱影像预处理过程获取空间-光谱样本训练生成器。然后,采用多数投票法判断生成样本的真假,并使用多个判别器的投票得分指导样本的生成。与原始的 GAN 模型相比,MDGAN 模型保证了训练过程的稳定性,并提高了生成样本的质量。同时,在输出端使用 Softmax 分类器实现光谱样本的多分类任务。实验结果表明,多判别器网络结构的分类结果优于单判别器的。与 CNN、SVM 以及一些传统方法相比,MDGAN 方法的分类精度更高。

　　当然,本章介绍的 MDGAN 模型仍有很大的改进空间。虽然分类精度提高了,但训练时间也相应增加了。此外,空间特征的提取方法仍有很大的改进空间。如何更好地将光谱特征和空间特征结合起来值得我们深入研究。多视图学习在各个领域都有广阔的应用前景,未来可以考虑采用多视图学习的方法更好地融合光谱特征和空间特征,并结合 MDGAN 模型,应用于高光谱影像的分类,进一步提高分类效果。

参考文献

[1] ZHAO Y, YOU X G, YU S J, et al. Multi-view manifold learning with locality alignment[J]. Pattern Recognition, 2018, 78: 154-166.

[2] XU C, TAO D C, XU C. Multi-view intact space learning[J]. IEEE Transactions on Pattern Analysis and Machine Intelligence, 2015, 37(12): 2531-2544.

[3] XIE P, XING E. Multi-modal distance metric learning[C]// Proceedings of the International Joint Conference on Artificial Intelligence. August 3-9, 2013, Beijing, China. 2013: 1806-1812.

[4] YU C J, ZHAO X Y, ZHENG Q, et al. Hierarchical bilinear pooling for fine-grained visual recognition [EB/OL]. [2022-12-02]. arXiv2018: 1807. 09915. https://arxiv. org/abs/1807. 09915. pdf

[5] WANG Y J, GUAN L, VENETSANOPOULOS A N. Kernel cross-modal factor analysis for information fusion with application to bimodal emotion recognition[J]. IEEE Transactions on Multimedia, 2012, 14(3): 597-607.

[6] ARSA D M S, JATI G, MANTAU A J, et al. Dimensionality reduction using deep belief network in big data case study: Hyperspectral image classification[C]// 2016 International Workshop on Big Data and Information Security (IWBIS). October 18-19, 2016, Jakarta, Indonesia. IEEE, 2017: 71-76.

[7] GHAMISI P, CHEN Y S, ZHU X X. A self-improving convolution neural network for the classification of hyperspectral data[J]. IEEE Geoscience and Remote Sensing Letters, 2016, 13(10): 1537-1541.

[8] CHEN Y S, LIN Z H, ZHAO X, et al. Deep learning-based classification of hyperspectral data[J]. IEEE Journal of Selected Topics in Applied Earth Observations and Remote Sensing, 2014, 7(6): 2094-2107.

[9] YANG J X, ZHAO Y Q, CHAN J C W, et al. Hyperspectral image classification using two-channel deep convolutional neural network[C]//2016 IEEE International Geoscience and Remote Sensing Symposium (IGARSS). July 10-15, 2016, Beijing, China. IEEE, 2016: 5079-5082.

[10] MOU L C, GHAMISI P, ZHU X X. Deep recurrent neural networks for hyperspectral image classification[J]. IEEE Transactions on Geoscience and Remote Sensing, 2017, 55(7): 3639-3655.

[11] GOODFELLOW I J, POUGET-ABADIE J, MIRZA M, et al. Generative adversarial nets[C]//Proceedings of the 27th International Conference on

Neural Information Processing Systems-Volume 2. December 8-13, 2014, Montreal, Canada. New York: ACM, 2014: 2672-2680.

[12] SALIMANS T, GOODFELLOW I, ZAREMBA W, et al. Improved techniques for training GANs[EB/OL]. [2022-12-03]. arXiv2016: 1606. 03498. https://arxiv. org/abs/1606. 03498. pdf

[13] ARJOVSKY M, CHINTALA S, BOTTOU L. Wasserstein GAN[EB/OL]. [2022-12-03]. arXiv2017: 1701. 07875. https://arxiv. org/abs/1701. 07875. pdf

[14] ARJOVSKY M, BOTTOU L. Towards principled methods for training generative adversarial networks[EB/OL]. [2022-12-03]. arXiv2017: 1701. 04862. https://arxiv. org/abs/1701. 04862. pdf

[15] ODENA A. Semi-supervised learning with generative adversarial networks [EB/OL]. [2022-12-06]. arXiv2016: 1606. 01583. https://arxiv. org/abs/1606. 01583. pdf

[16] SOULY N, SPAMPINATO C, SHAH M. Semisupervised semantic segmentation using generative adversarial network [C]//2017 IEEE International Conference on Computer Vision (ICCV). October 22-29, 2017, Venice, Italy. IEEE, 2017: 5689-5697.

[17] ZHAO L Y. Research on image restoration algorithm based on generative confrontation network[D]. Xi'an: Xi'an University of Technology, 2018.

[18] SUN Q, ZENG X. Image restoration based on generated confrontation network [J]. Computer Science, 2018, 45:229-234.

[19] JIN W D, YANG P, TANG P. Double discriminators generate antagonistic networks and their applications in OCS nest detection and semi-supervised learning[J]. Science China Information Science, 2018, 48:888-902.

[20] BEHINGYA J N. No-cooperative game[J]. Syst. Eng. ,1996, 13: 23-28.

[21] VAN DEN OORD A, KALCHBRENNER N, VINYALS O, et al. Conditional image generation with pixel CNN decoders[EB/OL]. [2022-12-04]. arXiv2016: 1606. 05328. https://arxiv. org/abs/1606. 05328. pdf

[22] KINGMA D P, WELLING M. Auto-encoding variational Bayes[EB/OL]. [2022-12-05]. arXiv2013:1312. 6114. https://arxiv. org/abs/1312. 6114. pdf

[23] TSAI S C, TZENG W G, WU H L. On the Jensen-Shannon divergence and variational distance[J]. IEEE Transactions on Information Theory, 2005, 51(9): 3333-3336.

[24] BARZ B, RODNER E, GARCIA Y G, et al. Detecting regions of maximal

divergence for spatio-temporal anomaly detection[J]. IEEE Transactions on Pattern Analysis and Machine Intelligence, 2019, 41(5): 1088－1101.

[25] RAJESWAR S, SUBRAMANIAN S, DUTIL F, et al. Adversarial generation of natural language[EB/OL]. [2022-12-03]. arXiv2017: 1705. 10929. https://arxiv. org/abs/1705. 10929. pdf

[26] LEDIG C, THEIS L, HUSZAR F, et al. Photo-realistic single image super-resolution using a generative adversarial network[EB/OL]. [2022-12-05]. arXiv2016: 1609. 04802. https://arxiv. org/abs/1609. 04802. pdf

[27] YANG C, LU X, LIN Z, et al. High-resolution image in painting using multi-scale neural patch synthesis[EB/OL]. [2022-12-06]. arXiv2016: 1611. 09969. https://arxiv. org/abs/1611. 09969. pdf

[28] LIU M Y, TUZEL O. Coupled generative adversarial networks[EB/OL]. [2022-12-06]. arXiv2016: 1606. 07536. https://arxiv. org/abs/1606. 07536. pdf

[29] Liang J, Gao J. Research progress of semi-supervised learning[J]. Journal of Shanxi University 2009, 32: 3－4.

[30] GHAMISI P, DALLA MURA M, BENEDIKTSSON J A. A survey on spectral-spatial classification techniques based on attribute profiles[J]. IEEE Transactions on Geoscience and Remote Sensing, 2015, 53(5): 2335－2353.

[31] MORDIDO G, YANG H J, MEINEL C. Dropout-GAN: Learning from a dynamic ensemble of discriminators[EB/OL]. [2022-12-08]. arXiv2018: 1807. 11346. https://arxiv. org/abs/1807. 11346. pdf

[32] FENG J. Remote sensing image classification based on soft computing and mutual information theory[D]. Xi'an: Xi'an University of Electronic Science and Technology, China, 2014.

[33] ROMERO A, GATTA C, CAMPS-VALLS G. Unsupervised deep feature extraction for remote sensing image classification[J]. IEEE Transactions on Geoscience and Remote Sensing, 2016, 54(3): 1349－1362.

[34] CHEN Y S, ZHAO X, JIA X P. Spectral-spatial classification of hyperspectral data based on deep belief network[J]. IEEE Journal of Selected Topics in Applied Earth Observations and Remote Sensing, 2015, 8(6): 2381－2392.

[35] LI C M, WANG Y C, ZHANG X K, et al. Deep belief network for spectral-spatial classification of hyperspectral remote sensor data[J]. Sensors, 2019, 19(1): 204.

思考题

1. 什么是生成对抗网络？

2. 判别模型和生成模型的基本原理是什么？

3. 如何求解传统的 GAN 模型中判别器和生成器的优化函数？如何最终达到两者的平衡状态？

4. 如何将 GAN 模型应用于半监督分类？

5. 描述多判别器生成对抗网络模型用于 HSI 分类的具体处理流程及参数设置方法。

6. 结合 MDGAN 模型，如何采用多视图学习的方法更好地融合光谱特征和空间特征，用于 HSI 分类？

第十章

基于 3D-2D 多分支特征融合和密集注意力网络的高光谱影像分类方法

近年来,高光谱影像(HSI)分类技术引起了人们的广泛关注。基于卷积神经网络的各种方法都取得了优异的分类效果。然而,它们大多存在光谱空间特征利用不足、信息冗余和收敛困难等缺陷。为了解决这些问题,本章采用一种新的 3D-2D 多分支特征融合和密集注意力网络用于 HSI 分类。具体来说,3D 多分支特征融合模块在空间和光谱维度上整合了多个接受域,以获得浅层特征。然后,由密集连接层和空间通道注意力块组成 2D 密集连接注意力模块。前者用于缓解梯度消失,增强训练过程中的特征重用。后者强调了有意义的特征,并抑制了沿着两个主体的干扰信息。

10.1 引言

随着遥感技术的发展,高光谱成像技术已广泛应用于气象预警[1]、农业监测[2]和海洋安全[3]等领域。高光谱影像由数百个光谱波段组成,包含丰富的土地覆盖信息。HSI 分类作为遥感领域的一个重要问题,已受到越来越多的关注。

传统的分类方法包括随机森林(RF)[4]、多重逻辑回归(MLP)[5]和支持向量机(SVM)[6]等。它们都是根据 1D 光谱信息进行分类的。此外,主成分分析(PCA)[7]方法通常用于压缩光谱维度,同时保留基本的光谱特征,减少波段冗余,提高模型的鲁棒性。虽然这些传统的方法取得了很好的分类效果,但是由于非线性结构较浅,所以表示能力有限,只能提取低级特征。

近年来,基于深度学习(Deep Learning, DL)[8-10]的高光谱影像分类方法因为能够弥补传统方法的不足,越来越受到研究者的青睐。卷积神经网络 CNN 因其出色的图像表示能力,在计算机视觉领域取得了巨大的突破,并且在高光谱影像分类领域取得了成功。Makantasis 等人[11]开发了一种基于 2D-CNN 的网络,其中每个像素被打包为固定大小的图像 patch 用于空间特征提取,并发送到多层感知器中进行分类。

现有方法主要是基于 2D-CNN 和 3D-CNN 的方法。然而,2D 卷积只能提取高度和宽度这两个维度的特征,忽略了光谱波段的丰富信息。为了进一步充分利用光谱维度的信息,研究人员将注意力转向了 3D-CNN[12-14]。He 等人[12]提出了一种用于 HSI 分类的多尺度 3D 深度卷积神经网络(M3D-DCNN),该网络以端到端的方式学习高光谱影像原始数据中的空间特征和光谱特征。Zhong 等人[13]开发了一种 3D 光谱-空间残差网络(SSRN),该网络从冗余的光谱特征中不断学习鉴别特征和空间上下文信息。虽然 3D-CNN 可以弥补 2D-CNN 在这方面的缺陷,但 3D-CNN 同时不可避免地引入了大量的计算参数,增加了训练时间和系统开销,不符合轻量化网络的需求。此外,由于 HSI 具有带间相关性的特征,因此,可能存在"同物异谱"和"同谱异物"的现象,严重干扰了光谱信息特征的提取,导致分类性能下降。如何区分 HSI 的判别特征是提高分类性能的关键。近年来的研究表明,利用注意力机制[15-16]可以增强区分特征。认知生物学的研究表明,人类通常只关注少数关键特征而忽略其他特征来获取有意义的信息。同样,注意力机制也被有效地应用于计算机视觉[17-18]的各种任务中。许多基于现有的注意力机制的方法已经被用于高光谱影像的分类过程,且能够提高分类精度。

此外,随着特征提取技术的不断加深,随着特征提取的不断深入,神经网络不可避免地会变得更深,出现梯度消失和网络退化问题,如何从高光谱影像的复杂特征中筛选出关键特征非常重要。鉴于此,本章使用一种基于 3D-2D 多分支特征融合和密集注意力的网络模型(MFFDAN)用于 HSI 分类。针对 2D-CNN 特征提取不足的问题,采用 3D 多分支特征融合模块深入挖掘高光谱影像特征,提高特征提取效率。针对 3D-CNN 会产生大量的训练参数,以及神经网络训练过程中不可避免的梯度消失和梯度爆炸问题,使用 2D 密集注意力模块,其中的密集连接其实就是稠密连接网络(Densenet)的一个部分,它的作用是将每一层的特征信息传递到前层网络,使得信息的流动非常频繁,浅层信息不断向深层抽象信息流动,这不仅在训练过程中增强了特征复用,还缓解了梯度消失和过拟合问题。此外,2D 网络的特征提取效果虽然没有 3D 那么好,但相比于纯粹的 3D 网络,能够有效加速训练过程,缩短训练时间。针对如何从高光谱影像的复杂特征中筛选出关键特征的问题,在密集连接模块中加入注意力机制,强调有意义的特征,提高网络的判别力,进而提高网络的分类精度。

10.2　3D-2D 多分支特征融合和密集注意力网络

为了自适应地从冗余高光谱影像的空间和光谱中选择可鉴别特征,加快网络收敛速度,提高分类性能,一种 3D-2D 多分支特征融合和密集注意力网络(3D-2D

Multiscale Feature Fusion and Dense Attention Network，MFFDAN)被用于高光谱影像分类,模型的主要设计思路如下：

(1) 整个网络结构由 3D 和 2D 卷积层组成,避免了仅使用 2D-CNN 或 3D-CNN 时的弊端,提高了模型效率。

(2) 构造 3D 多分支特征融合模块在空间和光谱维度上集成多个感受野以获得浅层特征。该模块将多个卷积滤波器组合起来获取尺度特征。通常,大尺度的滤波器无法捕获影像的细粒度结构,而小尺度的滤波器又会消除影像的粗粒度特征。组合不同大小的多个卷积滤波器可以提取更详细的特征。

(3) 针对梯度消失问题,设计一个 2D 密集连接注意力模块从冗余高光谱影像中选取可鉴别的通道空间特征,该模块由密集连接层和空间通道注意力块组成。前者用于缓解梯度消失,在训练过程中增强特征复用。后者采用注意力机制增强可鉴别特征,沿通道和空间轴这两个主要维度自适应地对关键特征进行优先排序,抑制干扰信息。

10.2.1 3D 多分支融合模块

3D-CNN 通过 3D 卷积核同时处理高光谱影像的光谱和空间维度,直接从原始高光谱影像中提取空间和光谱信息,如式(10.1)所示：

$$V_{l,i}^{x,y,z} = f(\sum_m \sum_{h=0}^{H_l-1} \sum_{w=0}^{W_l-1} \sum_{d=0}^{D_l-1} k_{l,i,m}^{h,w,d} v_{l-1,m}^{x+h,y+w,z+d} + b_{l,i}) \tag{10.1}$$

式中：H_l,W_l 和 D_l 分别表示卷积核的高度、宽度和光谱维数；$k_{l,i,m}^{h,w,d}$ 表示(h,w,d)处第 l 层上第 i 个卷积核的输出值。

用于高光谱影像分类的常规 3D-CNN 方法包括叠加卷积层卷积块(Conv)、批量归一化(BN)和激活函数(ReLU),从原始高光谱影像中提取细节和可鉴别特征。这些方法在一定程度上改善了分类结果,但是也引入了大量的计算参数,增加了训练时间。而构建深度卷积神经网络又会导致梯度消失,分类性能下降。针对上述问题,本章使用一种 3D 多分支融合模块。该模块的体系结构如图 10-1 所示。首先,采用 3×3×3 和 1×1×1 卷积块形成浅层网络,扩展信息流,使网络能够学习纹理特征。然后,它按顺序添加由多个卷积核组成的三个分支。不同尺寸的卷积滤波器可用于从高光谱数据中提取多尺度特征。与叠加卷积层相比,合并浅层网络分类性能更优。

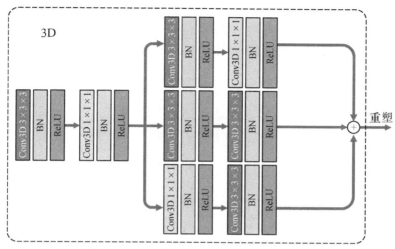

图 10-1　3D 多分支融合模块的体系结构图

10.2.2　2D 密集注意力模块

2D 密集注意力模块采用密集连接和注意力机制,其中注意力模块包括通道注意力块和空间注意力块,具体如下。

1）通道注意力块

本节设计了一种新的全局上下文通道注意力块,注意各通道中相邻像素之间的关系,结构如图 10-2 所示。通道注意力块还能够借助获取到的像素间的长距离依赖关系来改善网络的全局感知能力。

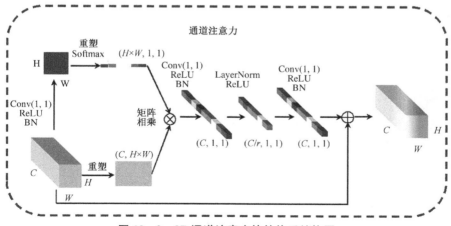

图 10-2　2D 通道注意力块的体系结构图

全连通层增加了计算参数。因此，1×1 卷积神经网络用于替换全连接层，其中缩放因子设置为 4，以减少计算成本并防止网络过拟合。此外，使用层规范化技术[19]对网络权重进行稀疏化处理，具体如式(10.2)所示：

$$\hat{z}^{(l)} = \frac{z^{(l)} - \mu^{(l)}}{\sqrt{\sigma^{(l)^2} + \varepsilon}} \gamma + \beta \mathrm{LN}_{\gamma,\beta}(z^{(l)}) \tag{10.2}$$

式中：γ 和 β 分别表示缩放和平移的参数向量，对权值矩阵进行归一化处理，正则化网络将加快其收敛速度。通道注意力公式如式(10.3)所示：

$$Z_i = X_i + W_{v2} \mathrm{ReLU}\left(\mathrm{LN}\left(W_{v1} \sum_{j=1}^{N_P} \frac{e^{W_k x_j}}{\sum_{m=1}^{N_p} e^{W_k x_m}} x_j\right)\right) \tag{10.3}$$

式中：$\partial_j = \dfrac{e^{W_k x_j}}{\sum\limits_m e^{W_k x_m}}$ 表示全局池化；$W_{v2}\mathrm{ReLU}(\mathrm{LN}(W_{v1}(\bullet)))$ 表示瓶颈转换。通道注意力模块使用全局注意力池对长距离依赖关系进行建模，并从冗余高光谱影像中获取可鉴别的通道特征。

2) 空间注意力块

受 CBAM[20]的启发，本节构建了基于特征空间关系的空间注意力块，结构如图 10－3 所示。首先，沿通道轴进行平均池化和最大池化操作，并将其连接起来，生成有效的特征描述符，沿通道轴的池化操作能够突出显示信息区域。然后，将卷积层用于连接的特征描述符，以创建空间注意力图，指明要强调或抑制的特征。最后，使用标准卷积层对前述内容进行卷积化操作，生成 2D 空间注意力图。简言之，空间注意力的计算模型如式(10.4)所示：

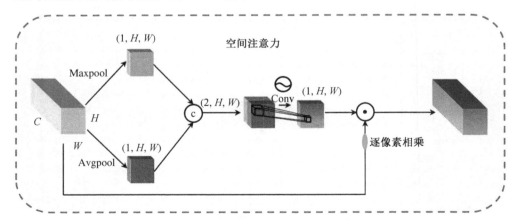

图 10－3　2D 空间注意力块的体系结构图

$$M(F) = \sigma(f^{3 \times 3}[\text{AvgPool}(F); \text{MaxPool}(F)])$$
$$= \sigma(f^{3 \times 3}([F_{\text{avg}}; F_{\text{max}}])) \tag{10.4}$$

式中：σ 表示 Sigmoid 函数；$f^{3 \times 3}$ 表示滤波器大小为 3×3 的卷积运算。

10.2.3　MFFDAN 网络框架

MFFDAN 网络框架是一种混合 CNN，联合使用前述 3D 多分支特征融合模块和 2D 密集注意力模块，体系结构如图 10-4 所示。本章使用 Pavia University 数据集论证算法的详细过程，具体如下：

（1）预处理时使用单位方差将原始数据归一化为零均值。

（2）使用主成分分析（PCA）方法压缩原始 HSI 中的光谱维数并消除波段噪声。

（3）将高光谱影像数据分割成固定大小的 3D 图像 patch，这些图像 patch 以标记像素为中心。

（4）将 3D 图像 patch 发送到 3D 多分支融合模块进行特征提取，该模块旨在使用不同尺寸的卷积滤波器提取多尺度特征。

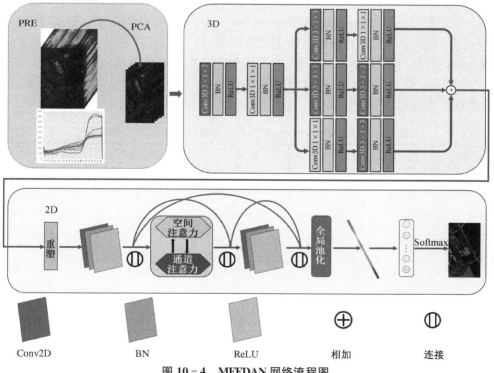

图 10-4　MFFDAN 网络流程图

（5）3D 特征图在尺寸变换后被重塑为 2D，并发送到 2D 密集注意力模块。

（6）密集块[21]在模块的中间布置空间和信道注意力，用于增强信息流，并且自适应地选出可鉴别的空间信道特征。最后，使用具有 Softmax 功能的全连接层对 HSI 分类。

10.3　实验与结果

本节在四个数据集上，从参数的设置与优化、密集连接注意力模块的有效性、不同分类方法的对比三方面展开实验。

依然采用 OA、AA 和 Kappa 作为评估标准，考虑到四个数据集基准类别的不平衡，每个数据集使用不同比例的训练、验证和测试样本验证所提出模型的有效性，具体见 10.3.1 节。批次大小和 epoch 分别设置为 16 和 200。采用随机梯度下降法（SGD）优化训练参数。初始学习率为 0.05，每 50 个 epoch 下降 1‰。所有实验重复五次以避免错误。

10.3.1　实验数据集

本章在 Pavia University、Kennedy Space Center（KSC）、Salinas 和 Grass_DFC_2013[22]这四个高光谱数据集上展开实验，这些数据集在第一章均进行了详细介绍，实验过程中使用的训练集、验证集和测试集样本数量具体如表 10-1～表 10-4 所示。依然采用总体精度（OA）、平均精度（AA）和 Kappa 系数（Kappa）三个指标评价模型的分类效果。

表 10-1　**Pavia University 数据集训练、验证和测试样本数量表**　　单位：个

类别	名称	训练集	验证集	测试集
C1	Asphalt	66	657	5908
C2	Meadows	186	1846	16 617
C3	Gravel	21	208	1870
C4	Trees	31	303	2730
C5	Painted metal sheets	13	133	1199
C6	Bare soil	50	498	4481
C7	Bitumen	13	132	1185
C8	Self-blocking bricks	37	365	3280

续表

类别	名称	训练集	验证集	测试集
C9	Shadows	9	94	844
合计		426	4236	38 114

表 10－2　KSC 数据集训练、验证和测试样本数量表　　　　单位:个

类别	名称	训练集	验证集	测试集
C1	Scrub	76	69	616
C2	Willow swamp	24	22	197
C3	CP hammock	26	23	207
C4	Slash pine	25	23	204
C5	Oak/Broadleaf	16	15	130
C6	Hardwood	23	21	185
C7	Swamp	11	9	85
C8	Graminoid marsh	43	39	349
C9	Spartina marsh	52	47	421
C10	Cattail marsh	40	36	328
C11	Salt marsh	42	38	339
C12	Mud flats	50	45	408
C13	Water	93	83	751
合计		521	470	4220

表 10－3　Salinas 数据集训练、验证和测试样本数量表　　　　单位:个

类别	名称	训练集	验证集	测试集
C1	Brocoli_green_weeds_1	20	199	1790
C2	Brocoli_green_weeds_2	37	369	3320
C3	Fallow	20	196	1760
C4	Fallow_rough_plow	14	138	1242
C5	Fallow_smooth	27	265	2386
C6	Stubble	40	392	3527
C7	Celery	36	354	3189

续表

类别	名称	训练集	验证集	测试集
C8	Grapes_untrained	113	1116	10 042
C9	Soil_vinyard_develop	62	614	5527
C10	Corn_senesced_green_weeds	33	325	2920
C11	Lettuce_romaine_4wk	11	106	951
C12	Lettuce_romaine_5wk	19	191	1717
C13	Lettuce_romaine_6wk	9	91	816
C14	Lettuce_romaine_7wk	11	106	953
C15	Vinyard_untrained	73	720	6475
C16	Vinyard_vertical_trellis	18	179	1610
合计		543	5361	48 225

表 10-4 Grass_DFC_2013 数据集训练、验证和测试样本数量表　　单位:个

类别	名称	训练集	验证集	测试集
C1	Healthy grass	125	113	1013
C2	Stressed grass	125	113	1016
C3	Synthetic grass	70	63	564
C4	Trees	124	112	1008
C5	Soil	124	112	1006
C6	Water	33	29	263
C7	Residential	127	114	1027
C8	Commercial	124	112	1008
C9	Road	125	113	1014
C10	Highway	123	110	994
C11	Railway	124	111	1000
C12	Parking lot 1	123	111	999
C13	Parking lot 2	47	42	380
C14	Tennis court	43	39	346
C15	Running track	66	59	535
合计		1503	1353	12 173

10.3.2　参数的设置与优化

本节讨论一些重要的参数对模型分类性能的影响,并选出参数的最优取值。主成分的数量和输入图像块空间的大小都会影响网络的分类效果,所以针对这两个参数,在前述四个数据集上展开对比实验。为保证实验结果的客观性,以下实验中所有数据均为相同实验条件下 10 次实验结果的平均值。

实验 1:主成分的影响,测试主成分 C 的数量对分类结果的影响。PCA 首先将光谱波段数分别降低到 20、30、40、50 和 60。四个数据集上的实验结果如图 10-5 所示。对于 Pavia University 和 KSC 数据集,OA、AA 和 Kappa 的值从 20 开始上升(PU_OA = 98.81%,KSC_OA = 96.92%),并在 30 达到峰值(PU_OA = 98.96%,KSC_OA = 99.07%)。KSC 数据集上 OA 值的增加远高于 Pavia University。可以观察到,主成分的数量对 KSC 数据集有重大影响。当主成分波段数超过 30 时,前述指标会不同程度地下降。而对于 Salinas 和 Grass_DFC_2013 数

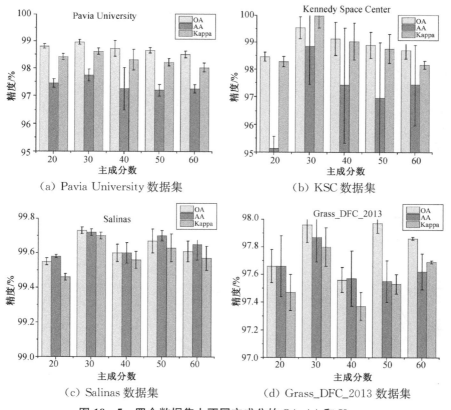

（a）Pavia University 数据集　　　　（b）KSC 数据集

（c）Salinas 数据集　　　　（d）Grass_DFC_2013 数据集

图 10-5　四个数据集上不同主成分的 OA、AA 和 Kappa

据集,OA、AA 和 Kappa 的值似乎与主成分没有这种关系。OA 值在不同数量的主成分中波动。这一现象很可能是由于后两个数据集具有较高的土地覆盖分辨率,但光谱带灵敏度较低。因此,主成分的数量设置为 30 最为合理。

实验 2：空间大小对分类结果的影响实验,输入图像块空间大小的选择对分类精度影响很大,因此采用不同的空间尺寸,$C×9×9$、$C×11×11$、$C×13×13$、$C×15×15$、$C×17×17$ 和 $C×19×19$ 测试该模型,从而找到最佳的空间尺寸,其中 C 是主成分的固定数量。在所有实验中,根据实验 1 的结果,主成分的数量都设置为 30,以保证公平性。

图 10 - 6 显示了四个数据集上不同空间大小的 OA、AA 和 Kappa 值。在 Pavia University、KSC 和 Salinas 数据集上,OA、AA 和 Kappa 的值从空间尺寸 $C×9×9$ 稳步上升到 $C×15×15$,然后在较大的空间尺寸中下降。也就是说,目标像素及其相邻像素通常在一定的空间大小下属于同一类别,而过大的区域可能会产

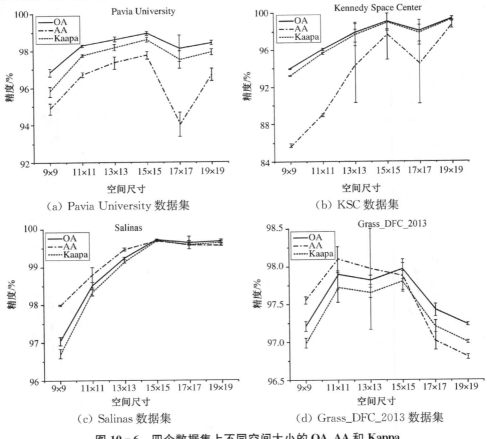

(a) Pavia University 数据集   (b) KSC 数据集

(c) Salinas 数据集   (d) Grass_DFC_2013 数据集

图 10 - 6　四个数据集上不同空间大小的 OA、AA 和 Kappa

生额外的噪声并恶化分类性能。而对于 Grass_DFC_2013 数据集，三个测试指标的值在空间大小 $C \times 11 \times 11$ 和 $C \times 15 \times 15$ 之间波动，并随着空间大小的增大而减小。因此，考虑将所有数据集的 patch 大小都设置为 $C \times 15 \times 15$。

10.3.3　消融实验

为了测试密集连接注意力模块的有效性，本节使用几个消融实验，比较前文提出的网络模型在去除密集连接注意力模块前后的差别。根据上节，实验中主成分数设置为 30，空间大小设置为 15×15，四个数据集上的实验结果如图 10-7 所示。在四个数据集上，密集连接的注意力模块将 OA 值提高约 $0.93 \sim 1.75$ 个百分点。在大多数情况下（如 Pavia University、Salinas 和 Grass_DFC_2013 数据集），单通道注意力块的表现优于单空间注意力块，OA 值约高 $0.06 \sim 0.34$ 个百分点。然而，这并不意味着空间注意力机制不起作用，它在提高分类性能方面起着重要作用。与非注意力块相比，单空间注意力提高了 OA 值 $0.52 \sim 1.27$ 个百分点。究其原因，主要是因为密集连接的注意力模块结合使用了注意力机制和密集连接层。一方面，注意力机制可以自适应地为空间通道区域分配不同的权重，并抑制干扰像素的影响。另一方面，在网络收敛过程中，密集的连接层缓解了模型进入深层时梯度消失的问题，增强了特征复用。

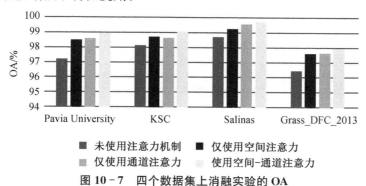

图 10-7　四个数据集上消融实验的 OA

10.3.4　不同方法的对比

针对本章改进的内容，实验中选择了七种分类方法进行比较，验证模型的有效性，具体为：支持向量机 SVM、多项式逻辑回归（MLR）、随机森林（RF）、2D 核空间 CNN、PyResNet[23]、Hybrid SN[14] 和 SSRN[13]。表 10-5～表 10-7 显示了在 Pavia University、KSC、Salinas 和 Grass_DFC_2013 数据集上不同方法的分类结果。

为保证公平性，将所有深度学习方法的空间大小和主成分数均设置为 $C \times$

15×15 和 30，所有对比实验均进行 5 次，并计算平均值和标准偏差。其中 SSRN 模型没有按照原始文献中描述的方式执行 PCA，在实验中忽略此过程，结果仍然是相同的。网络的其他过参数根据文献设置。

　　Pavia University 的训练、验证和测试样本数量与表 10 - 1 中的样本列表一致。表 10 - 5 显示了不同方法的总体精度（OA）、平均精度（AA）和 Kappa 系数（Kappa）。很明显，与其他 DL 方法相比，RBF-SVM、RF 和 MLR 等经典机器学习方法的总体精度相对较低。因为它们通过 HSI 的光谱维度进行分类，忽略了 2D 空间特征的重要性。在所有比较方法中，本章的 MFFDAN 方法结果最优，总体精度为 98.96%，比 HybridSN 获得的次优结果（97.33%）高 1.63 个百分点。图 10 - 8 显示了这些方法的分类图。

　　KSC 数据集训练、验证和测试样本的选择与表 10 - 2 中的样本列表一致。为了避免网络的欠拟合，增加了 KSC 数据集的训练样本。实验结果表明 2D-CNN 模型在所有深度学习方法中效果最差，难以通过 2D 卷积滤波器获得复杂的光谱空间特征。SSRN 模型由于其堆叠的 3D 卷积层而获得次优结果，该卷积层从原始图像中提取可鉴别光谱空间特征。本章的 MFFDAN 方法结果最优（OA=99.07%，AA=97.70%，Kappa=98.97%）。表 10 - 6 给出了实验结果，上述方法的分类图如图 10 - 9 所示。

表 10 - 5　Pavia University 数据集上不同方法的分类结果　　　　单位：%

类别	方法							本章算法
	传统分类器			经典的神经网络				
	RBF-SVM	MLR	RF	2D-CNN	PyResNet	SSRN	HybridSN	
C1	89.00±1.10	90.21±1.56	86.11±2.21	93.30±1.62	93.45±1.14	99.19±0.59	97.64±1.37	99.50±0.09
C2	98.10±0.65	96.35±1.64	96.03±1.23	99.39±0.82	99.45±0.50	98.18±3.20	99.65±0.22	99.97±0.02
C3	60.47±5.17	42.36±2.17	30.19±3.89	71.09±3.83	77.90±2.74	85.28±15.81	78.24±4.87	88.53±0.90
C4	87.37±4.35	79.68±3.45	76.47±5.17	94.30±2.25	90.08±2.95	95.85±1.46	96.65±0.32	97.88±0.30
C5	99.07±0.32	98.89±0.33	98.26±0.44	33.26±47.03	99.82±0.09	100.00±0.00	100.00±0.00	100.00±0.00
C6	69.52±3.50	50.48±5.62	36.90±4.85	95.24±3.55	94.91±1.41	96.42±5.17	99.92±0.10	99.98±0.03
C7	69.22±12.02	5.82±2.96	58.73±6.89	57.18±40.45	90.28±0.75	94.85±2.71	98.19±1.26	97.92±0.89
C8	86.00±3.04	87.85±1.69	83.92±5.04	87.33±7.13	74.65±8.45	84.49±18.88	94.29±2.79	98.83±0.23
C9	99.72±0.08	99.47±0.15	99.30±0.20	19.30±27.29	89.84±1.86	99.57±0.46	87.27±9.37	97.12±1.04
OA	88.84±0.34	82.77±0.42	80.85±0.69	90.00±2.38	93.64±0.62	96.14±2.27	97.33±0.45	98.96±0.09
AA	84.27±1.65	72.34±0.29	73.99±1.40	72.26±8.43	90.04±0.71	94.87±1.67	94.65±1.04	97.75±0.22
Kappa	84.96±0.50	76.50±0.50	73.76±0.89	86.53±3.31	91.53±0.82	94.90±2.94	96.46±0.60	98.62±0.12

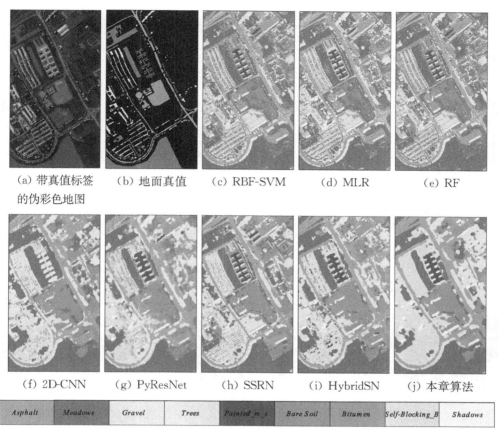

(a) 带真值标签
的伪彩色地图　　(b) 地面真值　　(c) RBF-SVM　　(d) MLR　　(e) RF

(f) 2D-CNN　　(g) PyResNet　　(h) SSRN　　(i) HybridSN　　(j) 本章算法

| Asphalt | Meadows | Gravel | Trees | Painted_m_s | Bare Soil | Bitumen | Self-Blocking_B | Shadows |

图 10 - 8　Pavia University 上不同方法的分类图

表 10 - 6　KSC 数据集上不同方法的分类结果　　　　　　　　单位:%

类别	方法							本章算法
	传统分类器			经典的神经网络				
	RBF-SVM	MLR	RF	2D-CNN	PyResNet	SSRN	HybridSN	
C1	95.85±0.66	95.83±0.79	94.63±1.12	99.22±1.00	99.42±0.24	100.00±0.00	99.48±0.46	99.97±0.06
C2	85.39±3.40	86.48±2.06	81.19±6.49	90.26±4.42	88.43±2.64	100.00±0.00	95.52±2.76	99.91±0.18
C3	88.09±4.18	90.87±4.98	89.48±2.32	88.69±3.39	96.52±2.16	100.00±0.00	92.26±5.44	99.22±0.80
C4	42.47±5.36	34.45±6.04	68.11±5.63	68.43±1.62	65.20±4.68	95.30±1.81	81.14±7.23	90.82±5.06
C5	47.45±5.56	24.55±11.17	46.48±4.11	20.92±29.59	66.44±1.98	73.56±3.10	77.38±4.87	98.01±2.70
C6	47.67±3.57	44.95±2.56	37.09±4.22	50.97±36.05	90.13±1.60	98.38±1.65	95.83±4.21	99.61±0.57
C7	83.58±5.51	79.37±7.81	75.79±10.16	32.98±46.65	100.00±0.00	100.00±0.00	97.05±3.15	82.52±34.95

类别	方法							本章算法
	传统分类器			经典的神经网络				
	RBF-SVM	MLR	RF	2D-CNN	PyResNet	SSRN	HybridSN	
C8	90.77±1.36	70.93±4.96	72.58±5.28	87.20±2.37	99.40±0.53	100.00±0.00	100.00±0.00	100.00±0.00
C9	94.53±2.41	83.89±1.50	92.78±4.10	100.00±0.00	99.86±0.20	99.22±1.11	99.91±0.17	99.92±0.10
C10	92.69±4.21	86.37±30.35	81.81±3.19	88.37±2.79	97.25±2.06	100.00±0.00	100.00±0.00	100.00±0.00
C11	96.98±1.52	94.96±1.43	95.81±1.77	99.56±0.63	98.67±0.43	100.00±0.00	99.73±0.53	100.00±0.00
C12	85.83±3.29	84.81±2.61	82.21±1.93	84.91±9.16	70.71±4.69	100.00±0.00	98.23±1.89	100.00±0.00
C13	99.93±0.14	99.86±0.18	99.74±0.09	99.84±0.23	100.00±0.00	100.00±0.00	100.00±0.00	100.00±0.00
OA	87.59±0.55	83.01±0.69	84.87±0.89	87.91±1.77	92.84±0.21	98.81±0.17	97.28±0.59	99.07±0.82
AA	80.86±0.87	75.18±0.86	78.28±0.86	77.80±5.35	90.16±0.06	97.42±0.19	95.12±0.73	97.70±2.83
Kappa	86.16±0.61	81.03±0.77	83.12±0.98	86.51±1.98	92.02±0.24	98.67±0.18	96.97±0.65	98.97±0.92

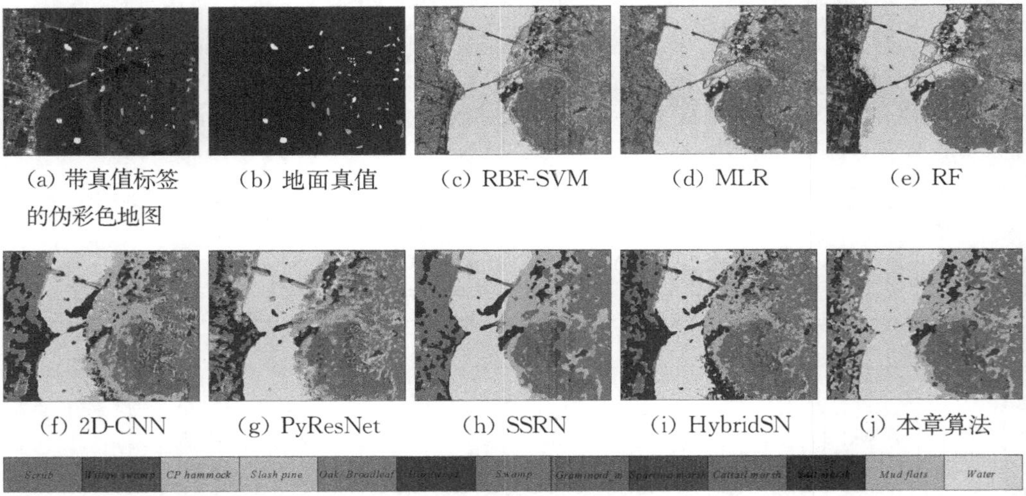

(a) 带真值标签的伪彩色地图　　(b) 地面真值　　(c) RBF-SVM　　(d) MLR　　(e) RF

(f) 2D-CNN　　(g) PyResNet　　(h) SSRN　　(i) HybridSN　　(j) 本章算法

Scrub　Willow swamp　CP hammock　Slash pine　Oak-Broadleaf　Hardwood　Swamp　Graminoid m.　Spartina marsh　Cattail marsh　Salt mrsh　Mud flats　Water

图 10 - 9　KSC 数据集上不同方法的分类图

Salinas 和 Grass_DFC_2013 数据集的训练、验证和测试样本选择与表 10 - 3 和表 10 - 4 中的样本列表一致。同时,表 10 - 7 和表 10 - 8 分别展示了这两个数据集上不同分类方法的实验结果。本章的 MFFDAN 方法在 OA、AA 和 Kappa 指标上均优于其他比较方法。3D 多分支特征融合模块可以从原始高光谱影像中提取多尺度特征,显著提高性能。图 10 - 10 和图 10 - 11 显示了这两个数据集上不同方法的分类图,这清楚地表明,较之其他方法,MFFDAN 模型具有更好的视觉效果。HybridSN 和 SSRN 模型比传统的机器学习方法和浅层 DL 分类器具有更好的分类性能。具体而言，HybridSN 模型在 Salinas 数据集上的 OA、AA 和 Kappa 分别达到 98.97％、98.95％和 98.85％，显示了深度神经网络优异的特征表示能力。SSRN 模型的 OA 达到 97.62％，AA 达到 98.47％，Kappa 达到 97.36％。大型核滤波器能够很好地从 HSI 中提取原始特征，而无需 PCA 过程。相比之下，浅层 2D 分类器如 2D CNN 和 PyResNet 在训练过程中不能获得全面的特征和丰富的光谱信息。因此，它们不能像 HybridSN 和 SSRN 模型那样实现有竞争力的分类性能。

表 10-7　Salinas 数据集上不同方法的分类结果　　　　单位：%

类别	方法							
	传统分类器			经典的神经网络				本章算法
	RBF-SVM	MLR	RF	2D-CNN	PyResNet	SSRN	HybridSN	
C1	97.28±1.25	97.76±0.69	97.07±1.28	99.89±0.15	99.77±0.33	98.74±0.93	99.99±0.02	100.00±0.00
C2	99.53±0.29	99.62±0.20	99.80±0.10	98.92±1.67	99.99±0.01	99.99±0.01	100.00±0.00	100.00±0.00
C3	96.81±1.75	95.36±2.28	88.51±3.57	100.00±0.00	100.00±0.00	99.06±1.32	99.99±0.02	100.00±0.00
C4	98.72±0.61	98.78±0.30	95.06±2.66	82.72±3.62	93.70±1.90	99.71±0.26	95.92±0.86	99.81±0.12
C5	95.96±1.94	98.29±0.47	94.15±3.07	96.58±1.31	94.91±1.29	94.76±2.25	95.98±0.91	97.45±0.42
C6	99.50±0.41	99.77±0.14	98.83±0.88	99.96±0.08	100.00±0.00	100.00±0.00	100.00±0.00	100.00±0.00
C7	99.44±0.18	99.48±0.11	98.34±1.48	99.52±0.45	99.77±0.25	99.66±0.24	99.95±0.04	99.95±0.03
C8	89.97±1.28	86.38±3.12	81.03±1.51	90.90±1.58	87.79±1.38	93.28±4.67	98.50±0.55	99.63±0.07
C9	99.04±0.47	99.16±0.26	98.84±0.16	99.92±0.13	99.82±0.17	99.60±0.45	99.86±0.19	100.00±0.00
C10	85.27±2.60	83.70±1.11	81.16±3.21	97.78±2.31	99.61±0.36	99.11±0.64	99.40±0.31	99.87±0.08
C11	90.35±2.53	89.12±2.30	82.84±3.58	99.77±0.29	100.00±0.00	99.91±0.13	99.94±0.08	100.00±0.00
C12	99.55±0.44	99.70±0.10	98.41±0.68	99.31±0.53	99.93±0.07	98.38±1.33	99.83±0.34	99.93±0.08
C13	96.98±0.96	97.89±1.68	95.45±3.21	96.54±2.19	99.93±0.05	98.13±0.09	99.49±0.60	99.96±0.09
C14	92.94±1.50	91.62±1.94	93.15±1.48	88.42±4.46	95.84±0.71	98.49±0.94	96.75±3.65	99.75±0.10
C15	47.86±1.19	50.73±4.21	52.43±2.55	88.39±4.00	98.13±0.70	97.21±1.81	98.04±0.43	99.80±0.05
C16	94.80±4.26	92.25±2.29	88.56±3.21	99.72±0.24	99.83±0.04	99.94±0.08	99.55±0.49	100.00±0.00
OA	88.78±0.29	88.33±0.40	86.25±0.47	95.35±0.35	96.63±0.20	97.62±0.73	98.97±0.06	99.73±0.02

续表

类别	传统分类器			经典的神经网络				本章算法
	RBF-SVM	MLR	RF	2D-CNN	PyResNet	SSRN	HybridSN	
AA	92.75±0.41	92.47±0.23	90.23±0.70	96.15±0.20	98.06±0.09	98.47±0.18	98.95±0.20	99.72±0.02
Kappa	87.45±0.32	86.96±0.44	84.64±0.54	94.82±0.39	96.26±0.22	97.36±0.80	98.85±0.07	99.70±0.02

表 10-8　Grass_DFC_2013 数据集上不同方法的分类结果　　　　单位:%

类别	传统分类器			经典的神经网络				本章算法
	RBF-SVM	MLR	RF	2D-CNN	PyResNet	SSRN	HybridSN	
C1	92.34±5.15	86.39±0.38	94.55±2.19	92.19±0.88	97.81±0.69	98.29±1.22	98.35±0.73	98.06±0.74
C2	84.79±7.71	94.47±4.11	97.78±0.85	95.67±3.15	98.46±0.50	97.59±0.08	98.60±0.74	99.08±0.23
C3	97.22±1.30	99.70±0.00	91.81±2.02	93.67±2.09	99.15±0.57	98.69±0.72	99.64±0.20	99.70±0.06
C4	90.29±2.11	97.11±0.38	92.65±1.39	92.64±2.04	96.02±1.16	97.77±0.10	99.60±0.17	97.8±0.10
C5	94.86±1.68	99.13±0.40	96.00±2.36	99.97±0.04	99.92±0.12	99.83±0.18	99.81±0.27	100.00±0.00
C6	81.86±1.30	82.20±1.34	78.71±3.77	72.05±9.31	91.05±2.57	87.92±0.61	96.96±2.10	94.5±1.90
C7	79.14±4.57	85.61±2.66	81.26±4.36	75.00±1.11	85.39±2.60	91.43±0.61	91.70±1.40	93.44±0.25
C8	58.72±7.63	50.73±2.72	71.57±2.09	57.82±3.61	92.78±0.52	90.24±0.33	90.08±0.70	91.71±0.79
C9	75.64±6.74	70.39±5.03	74.33±2.81	58.30±1.33	92.60±0.74	97.20±1.00	96.22±1.65	99.41±0.61
C10	54.95±11.71	52.92±9.58	74.25±4.64	69.33±6.48	99.26±0.54	100.00±0.00	99.91±0.13	100.00±0.00
C11	62.75±6.41	56.71±1.61	72.87±1.81	79.91±8.67	97.02±0.61	99.46±0.76	99.74±0.26	99.91±0.07
C12	53.50±10.72	47.12±3.31	70.78±4.91	86.43±2.02	97.10±0.78	99.66±0.00	99.11±0.48	99.57±0.08
C13	20.13±7.94	4.03±2.95	7.13±2.48	9.34±5.32	81.99±4.99	89.46±1.50	94.93±0.48	94.84±0.25
C14	81.08±12.99	82.60±8.35	93.32±3.23	92.77±2.82	100.00±0.00	100.00±0.00	100.00±0.00	100±0.00
C15	98.53±0.44	98.81±0.13	89.51±3.56	100.00±0.00	99.95±0.08	99.84±0.22	100.00±0.00	100±0.00
C16	75.49±0.71	74.57±0.78	81.23±0.60	80.10±0.57	95.56±0.51	96.96±0.15	97.52±0.30	97.96±0.13
OA	75.05±0.90	73.80±0.97	79.10±0.84	78.34±0.72	95.23±0.64	96.49±0.06	97.64±0.32	97.87±0.18
AA	73.47±0.77	72.45±0.84	79.67±0.66	78.45±0.61	95.20±0.55	96.72±0.16	97.31±0.32	97.80±0.14

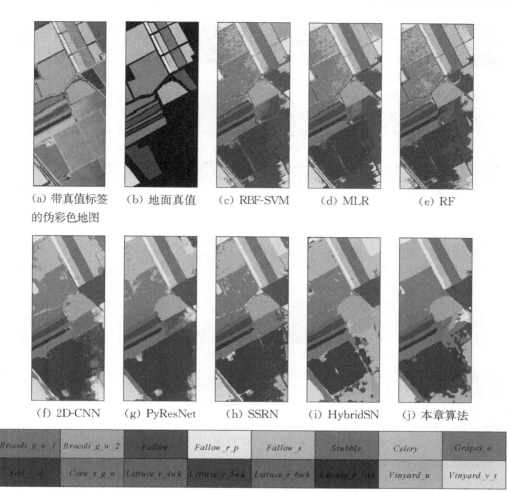

(a) 带真值标签的伪彩色地图　(b) 地面真值　(c) RBF-SVM　(d) MLR　(e) RF

(f) 2D-CNN　(g) PyResNet　(h) SSRN　(i) HybridSN　(j) 本章算法

Brocoli_g_w_1	Brocoli_g_w_2	Fallow	Fallow_r_p	Fallow_s	Stubble	Celery	Grapes_u
Soil_v_d	Corn_s_g_w	Lettuce_r_4wk	Lettuce_r_5wk	Lettuce_r_6wk	Lettuce_r_7wk	Vinyard_u	Vinyard_v_t

图 10 - 10　Salinas 数据集上不同方法的分类图

10.4　总结与讨论

本章阐述了一种新的深度学习模型——3D-2D 多分支特征融合和密集注意力网络用于遥感影像分类,该方法将 3D-CNN 和 2D-CNN 组合应用于端到端的网络中。首先,3D 多分支特征融合模块旨在从高光谱影像的空间和光谱中提取多尺度特征。随后引入 2D 密集注意力模块,该模块由密集连接层和空间通道注意力模块组成。密集连接层旨在减轻深层中的梯度消失,并增强特征复用。注意力模块包括空间注意力块和光谱注意力块,它们可以自适应地从冗余高光谱影像的空间和光谱中选择可鉴别特征。将密集连接层和注意力模块相结合,可以显著提高分类

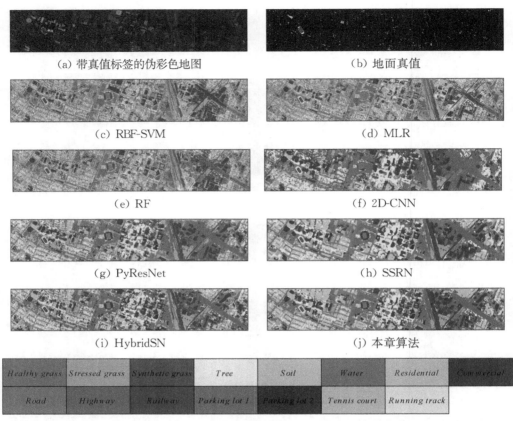

(a) 带真值标签的伪彩色地图 　　　　(b) 地面真值

(c) RBF-SVM 　　　　(d) MLR

(e) RF 　　　　(f) 2D-CNN

(g) PyResNet 　　　　(h) SSRN

(i) HybridSN 　　　　(j) 本章算法

Healthy grass	Stressed grass	Synthetic grass	Tree	Soil	Water	Residential	Commercial
Road	Highway	Railway	Parking lot 1	Parking lot 2	Tennis court	Running track	

图 10-11　Grass_DFC_2013 数据集上不同方法的分类图

性能,加快网络收敛速度。精心设计的混合模块在四个不同的数据集上将 OA 提高了 0.93~1.75 个百分点。此外,本章的模型在 OA 方面优于其他比较方法,在 Pavia University 数据集上提高了 1.63~18.11 个百分点,在 KSC 数据集上为 0.26~16.06 个百分点,在 Salinas 数据集上为 0.76~13.48 个百分点,在 Grass_DFC_2013 数据集上为 0.46~23.39 个百分点。实验结果表明,该模型能取得满意的分类效果。

MFFDAN 方法的主要贡献总结如下:

(1) 整个网络结构由 3D 和 2D 卷积层组成,不仅避免了仅使用 2D-CNN 时特征提取不足的问题,而且减少了单独使用 3D-CNN 所产生的大量训练参数,提高了模型效率。

(2) 本章的 3D 多尺度特征融合模块将多个卷积滤波器组合起来获取尺度特征。通常,大尺度的滤波器无法捕获影像的细粒度结构,而小尺度的滤波器又会消除影像的粗粒度特征。组合不同大小的多个卷积滤波器可以提取更详细的特征。

（3）针对梯度消失问题,本章设计了一个 2D 密集连接注意力模块从冗余高光谱影像中选取可鉴别的通道空间特征,提出一种因子化的空间通道注意力块,自适应地对关键特征进行优先排序,并抑制不太有用的特征。此外,还引入一个简单的 2D 密集块用于信息传播和特征复用,并与 3D HSI 立方体中不同尺度的特征信息结合使用。

参考文献

[1] BANERJEE B P, RAVAL S, CULLEN P J. UAV-hyperspectral imaging of spectrally complex environments [J]. International Journal of Remote Sensing, 2020, 41(11): 4136 - 4159.

[2] GOVENDER M, CHETTY K, BULCOCK H. A review of hyperspectral remote sensing and its application in vegetation and water resource studies [J]. Water SA, 2009, 33(2): 145 - 151.

[3] MCMANAMON P F. Dual use opportunities for EO sensors-how to afford military sensing[C]//15th Annual AESS/IEEE Dayton Section Symposium. Sensing the World: Analog Sensors and Systems Across the Spectrum (Cat. No. 98EX178). May 14 - 15, 1998, Fairborn, OH, USA. IEEE, 2002: 49 - 52.

[4] HAM J, CHEN Y C, CRAWFORD M M, et al. Investigation of the random forest framework for classification of hyperspectral data [J]. IEEE Transactions on Geoscience and Remote Sensing, 2005, 43(3): 492 - 501.

[5] LI J, BIOUCAS-DIAS J M, PLAZA A. Semisupervised hyperspectral image classification using soft sparse multinomial logistic regression[J]. IEEE Geoscience and Remote Sensing Letters, 2013, 10(2): 318 - 322.

[6] KUO B C, HO H H, LI C H, et al. A kernel-based feature selection method for SVM with RBF kernel for hyperspectral image classification[J]. IEEE Journal of Selected Topics in Applied Earth Observations and Remote Sensing, 2014, 7(1): 317 - 326.

[7] IMANI M, GHASSEMIAN H. Principal component discriminant analysis for feature extraction and classification of hyperspectral images[C]//2014 Iranian Conference on Intelligent Systems (ICIS). February 4 - 6, 2014, Bam, Iran. IEEE, 2014: 1 - 5.

[8] GAO H M, ZHANG Y Y, CHEN Z H, et al. A multiscale dual-branch

feature fusion and attention network for hyperspectral images classification [J]. IEEE Journal of Selected Topics in Applied Earth Observations and Remote Sensing, 2021, 14: 8180 - 8192.

[9] HONG D F, GAO L R, YAO J, et al. Graph convolutional networks for hyperspectral image classification[J]. IEEE Transactions on Geoscience and Remote Sensing, 2021, 59(7): 5966 - 5978.

[10] RASTI B, HONG D F, HANG R L, et al. Feature extraction for hyperspectral imagery: The evolution from shallow to deep: Overview and toolbox[J]. IEEE Geoscience and Remote Sensing Magazine, 2020, 8(4): 60 - 88.

[11] MAKANTASIS K, KARANTZALOS K, DOULAMIS A, et al. Deep supervised learning for hyperspectral data classification through convolutional neural networks[C]//2015 IEEE International Geoscience and Remote Sensing Symposium (IGARSS). July 26 - 31, 2015, Milan, Italy. IEEE, 2015: 4959 - 4962.

[12] HE M Y, LI B, CHEN H H. Multi-scale 3D deep convolutional neural network for hyperspectral image classification[C]//2017 IEEE International Conference on Image Processing (ICIP). September 17 - 20, 2017, Beijing, China. IEEE, 2018: 3904 - 3908.

[13] ZHONG Z L, LI J, LUO Z M, et al. Spectral-spatial residual network for hyperspectral image classification: A 3-D deep learning framework[J]. IEEE Transactions on Geoscience and Remote Sensing, 2018, 56(2): 847 - 858.

[14] ROY S K, KRISHNA G, DUBEY S R, et al. HybridSN: Exploring 3-D-2-D CNN feature hierarchy for hyperspectral image classification[J]. IEEE Geoscience and Remote Sensing Letters, 2020, 17(2): 277 - 281.

[15] ITTI L, KOCH C, NIEBUR E. A model of saliency-based visual attention for rapid scene analysis[J]. IEEE Transactions on Pattern Analysis and Machine Intelligence, 1998, 20(11): 1254 - 1259.

[16] ITTI L, KOCH C. Computational modelling of visual attention[J]. Nature Reviews Neuroscience, 2001, 2(3): 194 - 203.

[17] HU J, SHEN L, SUN G. Squeeze-and-excitation networks[C]//2018 IEEE/CVF Conference on Computer Vision and Pattern Recognition. June 18 - 23, 2018, Salt Lake City, UT, USA. IEEE, 2018: 7132 - 7141.

[18] CHEN L, ZHANG H W, XIAO J, et al. SCA-CNN: Spatial and channel-wise attention in convolutional networks for image captioning[C]//2017

IEEE Conference on Computer Vision and Pattern Recognition (CVPR). July 21 - 26, 2017, Honolulu, HI, USA. IEEE, 2017: 6298 - 6306.

[19] BA J L, KIROS J R, HINTON G E. Layer normalization[EB/OL]. [2022-12-23]. arXiv2016: 1607.06450. https://arxiv.org/abs/1607.06450.pdf

[20] WOO S, PARK J, LEE J Y,et al. CBAM: Convolutional Block Attention Module[C]// Proceedings of the European Conference on Computer Vision (ECCV). September 8 - 14, 2018,Munich, Germany.

[21] HUANG G, LIU Z, VAN DER MAATEN L, et al. Densely connected convolutional networks[C]//2017 IEEE Conference on Computer Vision and Pattern Recognition (CVPR). July 21 - 26, 2017, Honolulu, HI, USA. IEEE, 2017: 2261 - 2269.

[22] DEBES C, MERENTITIS A, HEREMANS R, et al. Hyperspectral and LiDAR data fusion: Outcome of the 2013 GRSS data fusion contest[J]. IEEE Journal of Selected Topics in Applied Earth Observations and Remote Sensing, 2014, 7(6): 2405 - 2418.

[23] PAOLETTI M E, HAUT J M, FERNANDEZ-BELTRAN R, et al. Deep pyramidal residual networks for spectral-spatial hyperspectral image classification[J]. IEEE Transactions on Geoscience and Remote Sensing, 2019, 57(2): 740 - 754.

思考题

1. 3D 多分支融合模块和 2D 密集注意力模块的特点和作用是什么？分别对应于 HSI 分类过程中的哪些问题？

2. 如何验证密集连接注意力块的有效性？

3. MFFDAN 网络模型的框架结构是什么？具体如何用于 HSI 的分类？

第十一章

基于多目标粒子群优化算法和博弈论的
高光谱影像降维方法

　　高光谱遥感数据降维方法通常采用信息熵和类间可分性作为评价标准,但是,如果仅简单地使用信息熵或类间可分性作为评价标准,不可避免地会导致单目标问题。在这种情况下,选出的最佳波段组合可能并不利于后续分类精度的提高。因此,本章的方法基于波段间的相关性,综合了信息熵和类间可分性,并以此作为降维的评价标准。鉴于多目标粒子群优化算法易于实现且收敛速度快,考虑将该方法用于搜索最佳的波段组合。此外,因为使用信息熵和类间可分性搜索最佳波段组合时可能会出现冲突,因此在降维过程中引入博弈论来协调前述冲突。实验结果表明,与仅使用信息熵或 Bhattacharyya 距离作为评价标准的降维方法,以及通过加权将多个标准合而为一的方法相比,基于多目标粒子群优化算法和博弈论的高光谱遥感影像降维方法(PSO-GT)更容易达到全局最优,能够获得更好的波段组合,有利于分类精度的提高。

11.1　引言

　　随着高分辨率光学传感器的发展,获取由同一遥感场景的数百个不同光谱波段组成的高光谱遥感影像(HSI)成为可能。HSI 不同于一般的多光谱遥感影像,它能够表示地球表面的二维空间信息,并且增加了一维光谱信息。因此,整个 HSI 可以被看作一个"图像立方体"。随着波段数的增加,高光谱数据的数量级以几何级数增加。HSI 具有光谱分辨率高、波段数多、数据量大、信息冗余度高等特点[1-2],这对于 HSI 的存储、传输和处理都带来了很大的挑战。降维能够有效地减少 HSI 的数量,加速高光谱传感器数据的处理,并且同时从中提取出重要特征,因此在处理高光谱影像前先对其进行降维非常有必要,这有利于进一步推动高光谱传感器在蔬菜、农业、石油、地质、城市、土地利用、水资源、灾害等应用领域的发展[3]。降维方法分为特征提取方法和波段选择方法。波段选择方法就是通过减少一些不必要的波段来降低分类的计算成本,并且有效地避免 Hughes 现象[4-5]。而常用的特征提取方法则是通过线性或者非线性的变换对原始特征空间进行处理，将其投影到低维特征空间[6]。这些特征提取方法可以实现光谱波段的重组和优化，主要包括主成分分析[7-8]和独立成分分析[9]两类。但是投影完成后，原始波段的排列顺序以及波段之间的相关性均发生了变化，这不可避免地会破坏光谱的物理特性，导致光谱信息的丢失，并不利于分类精度的提高。

波段选择是最常用的高光谱影像降维方法，主要采用信息熵或类间可分性作为评价标准。Ge 等人[10]以互信息为评价标准，对波段进行聚类，并选择每个聚类中心的波段作为最佳波段组合；Liu 等人[11]利用 Kullback-Leibler 散度来表示信息，并提出了一种无监督的波段选择方法；Padma 等人[12]使用 Jeffries-Matusita(J-M)距离来选择最佳波段组合；Huang 等人[13]于 2012 年提出了一种基于粒子群优化和顺序搜索的高光谱波段选择方法。这些波段选择方法均采用单一的标准来搜索最佳的波段组合。例如以信息熵为评价标准时，选择信息熵较高的波段组合，但是选出的波段组合，其类别之间的统计距离却不一定最大，换言之，总的类间可分性可能并非最佳。类似地，当以类间可分性作为评价标准时，选出的波段组合的信息熵可能也不是最高的。无论以哪个单一指标作为评价标准，其他指标的优劣都会影响分类精度。Gurram 等人[14]提出了一种基于联盟博弈的波段选择方法，该方法将所有波段划分为若干个波段子集，并使用联盟博弈理论中的 Shapley 值法计算每个波段子集对分类的贡献。通过设置阈值，选择对分类贡献较大的波段子集参与分类，实现 HSI 的降维。但是，这种方法需要尽可能地遍历所有的波段子集，这又导致较高的计算复杂度。

考虑到基于单一评价标准的波段选择方法的片面性，学者们提出了基于多标准的波段选择方法，以下简称多标准波段选择法。Wang 等人[15]采用 J-M 距离和最佳指标因子作为评价标准，并使用加权法将这两种评价标准结合起来。Gao 等人[16]使用 Choquet 模糊积分结合信息熵、波段间的相关性和类间可分性来选择波段。多标准波段选择法其实是一个多目标优化问题，多个评价标准对应于多个待优化目标，波段选择旨在找到能够优化多个目标的波段组合。这些多标准波段选择方法的基本策略是将多目标转换为单目标，然后使用基于单目标的搜索算法确定最佳波段组合。

但是与单目标优化问题不同，多目标优化问题有一个显著的特点，它的各个子目标是相互冲突的，即一个子目标的改进可能会导致另一个子目标或其他子目标的性能下降。换言之，若想使得多个子目标同时达到最优是不可能的，只有通过协调和折中的方法对每个子目标进行尽可能的优化。Lee 等人[17-18]和 Zamaripa 等人[19]提出将博弈论(Game Theory, GT)与多目标优化问题相结合，并将 GT 应用于解决有约束的、多目标的以及不同目标函数的优化问题[20]。

针对上述问题,本章介绍的高光谱影像降维方法 PSO-GT 以波段间的相关性为约束,并使用 GT 优化信息熵和类间可分性这两个目标,结合多目标粒子群算法构建博弈模型,确定最佳波段组合。最后,通过实验验证该方法的有效性。

11.2 多目标 PSO 算法和 GT 在高光谱影像降维中的应用

本节简要介绍多目标优化问题、粒子群优化(Particle Swarm Optimization, PSO)算法和博弈论(Game Theory,GT)。给出基于 PSO 和 GT 的高光谱影像降维方法的多重评价标准函数,并详细描述该方法的实现步骤。

11.2.1 多目标优化问题

现实生活中,许多研究工作和工程问题都需要同时优化多个目标,但是这些目标常常是相互制约的。换言之,优化了一个目标,其他目标可能会受到影响,甚至恶化,因此很难同时优化多个目标。多目标优化问题的解通常是标准解,但存在一个折中解集,称之为 Pareto 最优集或非支配解集。多目标优化问题的一般表述如下:

假设多目标优化问题是一个最大化问题,由 N 个决策变量、m 个目标函数和 k 个约束组成,具体如式(11.1)所示。

$$\text{Maximize} \begin{cases} \boldsymbol{y} = F(\boldsymbol{x}) = (f_1(x), f_2(x), \cdots, f_m(x)) \\ e(\boldsymbol{x}) = (e_1(x), e_2(x), e_3(x), \cdots, e_k(x)) \leqslant 0 \\ \boldsymbol{x} = (x_1, x_2, x_3, \cdots, x_n) \in X \\ \boldsymbol{y} = (y_1, y_2, y_3, \cdots, y_m) \in Y \end{cases} \tag{11.1}$$

式中:$\boldsymbol{x}$ 是决策向量;$\boldsymbol{y}$ 是目标向量;X 是决策空间;Y 是目标空间;约束条件 $e(\boldsymbol{x})$ 是决策量的范围。

在早期的研究阶段,通常使用加权方法将多目标优化问题转化为单目标优化问题,并通过数学规划求解。但是目标函数和约束函数可能是非线性且不连续的,数学规划无法达到理想的结果。而智能搜索算法具有自组织、自适应和自学习的特点,不受问题性质的限制,可用于解决高维、动态、复杂的多目标优化问题。1967年,Rosenberg 提出使用智能搜索算法解决多目标优化问题,但未能实现。遗传算法(Genetic Algorithm,GA)诞生后,Schaffer 提出一种向量评价遗传算法,首次将智能搜索算法与多目标优化问题相结合。智能搜索算法现已发展成为多目标优化问题求解的主流算法,出现了许多经典算法,如 PSO 等。

11.2.2　PSO 算法

粒子群优化(PSO)算法概念简单、编程容易,并且仅需要调整少量的参数。已经有学者证实了多目标 PSO 算法在速度、收敛性和分布性三个方面优势明显[21-22]。

在 D 维搜索空间中,假设种群为 $X=(X_1,X_2,\cdots,X_n)$,随机初始化具有 n 个粒子的种群。当粒子在空间中以一定的速度飞行时,粒子 i 的位置状态特征设置为向量 $\boldsymbol{X}_i=(x_{i1},x_{i2},\cdots,x_{1D})^{\mathrm{T}}$。基于目标函数可以计算出每个粒子位置对应的适应度值。粒子 i 的速度向量为 $\boldsymbol{V}_i=(V_{i1},V_{i2},\cdots,V_{1D})^{\mathrm{T}}$,个体最优位置向量为 $\boldsymbol{P}_i=(P_{i1},P_{i2},\cdots,P_{1D})^{\mathrm{T}}$。同时,种群的另一个重要属性是群极值。群极值位置向量为 $\boldsymbol{P}_g=(P_{g1},P_{g2},\cdots,P_{gD})^{\mathrm{T}}$。

每个粒子通过迭代式(11.2)、式(11.3)更新其速度和位置:

$$V_{id}^{k+1}=\omega V_{id}^k+c_1 r_1(P_{id}^k-X_{id}^k)+c_2 r_2(P_{gd}^k-X_{id}^k) \tag{11.2}$$

$$X_{id}^{k+1}=X_{id}^k+V_{id}^{k+1} \tag{11.3}$$

式中:ω 是惯性权重;$d=1,2,\cdots,D$;$i=1,2,\cdots,n$;k 是当前迭代的次数;V_{id} 是粒子飞行的速度;c_1 和 c_2 是非负常数,也称为加速度因子;r_1 和 r_2 是(0,1)区间中的随机数。粒子通常被限制在一定的范围内,其中 $X_{id}^k\in[L_d,U_d]$,L_d 和 U_d 分别是搜索空间的下限和上限,$V_{id}^k\in[V_{\min,d},V_{\max,d}]$,$V_{\min,d},V_{\max,d}$ 分别是最小和最大速度。通常,这些速度被定义为 $V_{\min,d}=-V_{\max,d}$,$1\leqslant d\leqslant D$,$1\leqslant i\leqslant n$。

PSO 算法已经形成了具体的理论和实验体系,并且得到许多科学家的验证。因此,PSO 算法具有标准的流程图和步骤。随着研究的深入,该流程图亦被广泛认可。标准 PSO 算法[23]的具体步骤如下:

初始化粒子群,并自定义粒子的初始速度和位置。

(1) 根据适应度函数,确定初始化后每个粒子的适应度函数值。

(2) 比较每个粒子在新旧位置上的适应度值,将适应度高的位置确定为粒子的最佳位置。如果粒子在新位置的适应度值更好,则粒子 i 的最佳位置 P_{id} 替换为新位置。如果新位置的适应度值不如原位置,则最佳位置 P_{id} 保持不变。

(3) 将每个粒子的适应度值与其他粒子进行比较,确定粒子的最佳位置。如果新的位置较好,即新粒子的适应度值最优,则新粒子的位置变为 P_{gd}。如果粒子在原先的全局最佳位置 P_{gd} 的适应度值更好,则 P_{gd} 仍为全局最佳位置。

(4) 根据式(11.2)和式(11.3),更新每个粒子的速度和位置。

(5) 如果不满足终止条件,则返回步骤2。否则,终止本算法。

标准 PSO 算法的流程图如图 11-1 所示:

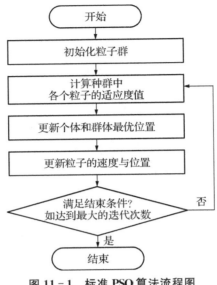

图 11-1 标准 PSO 算法流程图

11.2.3 博弈论

GT 提出两个或两个以上的人在平等的博弈过程中,根据他人选择的策略来改变自己的对策,最终达到取胜或者使得自己利益最大化的目标[24-25]。基本的博弈模型由参与者、策略集和效用函数这三个基本的要素组成,它们的定义具体如下:

(1) 参与者:参与者也称作董事会成员,是博弈的决策者。参与者在博弈过程中合理地选择自己的行为,以实现自身利益的最大化。设 $P=\{1,2,3,\cdots,n\}$ 代表参与博弈的 n 个决策者。

(2) 策略集:策略集规定了参与者应对其他参与者的行动计划。s_p 用于表示参与者 p 的特定策略,$S_p=\{s_p\}$ 用于表示参与者 p 的所有可能策略。如果 n 个参与者选择一种策略,则形成 n 维向量 $S=(s_1,s_2,s_3,\ldots,s_n)$。向量是一种策略组合,其中 s_p 代表参与者 p 选择的策略。

(3) 效用函数。效用函数是参与者选择特定的策略组合 S 博弈后获得的收益,它可以为参与者继续参与博弈提供更加理性的决策依据。u_p 用于表示参与者 p 的效用函数。在 n 个参与者的行为影响下,参与者 p 的最终收益为 $u_p=u_p(s_1, s_2,s_3,\cdots,s_n)$,而 $U=(u_1,u_2,u_3,\cdots,u_n)$ 表示 n 个参与者在一场博弈中的收益。

GT 的最终目标是通过让很多人开始博弈,达到利益平衡的状态。在高光谱影像的降维过程中,信息熵和类间可分性是评价波段选择效果的常用指标。换言之,就是不断优化这两个评价标准以达到最佳的降维效果。然而，事实上这两个评价标准不可能同时达到最优。因此，我们需要通过 GT 来平衡这些评价标准。PSO-GT 方法将结合多个评价标准的降维方法看作一个多目标优化问题，而多目标优化过程中存在利益冲突。因此，研究过程中引入 GT 协调多个目标之间的利益关系，使之达到平衡状态，并找出使得信息熵和类间可分性综合最佳的波段组合。

11.2.4　评价标准

本章的工作选取信息熵和 B 距离作为评价标准

1）波段间的信息熵

根据 Shannon 理论[26]，熵可以用来表示信息量，反映图像中平均信息的丰富程度。对于 HSI，假设其数据被量化为 L 比特，则第 i 波段图像的熵值推导如下：

$$E(i) = -\sum_{i=0}^{2^L-1} P_i(r)\log_2 P_i(r) \tag{11.4}$$

式中：$E(i)$ 表示第 i 个波段的熵，$i=1,2,\cdots,l$；l 是图像中的波段总数；r 表示像素的灰度值；$P_i(r)$ 表示第 i 个波段的灰度值为 r 的概率。熵越大，信息越多。通过计算高光谱图像的熵值，能够选出信息熵最大的波段组合。

2）类间的 B 距离

B 距离[27] 表示两个类别之间的可分性。B 距离越大，两个类别之间的可分性越强。B 距离可以同时考虑两个统计变量，具体表示如下：

$$B_{ij} = \frac{1}{8}(\boldsymbol{\mu}_i - \boldsymbol{\mu}_j)^{\mathrm{T}}\left(\frac{\sum i + \sum j}{2}\right)^{-1}(\boldsymbol{\mu}_i - \boldsymbol{\mu}_j) + \frac{1}{2}\ln\left[\frac{\left|\dfrac{\sum i + \sum j}{2}\right|}{(|\sum i||\sum j|)^{\frac{1}{2}}}\right] \tag{11.5}$$

式中：$\boldsymbol{\mu}_i$ 和 $\boldsymbol{\mu}_j$ 是指定样本中两个对应区域的光谱平均值；$\sum i$ 和 $\sum j$ 是对应区域的频谱协方差。

11.2.5　降维步骤

从结合多个评价标准的角度出发，由于多目标优化过程中存在冲突，同时优化多个目标非常困难，因此考虑将降维问题看作一个多目标优化问题。引入 GT 协调多个目标之间的关系，使得目标组合尽可能最优。算法步骤具体如下：

1）子空间划分

高光谱影像数据最重要的特征是大量的光谱波段以及相邻波段之间的高相关性和冗余性。降维处理时从所有的波段中选取出一些波段，必然会丢失一些关键的局部特征,因此选出的波段组合并不一定有利于分类精度的提高。解决这类问题的基本思想是将所有的波段划分为若干个子空间,并且进行波段选择。目前许多子空间划分方法已被广泛应用于高光谱影像的降维过程,本章采用基于相关滤波的自适应子空间分解(Adaptive Subspace Decomposition,ASD)方法[28],按照式(11.6)计算两个波段之间的相关系数 $R_{i,j}$:

$$R_{i,j} = \frac{E\left[(x_i - \mu_i)(x_j - \mu_j)\right]}{\sqrt{E\left[(x_i - \mu_i)^2\right]}\sqrt{E\left[(x_j - \mu_j)^2\right]}} \tag{11.6}$$

式中:i 和 j 分别表示第 i 个和第 j 个波段,$R_{i,j}$ 的取值范围为 $-1 \leqslant R_{i,j} \leqslant 1$,相关系数的绝对值越大,则波段间的相关性越强。相关系数越接近于 0,则相关性越弱。而 μ_i 和 μ_j 分别为 x_i 和 x_j 的平均值,$E(\cdot)$ 表示括号内函数的数学期望。根据式(11.6)得出的相关系数矩阵 **R**,设置相应的阈值 T,将满足 $R_{i,j} \geqslant T$ 的连续波段组合成新的子空间。通过调整 T,自适应地改变子空间的数量和每个子空间中的波段数量。随着 T 的增加,每个空间中的波段数量减少,而子空间数量增加。高光谱影像波段间的相关性具有分区特征,相关系数矩阵 **R** 可以定量地反映这种块特征,从而根据块特征将相关性强的连续波段划分到一个子空间中。然后,在每个子空间中选择波段,形成波段组合,减少波段间的相关性。

2)粒子群的初始化

每个粒子由高光谱影像的波段组合、惯性权重 ω 和加速因子 C 组成。初始化种群时,随机生成前述粒子的三个组成部分,并且定义粒子的初始速度和位置。根据计算的复杂程度合理设置初始种群的规模,保证初始种群包含更多可能的解。假设种群中的个体总数为 m,按照步骤1)中的子空间划分方法将其划分为 N 个子空间。然后,在每个子空间中随机选取 M 个波段,将 $N \times M$ 个波段的波段组合作为种群中的个体。这样,在子空间划分的约束下,可以随机初始化 m 个个体。

3)创建最佳解集

比较种群中粒子的适应度值,检测出符合条件的粒子,并将符合条件的粒子放入非劣解集中。在解决多目标优化问题时,最重要的是求解非劣解和非劣解集。所谓非劣解,就是在多目标优化问题的可能范围中存在一个问题的解,使得其他可能的解不比该解差。那么,这个解就叫做非劣解,所有非劣解的集合就是非劣解集。在降维过程中,信息熵大,并且选出的类 a 和 b 之间的 B 距离大的波段组合也是非劣解,被放入非劣解集中。非劣解集中的解是个体历史的最优位置。在第 0 代中,从个体历史最优位置中选出一个全局最优位置。

建立最佳解集。最佳解集初始化为空集,在算法开始时,将第 0 代提取出的解存储在最佳解集中。采用文献[29]中提出的非优势解排序法计算出新种群的非劣解等级。非劣且等级高的波段组合即为最佳波段组合,被加入最佳解集,最佳解集用于保留这些最佳解的波段组合。然后,在算法迭代过程中,将这些最佳解的波段组合加入算法种群,参与迭代搜索。最佳波段组合与算法种群在后续迭代中的竞争有利于产生下一代种群并维持种群优秀。

4) 博弈决策

文献[30]提出了一种克隆选择算法解决基于偏好的多目标优化问题。受该算法的启发,本章的 PSO-GT 方法构建了一个基于目标偏好的有限重复博弈模型。信息熵和 B 距离被看作博弈的参与者,这两个参与者在算法的迭代过程中进行有限的重复博弈。由于博弈重复多次,理性的参与者在当前的博弈阶段选择策略行动时,需要权衡眼前利益和长远利益。参与者可能会为了实现长远利益而放弃眼前的利益,那么,在当前的博弈中不一定选择能够使得利益最大化的策略。因此,在博弈过程中,参与者之间存在着合作与对抗。根据前一阶段的收益,决定在后续阶段的博弈中选择合作还是对抗。具体的博弈模型如下:

整个种群的信息熵与 B 距离的适应度值分别表示为 $(E_1(t),E_2(t),\cdots,E_m(t))$ 和 $(B_1(t),B_2(t),\cdots,B_m(t))$ 分别。在 T 的后续迭代中,适应度矩阵 $\mathbf{FITS}(t)$ 可以表示为式(11.7):

$$\mathbf{FITS}(t)=\begin{bmatrix} E_1(t),E_2(t),\cdots,E_m(t) \\ B_1(t),B_2(t),\cdots,B_m(t) \end{bmatrix} \tag{11.7}$$

式中:m 是种群中个体的总数。接下来建立效用矩阵用于表示策略中每个参与者的收益。效用矩阵 $\mathbf{U}(t)$ 表示如下:

$$\mathbf{U}(t)=\begin{bmatrix} u_{11}(t),u_{12}(t) \\ u_{21}(t),u_{22}(t) \end{bmatrix} \tag{11.8}$$

式中:$u_{pq}(t)$ 表示参与者 p 给参与者 q 带来的收益。每个参与者的最终目标都是实现利益最大化,降维的最大好处就是确定信息熵或 B 距离最大的波段组合。

在博弈开始时,参与者拟按一些策略行动,并期望博弈的最终结果能够使得自己的利益最大化。如果前一阶段的行动策略使得收益增加,则后续阶段尽可能选择奖励策略。否则,选择惩罚策略。因此,定义了策略集 $S=\{s_1,s_2\}$。两个参与者共享一个策略集,其中 s_1 表示奖励,s_2 表示惩罚。奖励选择的概率矩阵 $\mathbf{PRI}(t)$ 具体设置如下:

$$\mathbf{PRI}(t)=\begin{bmatrix} P_{11}(t),P_{12}(t) \\ P_{21}(t),P_{22}(t) \end{bmatrix} \tag{11.9}$$

式中:$P_{pq}(t)$ 表示参与者 p 选择参与者 q 的奖励策略的概率值,则选择惩罚策略的概率值为 $1-P_{pq}(t)$。参与者 q 可以根据自己的实际收益,将参与者 p 选择奖励策略的概率矩阵的值调整为 $P_{pq}(t)$。如果 $u_{pq}(t)-\dfrac{1}{2}\sum\limits_{p=1}^{2}u_{pq}(t)>0$,表示参与者

p 采用的行动策略最终增加了参与者 q 的收益,则 q 调整 $\boldsymbol{PRI}(t)$ 矩阵,并且增加 p 选择奖励策略的概率 $P_{pq}(t)$。反之,参与者 q 减少 $P_{pq}(t)$。

　　基于前面给出的定义,构建偏好度权重矩阵 $w(t)$,反映参与者采取的策略行动,具体表示如式(11.10)所示:

$$w(t) = \begin{bmatrix} w_{11}(t), w_{12}(t) \\ w_{21}(t), w_{22}(t) \end{bmatrix} \tag{11.10}$$

式中:$w_{pq}(t)$ 表示参与者 p 对参与者 q 的偏好程度。如果参与者 p 选择了参与者 q 的奖励策略,则 $w_{pq}(t)$ 的值增加;否则,$w_{pq}(t)$ 的值减少。考虑到信息熵和 B 距离也可能不同,采用归一化方法将每个目标的适应度值回归到 $[0,1]$ 区间,防止小的数值信息被大的数值信息淹没。因此,将个体 k 的多目标适应度函数值映射到参与者 i 上,并将该适应度函数表示为 $F_k^i(t)$,具体如式(11.11)所示:

$$F_k^i(t) = w_{i1} E'_k(t) + w_{i2} B'_k(t) \tag{11.11}$$

式中:$E'_k(t)$ 和 $B'_k(t)$ 分别表示经归一化处理的信息熵和 B 距离。在两个参与者完成博弈后,利用其适应度函数值的映射来实施多目标 PSO 的后续迭代过程。

　　5) 多目标 PSO 的迭代

　　根据式(11.2),计算群体中粒子的速度,粒子的速度受全局和个体最优粒子的影响。其中,全局最优粒子是从非劣解集中随机选择的粒子。更新粒子速度后,观察到粒子的新速度超过了速度限制。因此,速度根据式(11.2)变化。根据式(11.2)更新粒子在种群中的位置,在更新过程中,我们判断新的位置是否超出其所在波段组的范围,计算粒子移动到边界的速度。此外,重新排列粒子的速度和方向,改变粒子的运动方向,降低粒子的速度,使得粒子向相反的方向运动。在线路搜索过程中,更新种群的个体历史最优位置和群体历史位置。更新过程包括如下两个步骤:首先,将新的非劣解集与旧的非劣解集相结合。然后,将新的非劣解从新生成的非劣解集中删除,并选择新生成的非劣解集合。如果该集合是最优解,则计算该集合的非劣效水平,并将其添加到最优解集中。

　　6) 检查终止条件

　　检查是否满足终止条件,例如是否达到最大迭代次数。如果满足终止条件,则终止运行并输出外部集合中的非支配波段组合解。本章介绍的基于多目标 PSO 和 GT 的高光谱影像降维方法的流程如图 11-2 所示。

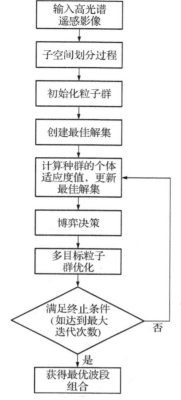

图 11 - 2　PSO-GT 降维方法流程图

11.3　实验与结果

本节使用两幅高光谱影像验证前述降维方法的有效性,实验程序用 MATLAB (R2009b)实现,支持向量机(SVM)分类器采用台湾大学林智仁教授开发的 LIBSVM 工具箱,下载网址为 http://www.csie.ntu.edu.tw/~cjlin/libsvm/。本节介绍实验数据的细节,并给出子空间分解和实验结果。

11.3.1　实验数据

第一幅图像是 AVIRIS(机载可见光红外成像光谱仪)传感器于 1992 年 6 月在美国印第安纳州西北部的遥感实验区捕获的。AVIRIS 传感器于 1986 年首次飞行(首次机载图像),1987 年获得第一份科学数据。采集了波长为 400~2500 nm 光谱范围内的上行的光谱辐亮度信息,并进行辐亮度矫正,最终生成具有 224 个连续光谱波段的高光谱影像,光谱分辨率为 10 nm,空间分辨率为 20 m。原始波段中去除了水汽噪声等污染波段(波段 1~4、78、80~86、103~110、149~165、217~224),剩下的 179 个波段用于实验。图 11－3 显示了由波段 89、5 和 120 合成的假彩色图像以及地面真值的标记地图。使用七类地面真值进行分类实验。在每个类中,25% 的样本用作训练集,75% 的样本用作测试集。表 11－1 显示了 AVIRIS 数据集的详细信息。

　第二幅图像是由 HYDICE(高光谱数字图像收集实验)在华盛顿特区购物中心拍摄的。它包含 307 像素×1280 像素和 191 个波段,波长范围为 400~2400 nm。图 11－4 显示了由波段 63、27 和 17 合成的假彩色图像以及该影像的地面真值图。HYDICE 的空间分辨率很高,可以达到 1 m 左右。因此,一些地物可以通过图 11－4(a)中的视觉测量来区分。该数据集共有七个类别。表 11－2 显示了 HYDICE 数据集中的训练样本和测试样本的数量。可以看出,训练样本数与测试样本数的比例为 1:3。

（a）波段 89、5 和 120 合成的假彩色图像　　　（b）标记地图

图 11－3　AVIRIS 数据集:合成假彩色图像和地面真值的标记地图

表 11－1　AVIRIS 数据集:训练集和测试集样本数量

类别	名称	训练集/个	测试集/个
C1	Corn-notill	239	717
C2	Corn-mintill	139	417
C3	Grass-trees	124	373
C4	Soybean-notill	161	484
C5	Soybean-mintill	411	1234
C6	Soybean-clean	102	307
C7	Woods	216	647
合计		1392	4179

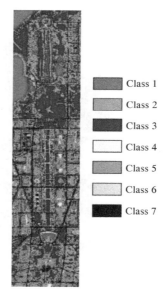

Class 1
Class 2
Class 3
Class 4
Class 5
Class 6
Class 7

(a) 波段 63、27 和 17 合成的假彩色图像　　　　(b) 标记地图

图 11-4　HYDICE 数据集:合成的假彩色图像和地面真值的标记地图

表 11-2　HYDICE 数据集:训练集和测试集样本数量

类别	名称	训练集/个	测试集/个
C1	Water	306	918
C2	Trees	101	304
C3	Grass	482	1446
C4	Path	44	131
C5	Roofs	959	2875
C6	Street	104	312
C7	Shadow	24	73
合计		2020	6059

11.3.2　子空间分解

采用基于相关滤波的 ASD 方法,获取各波段之间的相关系数。AVIRIS 数据集的相关系数矩阵灰度图如图 11-5 所示,其中横坐标和纵坐标表示 HSI 的波段号。图 11-5 中,点越亮,则相关系数越高,最亮的点表示相关系数为 1,矩阵对角线中各点的相关系数均为 1。从相关系数矩阵可以看出,高光谱影像具有明显的块特征。因此,基于带间相关性的子空间分解可以合理地将波段分组。子空间的

后续处理也可以有效地提高高光谱数据的处理速度，进而提高降维和分类的效率。

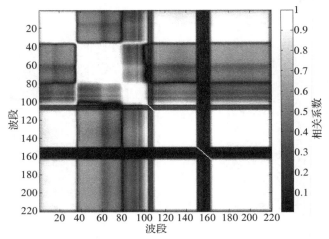

图 11－5　AVIRIS 数据集：相关系数矩阵灰度图

　　实验过程中设置子空间的数量为 5，使得高光谱影像的分组特征更加明显。每个子空间中包含的波段集合如表 11－3 所示。

表 11－3　子空间分解的波段数及具体波段

子空间	1	2	3	4	5
波段	5～35	36～76	77,79,87～97	98～102	111～148,166～216
波段数量	31	41	13	5	89

11.3.3　分类精度评价

　　本节使用误差矩阵评估分类精度。表 11－4 展现了一个典型的误差矩阵，用于评估 k 个类别的分类精度。误差矩阵是 $k \times k$ 的方阵，假设 $x_{i,j}$ 是第 i 行第 j 列的观测点数量，x_{i+} 和 x_{+j} 分别表示第 i 行和第 j 列的观测点数量总和，N 是测试样本的总数。

　　矩阵主对角线上的元素 $x_{i,i}$ 表示正确分类的像素数，对角线以外的元素是误分类的样本数量。根据误差矩阵，能够得出衡量分类精度的评价指标。这些指标包括生产者精度（Producer's Accuracy，PA）、用户精度（User's Accuracy，UA）和总体精度（Overall Accuracy，OA）。

表 11 - 4　误差矩阵

地面真值参考信息每行总数							每行总数
	类别	1	2	3	...	k	
分类结果	1	$x_{1,1}$	$x_{1,2}$	$x_{1,3}$	...	$x_{1,k}$	x_{1+}
	2	$x_{2,1}$	$x_{2,2}$	$x_{2,3}$	...	$x_{2,k}$	x_{2+}
	3	$x_{3,1}$	$x_{3,2}$	$x_{3,3}$	...	$x_{3,k}$	x_{3+}
	⋮	⋮	⋮	⋮	⋮	⋮	⋮
	k	$x_{k,1}$	$x_{k,2}$	$x_{k,3}$	...	$x_{k,k}$	x_{k+}
每列总数		x_{+1}	x_{-2}	x_{+3}	...	x_{+k}	N

PA 是指正确分类到某类的像素数量与实际属于该类的像素总数的比值,表示为式(11.12):

$$PA_i = \frac{x_{i,j}}{x_{+i}}$$ (11.12)

UA 是指正确分类到某类的像素数量与分类为该类的像素总数的比值,可以表示为式(11.13):

$$UA_i = \frac{x_{i,j}}{x_{i+}}$$ (11.13)

OA 是指正确分类的像素数量与所有标记像素总数的比值。可以推导如式(11.14)所示:

$$OA = \frac{x_{i,j}}{x_{+i}}$$ (11.14)

11.3.4　降维与分类实验

本章介绍的高光谱影像降维方法 PSO-GT 方法在实验过程中考虑了三个基本的评价标准,即带间相关性、信息熵和类间可分性。设计了 A、B、C、D 四组对比实验来验证该方法的有效性。A 组采用文献[31]中的降维方法,使用信息熵作为评价标准;B 组采用的降维方法[24]以 Bhattacharyya 距离为评价标准;C 组通过加权将信息熵和类间可分性转化为单个评价指标;而 D 组采用本章的方法。最后使用 SVM[13] 分类器进行分类,验证降维效果。PSO-GT 方法的参数设置具体如下:粒子维为 5,种群数为 50,加速度因子 C_1 和 C_2 均为 0.8,最大迭代次数为 1000,权重范围为 0.1～1.2,根据式(11.15)调整:

$$w = w_{max} - \frac{w_{max} - w_{min}}{i_{max}} \times i$$ (11.15)

式中：i 是当前迭代的次数；$i_{\max}$ 是最大迭代次数。每个粒子表示一个波段组合，初始种群中的粒子是从波段组合中随机生成的，粒子的初始速度为 0。

SVM 分类器的参数具体设置如下：SVM 选择径向基函数（Radial Basis Function，RBF）作为核函数，并选取惩罚参数 c 和核参数 γ。经过半交叉验证后，$c=16$，$\gamma=2.2974$。

多目标优化问题通常有多个最优解集。因此，从四组实验结果中，提取出五种最佳的波段组合并且进行比较。表 11-5～表 11-8 列出了各组实验结果的详细信息。

表 11-5 A 组实验结果

组别	波段组合	信息熵	精度/%
A	(25,37,42,89,133)	12.054 4	80.129 2
	(25,37,38,88,120)	12.052 3	77.760 5
	(27,37,41,90,124)	12.038 5	78.263 0
	(24,37,38,90,125)	12.036 3	77.832 3
	(21,37,38,88,123)	12.019 2	78.669 7

表 11-6 B 组实验结果

组别	波段组合	信息熵	精度/%
B	(29,37,72,98,137)	194.458 8	80.906 8
	(28,37,69,99,139)	193.728 5	80.894 8
	(30,37,72,98,141)	193.036 7	80.799 1
	(29,37,69,98,134)	192.822 1	81.265 7
	(30,37,73,96,138)	192.760 7	80.416 3

表 11-7 C 组实验结果

组别	波段组合	信息熵	B 距离	精度/%
C	(29,37,72,97,139)	11.806 9	194.625 4	80.763 2
	(30,37,55,97,136)	11.778 5	194.206 7	80.703 4
	(29,37,74,99,137)	11.785 8	194.066 1	80.954 7
	(28,37,70,96,136)	11.726 9	193.324 5	81.146 1
	(27,37,57,98,140)	11.855 9	193.016 0	80.583 8

表 11 - 8　D 组实验结果

组别	波段组合	信息熵	B 距离	精度/%
D	(25,37,65,96,135)	11.702 5	185.939 6	81.253 7
	(30,37,73,98,132)	11.774 0	191.040 3	81.134 1
	(20,37,70,98,123)	11.676 6	184.174 0	81.014 5
	(31,37,71,97,136)	11.815 8	192.182 6	81.002 5
	(30,37,52,97,133)	11.873 2	188.768 5	80.751 3

从表 11 - 5 中的数据可以看出,第一个波段组合的精度明显高于其余的波段组合。值得注意的是,表 11 - 5 中的所有波段组合都是 A 组的最佳波段组合。换言之,只有一个波段组合非常接近于全局最优解。此外,剩余的波段组合仅达到局部最优。同样,从表 11 - 6 和表 11 - 7 的数据也可以得出相同的结论。因此,A、B、C 组中使用的这些方法都很容易陷入局部最优。然而,表 11 - 8 中显示的精度非常接近,并且有四个波段组合的精度都超过了 81%,非常接近于全局最优值。总的来说,表 11 - 8 的精度高于表 11 - 5 和表 11 - 6。综上所述,与基于单一评价标准的方法和基于多重评价标准的方法相比,本章的方法更容易实现全局最优,适应性更好,可以为高光谱传感器数据分类提供更高的精度,但尚未结合 GT。

图 11 - 6 展现了 D 组的博弈过程,图 11 - 6(a)是最优个体信息熵的变化,图 11 - 6(b)显示了最优个体的 B 距离的变化。以图 11 - 6(a)为例,在博弈初期,参与者 E(信息熵)观察到参与者 B(B 距离)检测到的最优个体的信息熵往往略大于自己发现的信息熵,这一发现表明参与者 B 可以帮助参与者 E 识别信息熵更大的个体。因此,在接下来的博弈中,参与者 E 对参与者 B 的偏好增强;换言之,参与者 E 选择奖励策略以确保参与者 B 识别出信息熵更大的个体,奖励选择概率矩阵 $\boldsymbol{PRI}(t)$ 中选择奖励策略的概率值 $P_{pq}(t)$ 也随之增加。因此,权重矩阵 $w(t)$ 中的偏好度 $w_{pq}(t)$ 的值增加。反之,当参与者 E 发现参与者 B 检测到的最优个体的信息熵往往略小于自己在博弈过程中发现的信息熵时,在保持原有偏好的情况下,参与者 E 所识别的最优个体的熵值受参与者 B 的影响减小。这一发现表明,此时参与者 B 不仅无法帮助参与者 E 识别出熵值更好的个体,反而"阻碍"参与者 E 寻找最优个体。那么,在接下来的博弈中,参与者 E 削弱了对参与者 B 的偏好,即降低奖励选择概率矩阵 $\boldsymbol{PRI}(t)$ 中选择奖励策略的概率值 $P_{pq}(t)$。因此,权重矩阵 $w(t)$ 中的偏好度 $w_{pq}(t)$ 的值减小,以克服参与者 B 对寻找最优个体的"阻碍",尽可能在现有条件下识别出具有良好信息熵的信息。另外,参与者 B 还需要一个能够让 B 距离更优的个体。此时,两个参与者都认为自己采取的策略是最优的,从而达到平衡状态。

图 11 - 7 显示了 A、B、C、D 四组中分类精度最高的波段组合所对应的分类结

果。我们观察发现,图 11 - 7(a)、(b)中错误分类的像素点比图 11 - 7(c)、(d)中的多。这表明单一评价标准下的分类效果不如综合多种评价标准下的分类效果。通过进一步的仔细观察,我们可以确定图(c)中错误分类的像素点略多于图(d)中的,并且图(c)的分类精度略差,这证明了 PSO-GT 方法的有效性和优越性。

实验结果表明,与未进行博弈的单准则或多准则得到的波段组合相比,本章的 PSO-GT 方法因为采用 GT 来协调信息熵和类间可分性这两个评价准则,因此得出的波段组合分类效果更好。为了进一步评估这种基于 PSO 和 GT 的高光谱影像降维方法的性能,将该方法与几种结合了现有的智能算法与 GT 的方法进行比较。对比方法包括基于 GA 和 GT 的方法(GA-GT)、基于模拟退火 GA 和 GT 的方法(SAGA-GT)以及基于差分进化算法和 GT 的方法(DE-GT)。表 11 - 9 和表 11 - 10 分别显示了最佳波段组合下两个数据集的实验结果。

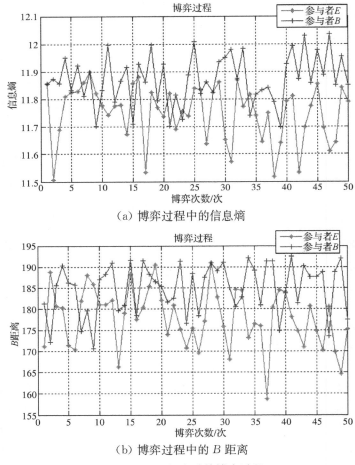

(a) 博弈过程中的信息熵

(b) 博弈过程中的 B 距离

图 11 - 6　D 组实验的博弈过程

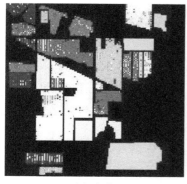
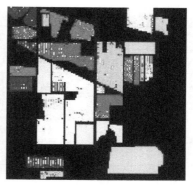

(a) A组　　　　　　　　　　　　　(b) B组

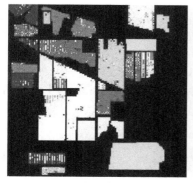
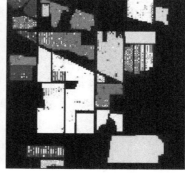

(c) C组　　　　　　　　　　　　　(d) D组

图 11-7　ARVIRS 数据集：A～D 组的分类结果图

表 11-9　AVIRIS 数据集上不同方法的分类结果

方法	GA-GT		SAGA-GT		DE-GT		PSO-GT	
类别	PA	UA	PA	UA	PA	UA	PA	UA
C1	0.808 2	0.378 7	0.794 1	0.388 6	0.793 3	0.387 4	0.790 7	0.790 7
C2	0.822 9	0.804 7	0.803 5	0.831 6	0.805 4	0.812 6	0.800 8	0.814 5
C3	0.814 1	0.841 2	0.795 1	0.825 2	0.803 4	0.809 7	0.857 3	0.834 4
C4	0.821 8	0.572 4	0.826 0	0.649 3	0.824 6	0.622 5	0.810 4	0.784 5
C5	0.778 4	0.871 3	0.803 4	0.854 3	0.804 7	0.841 3	0.806 5	0.800 1
C6	0.805 4	0.868 7	0.795 7	0.864 5	0.799 8	0.837 8	0.808 9	0.820 8
C7	0.825 5	0.604 1	0.810 5	0.749 2	0.802 5	0.848 6	0.835 8	0.839 1
OA	79.54%		80.08%		80.48%		81.25%	

表 11-10 HYDICE 数据集上不同方法的分类结果

方法	GA-GT		SAGA-GT		DE-GT		PSO-GT	
类别	PA	UA	PA	UA	PA	UA	PA	UA
C1	0.788 4	0.821 3	0.802 4	0.854 3	0.814 7	0.841 3	0.826 8	0.796 8
C2	0.805 4	0.804 7	0.802 7	0.834 5	0.807 8	0.832 8	0.818 7	0.813 8
C3	0.824 5	0.664 8	0.812 5	0.769 2	0.813 5	0.847 4	0.836 8	0.824 8
C4	0.827 8	0.801 7	0.812 5	0.823 6	0.813 2	0.801 6	0.813 5	0.802 5
C5	0.803 2	0.358 7	0.794 1	0.389 6	0.796 8	0.398 4	0.802 3	0.791 2
C6	0.814 8	0.582 4	0.823 6	0.688 9	0.832 8	0.623 8	0.813 6	0.783 9
C7	0.816 9	0.831 2	0.805 1	0.815 2	0.812 4	0.803 7	0.848 3	0.8214
OA	81.62%		82.05%		82.18%		83.46%	

如表 11-9 所示,实验过程中,PSO-GT 方法的 PA 和 UA 通常优于其他方法,即该方法产生的遗漏误差和调试误差较小。SAGA-GT 的 OA 仅比 GA-GT 高 0.54 个百分点。但是,从每个类的 PA 和 UA 来看,基于 SAGA-GT 的方法优于基于 GA-GT 方法。SAGA-GT 和 DE-GT 的 OA、PA 和 UA 接近,均低于 PSO-GT。类似地,表 11-10 的数据显示,与对比方法相比,PSO-GT 方法的分类性能更好。综上所述,本章介绍的方法是一种有效的高光谱影像降维方法。

为了更好地评估 PSO-GT 方法的性能,将 Li 等人[27]、Xu 等人[32] 和 Shen 等人[33] 的工作与该方法进行了比较。在文献[27]中,提出了一种基于粒子群动态优化和子群优化的波段选择方法,用于高光谱传感器数据的降维。根据多波段的特点以及这些波段间的强相关性,文献[32]的工作改进了用于高光谱传感器数据波段选择的 PSO 算法。表 11-11 展现了前述方法在两幅光谱影像上的 OA,训练集和测试集的划分与表 11-1 和表 11-2 相同。从表 11-11 可以看出,PSO-GT 方法的分类效果明显优于其他对比方法。

表 11-11 与其他方法分类效果(OA)的比较

数据集	PSO-GT	Li et al. [27]	Xu et al. [32]	Shen et al. [33]
AVIRIS 数据集	81.25%	79.16%	80.36%	79.58%
HYDICE 数据集	83.46%	80.28%	81.79%	81.02%

11.4　总结与讨论

本章采用的方法以波段间的相关性为约束,以信息熵和类间可分性为评价标准,将高光谱影像的降维看作一个多目标优化问题。通过 PSO-GT 方法,使用 PSO 算法搜索能够产生最优多目标的最佳波段组合,并且使用 GT 协调所有目标的利益。实验结果表明,与基于类间可分性或信息熵的降维方法,以及基于多评价标准但并未结合使用 GT 的方法相比,PSO-GT 方法可以搜索到更好的波段组合,有利于分类精度的提高。

本章阐述的降维方法还有进一步优化的空间,它可能受限于过多的评估标准导致的巨大的计算成本。如果考虑更多的评价标准,可以获得更好的结果。然而,更多的评估标准也增加了博弈过程的计算成本。此外,在博弈模型中,选择奖励策略的概率变化范围和偏好权重值都会影响对最佳波段组合的搜索。因此,可以在这方面进一步改进博弈模型。

参考文献

[1] SHAW G, MANOLAKIS D. Signal processing for hyperspectral image exploitation[J]. IEEE Signal Processing Magazine,2002,19(1):12-16.

[2] GAO H M, YANG Y, LEI S, et al. Multi-branch fusion network for hyperspectral image classification[J]. Knowledge-Based Systems,2019,167:11-25.

[3] TRANSON J, D'ANDRIMONT R, MAUGNARD A, et al. Survey of hyperspectral earth observation applications from space in the sentinel-2 context[J]. Remote Sensing,2018,10(3):157.

[4] HUGHES G. On the mean accuracy of statistical pattern recognizers[J]. IEEE Transactions on Information Theory,1968,14(1):55-63.

[5] GAO H M, YANG Y, LI C M, et al. Joint alternate small convolution and feature reuse for hyperspectral image classification[J]. ISPRS International Journal of Geo-Information,2018,7(9):349.

[6] GAO H. Research on dimension reduction and classification algorithms for hyperspectral remote sensing image[D]. Nanjing:HoHai University,2014.

[7] PU R. Wavelet transform applied to EO-1 hyperspectral data for forest LAI and crown closure mapping[J]. Remote Sensing of Environment,2004,91

(2): 212 - 224.

[8] MU C C, HUO L L, LIU Y, et al. Change detection for remote sensing images based on wavelet fusion and PCA-Kernel fuzzy clustering[J]. Acta Electronica Sinica, 2015, 43:1375 - 1381.

[9] ZHONG C. A fast algorithm of blind signal separation based on ICA[J]. Acta Electronica Sinica, 2004,32:669 - 672.

[10] GE L, WANG B,ZHANG L. Band Selection Based on Band Clustering for Hyperspectral Imagery [J]. Journal of Computer-Aided Design and Computer Graphics, 2012, 24:1447 - 1454.

[11] LIU X S, GE L A, WANG B, et al. An unsupervised band selection algorithm for hyperspectral imagery based on maximal information[J]. Journal of Infrared and Millimeter Waves, 2012, 31(2): 166 - 170.

[12] PADMA S, SANJEEVI S. Jeffries Matusita based mixed-measure for improved spectral matching in hyperspectral image analysis[J]. International Journal of Applied Earth Observation and Geoinformation, 2014, 32: 138 - 151.

[13] HUANG R, HE W Y. Hyperspectral band selection based on particle swarm optimization and sequential search[J]. Journal of Data Acquisition and Processing, 2012, 27: 469 - 473.

[14] GURRAM P, KWON H. Coalition game theory based feature subset selection for hyperspectral image classification[C]//2014 IEEE Geoscience and Remote Sensing Symposium. July 13 - 18, 2014, Quebec City, QC, Canada. IEEE, 2014: 3446 - 3449.

[15] WANG L G. Artificial physics optimization algorithm combined band selection for hyperspectral imagery[J]. Journal of Harbin Institute of Technology, 2013, 45: 100 - 106.

[16] GAO H M, XU L Z, LI C M, et al. A new feature selection method for hyperspectral image classification based on simulated annealing genetic algorithm and choquet fuzzy integral [J]. Mathematical Problems in Engineering, 2013, 2013: 1 - 13.

[17] LEE C S. Multi-objective game-theory models for conflict analysis in reservoir watershed management[J]. Chemosphere, 2012, 87(6): 608 - 613.

[18] LEE D, GONZALEZ L F, PERIAUX J, et al. Hybrid-Game Strategies for multi-objective design optimization in engineering[J]. Computers & Fluids, 2011, 47(1): 189 - 204.

[19] ZAMARRIPA M, AGUIRRE A, MéNDEZ C, et al. Integration of mathematical programming and game theory for supply chain planning optimization in multi-objective competitive scenarios[M]//Computer Aided Chemical Engineering. Amsterdam: Elsevier, 2012: 402 - 406.

[20] ZHOU Y. Research on Multi-objective production scheduling problem based on game theory[D]. Shanghai: East China University of Science and Technology, 2013.

[21] ZHAO Z. Experimental analysis of multi-objective particle swarm optimization [D]. Beijing: China University of Geosciences, 2012.

[22] XIE C, ZOU X, XIA, X, et al. A multi-objective particle swarm optimization Algorithm integrating multiply strategies[J]. Acta Electronica Sinica, 2015, 43: 1538 - 1544.

[23] ZHANG X. Research on the principle and application of multiobjective particle swarm optimization[D]. Baotou: Inner Mongolia University of Science and Technology, 2015.

[24] ZHANG W. Game Theory and Information Economics[M]. Shanghai : Shanghai People's Publishing House, 2004.

[25] JIA Y N. Dynamic resource allocation algorithm based on game theory in cognitive small cell networks[J]. Acta Electronica Sinica, 2015, 43: 1911 - 1917.

[26] YANG K M, LIU S W, WANG L W, et al. An algorithm of spectral minimum Shannon entropy on extracting endmember of hyperspectral image [J]. Spectroscopy and Spectral Analysis, 2014, 34(8): 2229 - 2233.

[27] LI C M, WANG Y, GAO H M, et al. Band selection for hyperspectral image classification based on improved particle swarm optimization algorithm[J]. Advanced Materials Research, 2014, 889/890: 1073 - 1077.

[28] ZHANG J P, ZHANG Y, ZOU B, et al. Fusion classification of hyperspectral image based on adaptive subspace decomposition [C]//Proceedings 2000 International Conference on Image Processing (Cat. No. 00CH37101). September 10 - 13, 2000, Vancouver, BC, Canada. IEEE, 2002: 472 - 475.

[29] CHEN B L, ZENG W H, LIN Y B, et al. A new local search-based multiobjective optimization algorithm [J]. IEEE Transactions on Evolutionary Computation, 2015, 19(1): 50 - 73.

[30] YANG D D, JIAO L C, GONG M G, et al. Clone selection algorithm to solve preference multi-objective optimization [J]. Journal of Software,

2010，21(1)：14 - 33.

[31] LUO Y，SHU N. Method of determining main bands of remote sensing images based on information quantity [J]. Urban Geotechnical Investigation and Surveying，2002(4)：28 - 32.

[32] XU M X，SHI J Q，CHEN W，et al. A band selection method for hyperspectral image based on particle swarm optimization algorithm with dynamic sub-swarms [J]. Journal of Signal Processing Systems，2018，90(8)：1269 - 1279.

[33] SHEN J，WANG C，WANG R，et al. A band selection method for hyperspectral image classification based on improved Particle Swarm Optimization[J]. Journal of Materials Engineering，2015，43：62 - 66.

思考题

1. 高光谱影像降维过程中，什么原因导致单目标问题的出现？

2. 什么是多目标优化问题？常用的求解方法有哪些？

3. 如何将多目标粒子群优化算法和博弈论用于高光谱影像的降维？描述具体的处理流程。

4. 针对高光谱影像的降维这一应用场景，可以考虑从哪些方面进一步改进博弈模型？

第十二章

基于 SReLU 的高分辨率遥感影像分割方法

本章首先介绍一种新的激活函数,即 S 型校正线性单元激活函数(S-type Rectified Linear Unit Activation Function,SReLU)。通过对神经网络模型中各种激活函数的优缺点的比较分析可知,SReLU 能够缓解神经网络模型的梯度分散,提高高分辨率遥感影像(High-resolution Remote Sensing Images,HRSI)的分割精度。随后基于该激活函数设计了一个多层感知器(Multi-Layer Perceptron,MLP),并引入主成分分析方法,在高分辨率遥感数据集上进行了分割实验。实验结果表明,此基于 SReLU 激活函数的多层感知器网络模型(SReLU-MLP)可以加速神经网络模型的收敛,有效地提高了 HRSI 分割的精度。

12.1 引言

目前,神经网络模型已广泛应用于 HRSI 分割[1-3]。通过在神经网络模型中引入激活函数并且非线性地组合加权输入,生成非线性决策边界,从而使得神经网络模型能够解决复杂的不可分离的线性问题。在 HRSI 分割过程中,激活函数是影响神经网络模型分割精度和收敛速度的重要因素。选择合适的激活函数不仅能够提高神经网络模型对于 HRSI 的分割精度,而且可以加速模型的收敛。否则,模型的分割精度和收敛速度都会显著降低。然而,大多数传统的非线性激活函数,例如 Sigmoid 和 Tanh 都存在过饱和和梯度色散等问题。在使用传统的激活函数训练网络的过程中,会丢失某些图像特征信息,从而严重地影响神经网络的训练效率。目前在神经网络模型中广泛使用的非饱和修正线性函数校正线性单元 ReLU 虽然在一定程度上提高了网络的训练效率,但是这种激活函数设置负轴神经元的输出为零,容易造成某些图像特征信息的丢失,不可避免地会降低网络的分割精度。

鉴于上述问题,本章介绍一种新颖的分段函数,使用非线性激活函数组合作为激活函数。基于此分段函数,构建一种多层感知器网络模型 SReLU-MLP 用于 HRSI 分割。该模型的主要贡献如下:

SReLU-MLP 模型结合了 ReLU 函数和 Softsign 函数各自的特点,采用一种

S 型 ReLU 激活函数 SReLU 用于 HRSI 分割。与 Softsign 函数相比,ReLU 函数在梯度不饱和度和正轴方向上的高计算速度方面具有优势,但 ReLU 函数在负轴方向上的强制稀疏处理不可避免地会丢失许多有价值的特征,从而导致模型学习效果不佳。此外,与 ReLU 函数相比,Softsign 函数在负轴方向上的曲线更加平坦,尤其是当输入值接近于 0 时,梯度非常大,这表明 Softsign 函数可以更好地解决梯度消失的问题。因此,一方面,Softsign 激活函数能够防止负轴上有价值的特征信息丢失。另一方面,Softsign 函数更平坦的曲线与更慢的下降导数表明采用该函数的模型可以更高效地学习。但在正轴方向上,使用 Softsign 激活函数的网络的收敛速度明显慢于使用 ReLU 函数的网络。SReLU 激活函数将前述 Softsign 函数和 ReLU 函数有机地结合在一起,不仅继承了这两个函数的优点,而且克服了它们的缺点,从而提高了 HRSI 分割的精度。

12.2 多层感知器

12.2.1 基本模型简介

感知器是一种神经网络概念,根据感知器的层数,感知器可以分为单层感知器和多层感知器[4]。就网络结构而言,单层感知器的结构非常简单,它仅由输入层和输出层组成。与单层感知器相比,多层感知器的结构更加复杂,至少具有三个网络层次。单层感知器由于结构简单,无法识别不可分离的线性数据,而多层感知器旨在克服单层感知器的缺点。多层感知器可以将多个输入数据映射到单个输出数据,从而解决许多复杂的线性不可分问题[5]。如图 12-1 所示,多层感知器由输入层、隐藏层和输出层三个网络层组成。

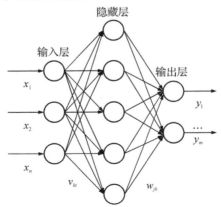

图 12-1　多层感知器的基本结构图

输入层通过输入神经元从外部,如遥感影像中获取图像信息,并将获得的数据发送到隐藏层。隐藏层位于输入层和输出层之间,与外界没有直接联系,通过隐藏层神经元将非线性激活函数处理后的数据传输到输出层。输出层的作用是将激活的数据,即网络输出的分割结果,通过输出神经元从网络传输到外界。输入层、隐藏层和输出层信号之间的逻辑关系具体如下[6]。

对于隐藏层中神经元的输出,

$$z_k = f_1 \Big(\sum_{i=1}^{n} v_{ki} x_i \Big) \quad (k=1,2,\cdots,q) \tag{12.1}$$

对于输出层中神经元的输出,

$$y_j = f_2 \Big(\sum_{k=1}^{q} w_{jk} z_k \Big) \quad (j=1,2,\cdots,m) \tag{12.2}$$

式(12.1)和式(12.2)中:n、q 和 m 分别是输入层、隐藏层和输出层中神经元的数量;v_{ki} 是输入层的第 i 个神经元和隐藏层的第 k 个神经元之间的权重;w_{jk} 是隐藏层的第 k 个神经元和输出层的第 j 个神经元之间的权重;f_1 和 f_2 分别是隐藏层和输出层的激活函数。

12.2.2　激活函数

1) S 型激活函数

在 MLP 神经网络中,Sigmoid 函数是最常用的激活函数,它是一个传统的 S 型非线性激活函数,将输入数据的输出值控制在 0 到 1 的范围内。如果输入值为负无穷大,则输出为 0;如果输入值为正无穷大,则输出为 1。Sigmoid 函数的数学表达式如下

$$f(x) = \frac{1}{1+e^{-x}} \tag{12.3}$$

Sigmoid 函数的性质类似于神经学中神经元的突触,很容易推导出导数。但是 Sigmoid 函数作为一种激活函数,在网络模型中造成了致命的问题[7],已逐渐被学者们抛弃,几乎不再使用。这是因为该函数本身存在以下缺陷:

(1) 梯度饱和度:函数值趋近于 0 或 1,函数的导数趋于 0,即当输入特别大或特别小时,饱和区附近的梯度近似为 0。对于深度网络而言,在梯度的反向传播(BP)计算中,每个层的误差近似等于 0,从而导致梯度近似等于 0。因此,在调整网络参数时,很容易出现参数离散的情况[8]。网络前几层的梯度几乎为 0,之后的参数不会被更新,特别是有多个网络隐藏层时。

(2) 函数非零中心化的输出:函数的输出均值不为 0,非零中心化的输出会使得其后一层的神经元的输入信号也是非零中心的,发生偏置偏移(Bias Shift),对梯

度有一定的影响。如果后层神经元的输入为正,则 BP 算法计算出的梯度也是正的,导致网络收敛速度慢。

Tanh 函数与 Sigmoid 函数类似,是 Sigmoid 函数的变体,也使用了 S 型非线性激活函数。它的作用是控制输入数据的输出值在－1 到 1 的范围内。如果输入的数据是无限负数,则输出－1;如果输入的数据是无限正数,则输出 1。总之 Tanh 函数的输出是有界的,并且为神经网络引入了非线性因素。Tanh 函数的数学表达式如下:

$$f(x) = 2\text{sigmoid}(2x) - 1 = \frac{e^x - e^{-x}}{e^x + e^{-x}} \tag{12.4}$$

与 Sigmoid 函数相比,Tanh 函数解决了平均输出不为零的问题,延迟了函数的饱和周期,函数的容错性能良好。一般来说,Tanh 函数的性能优于 Sigmoid 函数。但是由于其两端饱和,Tanh 激活函数仍然会造成梯度色散。

Softsign 函数也是一个 S 型非线性激活函数,它是 Tanh 函数更温和的变体。Softsign 函数的性质与 Tanh 函数类似,唯一的区别是 Softsign 函数的曲线比 Tanh 函数的曲线更加平缓。与 Sigmoid 函数相比,Softsign 函数解决了非零均值输出的问题。与 Tanh 函数相比,Softsign 函数的曲线更加平坦,导数下降得更慢,这说明 Softsign 函数可以更加有效地学习。但由于其两端饱和,Softsign 激活函数也会造成梯度色散。Softsign 函数的数学表达式如下:

$$f(x) = \frac{x}{1 + |x|} \tag{12.5}$$

图 12－2 中,上述 S 型非线性激活函数存在过饱和与梯度色散问题,这两个严重的缺点可能会导致网络训练过程中参数收敛缓慢。此外,这些缺点严重地影响了网络的训练效率。

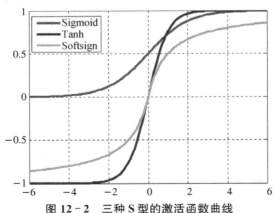

图 12－2　三种 S 型的激活函数曲线

2）ReLU 激活函数

目前,神经网络模型中最流行的激活函数是不饱和修正线性函数[9]。与传统的 S 型激活函数相比,ReLU 是一个分段函数。如果输入值小于或等于 0,则输出等于 0。如果输入值大于 0,则输出值等于输入值。ReLU 函数的数学表达式如下:

$$f(x) = \max(0, x) \tag{12.6}$$

ReLU 函数曲线如图 12-3 所示。

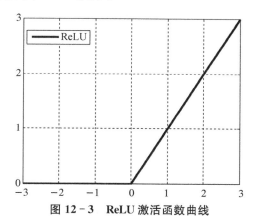

图 12-3　ReLU 激活函数曲线

与传统的 S 型激活函数相比,ReLU 函数优势明显。

（1）不饱和梯度

ReLU 的梯度（导数）式为 $1\{x > 0\}$。因此,使用梯度的 BP 计算求解梯度色散,并且可以实时调整和更新各网络层的参数。

（2）快速计算

在信号的前向传播阶段,需要计算激活函数的激活值。传统的 S 型激活函数通常需要指数运算和复杂的预处理才能获得达到与 ReLU 函数类似的结果。而 ReLU 函数只需设置阈值就可以获得激活值,避免了大量的复杂计算,加速了信号的前向传播。

基于上述两个优点,ReLU 函数可以加快网络训练过程中参数的收敛速度。但是 ReLU 函数也有严重的缺点,ReLU 函数强制将几个神经元的输出归零,从而使训练后的网络有适度的稀疏性,但这也使得 ReLU 函数在网络训练过程中变得"脆弱",加大了神经元"坏死"的概率。函数在 $x < 0$ 处的导数为 0,即函数负轴的梯度为 0。如果当前神经元在后续的训练过程中未被重新激活,则该神经元的梯度就会一直为 0,这相当于 ReLU 神经元的坏死,并且不会对任何数据再次做出反应。

总之,ReLU 函数的两端是不饱和的,梯度色散不会像 S 型激活函数中那样出现。在反向传播计算误差梯度的过程中,ReLU 函数具有网络收敛速度快的优点。

但是由于 ReLU 函数强制部分输出为零,导致了部分 ReLU 神经元坏死。

(3) SReLU 激活函数

通过前述 S 型非线性激活函数和不饱和修正线性 ReLU 函数的比较可知,深度神经网络中的 ReLU 函数相对于 Softsign 函数具有梯度不饱和、正轴方向上计算速度快的优点,但在负轴上有一个粗糙的强制稀疏处理,丢失了很多有价值的特征,导致模型学习效果不佳。过度稀疏会导致错误率较高,并且降低模型的有效容量。Softsign 函数在负轴上的稀疏性不如 ReLU 函数,避免了负轴上有价值的特征信息的丢失。但是在正轴方向上,网络的收敛速度比 ReLU 函数慢。因此,结合 ReLU 和 Softsign 函数的优点,构造出一种新的 S 型不饱和修正线性激活函数,用于深度神经网络的训练。当输入小于零时使用 Softsign 函数,当输入大于零时使用 ReLU 函数。将新的激活函数命名为 SReLU,其数学形式具体如下:

$$f(x) = \max\left(\frac{x}{1+|x|}, x\right) \tag{12.7}$$

函数曲线如图 12-4 所示。

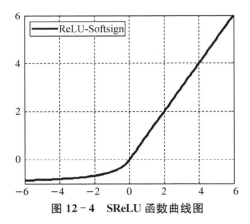

图 12-4　SReLU 函数曲线图

SReLU 函数不仅修改了数据的分布,依然保持了 ReLU 函数的快速收敛性。而且保留了几个负轴值,防止负轴信息完全丢失,解决了 ReLU 函数"易坏死"的问题。

12.3　SReLU-MLP 高分辨率遥感影像分割方法

12.3.1　数据预处理

一般来说,遥感影像中存在冗余信息和无法利用的噪声信息。为了抑制噪声,去除无用信息,提取图像的空间信息并突出显示,本章介绍的方法在数据预处理过程中使用 Lee 滤波器[10]对图像进行滤波处理。当 MLP 神经网络用于遥感影像分割时,HRSI 具有相当多的冗余信息,图像中每个像素的灰度值对应于网络中每个神经元的输入,图像像素值的大小直接影响图像分割的速度。因此,我们利用主成分分析方法(PCA)[11]有效地去除图像中的冗余信息,并尽可能保留更多有价值的信息,从而提高遥感影像分割的速度和精度。

12.3.2　SReLU-MLP 方法的详细步骤

图 12-5 展现了基于多层感知器的 HRSI 分割方法的主要步骤,具体如下:

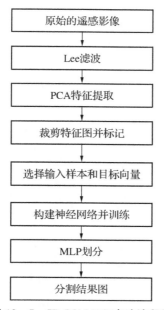

图 12-5　SReLU-MLP 方法流程图

步骤 1:使用 Lee 滤波器对原始 HRSI 进行滤波处理。

步骤 2:利用 PCA 方法对滤波后的遥感影像进行降维处理,得到新的特征图和对应的特征矩阵。

步骤 3：将新的特征图均匀地划分为大小相同的小图像，并选取几张小图像作为训练样本和测试样本。

步骤 4：选择激活函数构建 MLP 网络模型，初始化神经网络，输入训练样本，然后开始训练，直到网络误差达到设定值或达到最大训练时间，保存对应的权重和阈值。

步骤 5：选择要分割的 HRSI，并使用步骤 4 中训练好的网络模型来处理图像数据。输出向量即是遥感影像的分割结果。

步骤 6：将分割结果从向量变换为灰度图像矩阵并可视化。

12.4　实验与结果

在实际的 HRSI 上进行了影像分割实验，以验证 SReLU 激活函数和 SReLU-MLP 模型在 HRSI 分割中的有效性。实验环境为 Windows 7 操作系统，主频 3.40 GHz，内存 8 GB，实验工具为 MultiSpecWin64、MATLAB R2013b、UltraEdit v24.10.0.32(×64)、JetBrains PyCharm 2017.2.3(×64)。

12.4.1　数据集

本章使用的 HRSI 数据集是比利时皇家军事学院于 2011 年在比利时泽布吕赫 (Zeebrugge)港口和市区的机载平台上采集到的，包含七幅大小为 10 000×10 000×3 像素的影像。实验过程中选取其中两幅影像进行分割实验，具体如图 12 - 6 所示。

　　　(a) 高分辨率遥感影像 1：HRSI 1　　　　(b) 高分辨率遥感影像 2：HRSI 2

图 12 - 6　原始高分辨率遥感影像

12.4.2　实验设计

利用主成分分析对选取的遥感影像进行滤波和降维处理，得到 10 000×10 000 的特征图，将特征图切割为 20 像素×20 像素的 500×500 小图像。共选取 10 万张小图像作为训练样本，剩余的小图像作为测试集。然后，MLP 网络模型的输入样本数为 10 万个，每个样本中有 400 个输入特征数据。即输入向量的维数为 400，输入神经元的数量为 400。将 10 万个样本数据集划分为目标和背景两类，因此，输出神经元的数量为 2。基于 4 种传统激活函数和 SReLU 激活函数，设计了 5 个 MLP 网络模型用于遥感影像的分割，并与遗传算法 GA-BP 神经网络进行比较。构建的 5 个 MLP 模型的详细信息如表 12-1 所示。

使用传统的 S 型激活函数初始化网络的相关参数，构建 MLP 神经网络，具体如表 12-2 所示。当使用修正的线性激活函数构造 MLP 神经网络时，函数的性能受网络学习率的影响明显，当学习率较大时，神经元容易发生"坏死"。因此，网络的学习率应该设置为合适的小值。MLP 神经网络相关参数的初始化具体见表 12-3。

表 12-1　MLP 模型结构

网络层数/层	3
输入层的神经元数量/个	400
隐藏层的神经元数量/个	20
输出层的神经元数量/个	2

表 12-2　MLP 神经网络初始化参数(S 型激活函数)

隐藏层激活函数	Sigmoid/Tanh/Softsign
输出层激活函数	Sigmoid/Tanh/Softsign
迭代次数/次	300
学习率	0.01

表 12-3　MLP 神经网络初始化参数(修正的线性激活函数)

隐藏层激活函数	ReLU/SReLU
输出层激活函数	ReLU/SReLU
迭代次数/次	300
学习率	0.001

12.4.3　SReLU 性能验证

为了避免意外因素的影响,以下所有的数据和图表均取相同条件下 10 次实验的平均值。在 HRI 1 上分别使用 5 个 MLP 模型和 GA-BP 网络进行分割实验,实验结果如图 12－7 和表 12－4 所示。

（a）Sigmoid 函数 MLP　　　（b）Tanh 函数 MLP　　　（c）Softsign 函数 MLP

（d）ReLU 函数 MLP　　　（e）SReLU 函数 MLP　　　（f）GA-BP

图 12－7　不同模型对影像 1 的实验结果

表 12－4　不同网络模型对于影像 1 的分割精度

网络模型	激活函数	分割精度/%	时间/s
MLP 网络	Sigmoid	72.23	151
	Tanh	77.83	148
	Softsign	82.32	153
	ReLU	91.46	145
	SReLU	93.60	142
GA-BP 神经网络	—	92.51	146

图 12 - 7(a)～(c) 显示了目标区域中零星的斑点和明显的缺失区域。图 12 - 7(d)呈现出少量的零星斑点和完整的目标区域,但边缘不清晰。图 12 - 7(e)中零星斑点最少,目标图像完整,且细致地呈现出边界和折叠角度等目标区域的细节,影像分割效果最理想。图 12 - 7(f)使用 GA-BP 神经网络绘制了影像 1 分割结果中的许多碎片点,缺少部分目标信息,目标图像的边缘稍显模糊。与上面列出的几种激活函数相比,SReLU 激活函数更有利于提取 HRSI 特征信息,从而提高网络模型的抗噪性能,并获得更好的影像分割效果。此外,SReLU 函数可以更全面地保留特征信息。因此观察图 12 - 7 可知,对于目标边缘的描绘,图 12 - 7(e)比图 12 - 7(d)更加细致准确。

表 12 - 4 显示,使用 SReLU 作为激活函数的 MLP 网络对于影像 1 的分割精度为 93.60%,比以 Sigmoid、Tanh、Softsign 和 ReLU 作为激活函数的分割精度分别高 21.37、15.77、11.28 和 2.14 个百分点,比使用 GA-BP 神经网络的分割精度高 1.09 个百分点。同时,从表 12 - 4 可以看出,使用 SReLU 作为激活函数的 MLP 网络所需的处理时间最短。这些结果进一步验证了 SReLU 激活函数在 HRSI 分割中的有效性和优越性。图 12 - 8 给出了使用不同激活函数对影像 1 进行分割实验时,5 个 MLP 网络的分割精度随训练次数的变化曲线。显然,SReLU 激活函数提取特征信息的性能优于其他 4 种激活函数。理论上,Sigmoid 和 Tanh 函数不如 Softsign 函数性能好。影像 1 的分割实验结果也验证了这一结论。因此,在影像 2 的分割实验中,我们仅使用由 Softsign、ReLU 和 SReLU 作为激活函数构建的 MLP,以及 GA-BP 网络进行对比实验。相应的分割结果如图 12 - 9 和表 12 - 5 所示。

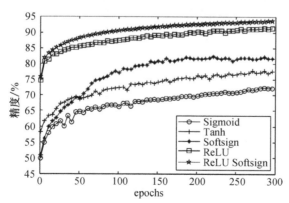

图 12 - 8　5 个 MLP 网络的分割精度随训练次数的变化曲线

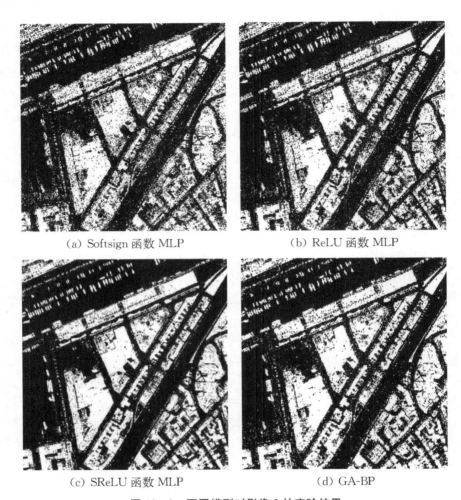

(a) Softsign 函数 MLP　　　　　　　(b) ReLU 函数 MLP

(c) SReLU 函数 MLP　　　　　　　(d) GA-BP

图 12-9　不同模型对影像 2 的实验结果

表 12-5　不同网络模型对于影像 2 的分割精度

网络模型	激活函数	分割精度/%	时间/s
MLP 网络	Softsign	83.09	146
	ReLU	89.78	140
	SReLU	92.68	137
GA-BP 神经网络	—	90.83	139

图 12-9(a)、(b)和(d)显示了许多噪声点,目标图像的边缘模糊。特别是图 12-8(a)中噪声点很多,目标图像的信息显然是不完整的。相比之下,图 12-9(c)中噪声点很少、目标图像信息完整、边界清晰,展现出最佳的分割结果。表 12-5

显示,在影像 2 的分割实验中,使用 SReLU 激活函数的 MLP 网络的分割精度为 92.68%,明显高于其他网络,且该网络花费的处理时间也最短。这一实验结果证实了 SReLU 函数有利于遥感影像特征的提取,并且可以尽可能全面地保留有价值的信息,以提高 HRI 网络模型的分割精度。

12.5　结论

通过比较分析几种传统激活函数和常用激活函数的优缺点,本章介绍了一种新的激活函数 SReLU。SReLU 函数结合了 Softsign 和 ReLU 函数的优点。不仅修改了数据的分布,更全面地挖掘出有价值的特征信息,而且继承了 ReLU 函数的快速收敛性,解决了 ReLU 神经元的坏死问题。使用基于 SReLU 函数的 MLP 网络对多幅 HRI 进行分割实验,实验结果表明,本章介绍的 SReLU 激活函数以及 SReLU-MLP 模型对遥感影像分割精度和网络收敛速度的提高均产生了积极的影响。

参考文献

[1] WANG C Y, XU A G, JANG Y, et al. Interval type-2 fuzzy based neural network for high resolution remote sensing image segmentation[J]. Journal of Signal Processing, 2017(5):711 - 720.

[2] WANG W C, ZOU W B. Methods of extraction in high resolution remote sensing image information [J]. Beijing Surveying and Mapping, 2013 (5):1 - 5.

[3] YANG D, LU A X, WANG J H. Classification of cooked beef, lamb, and pork using hyperspectral imaging[J]. International Journal of Robotics and Automation, 2018, 33(3): 293 - 301.

[4] ZHAO Y L, DENG B M, WANG Z R. Analysis and study of perceptron to solve XOR problem[C]//The 2nd International Workshop on Autonomous Decentralized System. November 7 - 7, 2002, Beijing, China. IEEE, 2003: 168 - 173.

[5] ZHU L, LI X. BBO optimization method for image classification based on multi-layer perceptron[J]. Journal of Sichuan Normal University (Natural Science), 2015, 38(6):930 - 937.

[6] CHENG Z. Research and application of large scale multilayer perceptron neural network[D]. Jilin: Jilin University, 2016.

[7] HUANG Y，DUAN X，SUN S，et al. A study of training algorithm in deep neural networks based on sigmoid activation function [J]. Computer Measurement & Control，2017，25(2)：126-129.

[8] WANG S，TENG G. Optimal design of ReLU activation function in convolutional neural networks[J]. Information & Communications，2018(1)：42-43.

[9] GUO Z Y，SHU X，LIU C Y，et al. A recognition algorithm of flower based on convolution neural network with ReLU function [J]. Computer Technology and Development，2018，28(5)：154-157,163.

[10] SHARMA R，PANIGRAHI R K. Stokes based sigma filter for despeckling of compact PolSAR data[J]. IET Radar，Sonar & Navigation，2018，12(4)：475-483.

[11] WU L Y，WEI S N，ZHOU B B，et al. Hierarchical extreme learning machine gesture recognition method based on PCA dimension reduction[J]. Electronic Measurement Technology，2017，40(3)：82-88.

思考题

1. 什么是多层感知器？说明其基本结构。

2. 神经网络模型中常用的激活函数有哪些？比较分析各自的优缺点。

3. 什么是S型校正线性单元激活函数SReLU？其结构特点和优势是什么？能解决什么问题？

4. 基于SReLU激活函数的多层感知器网络模型如何提高HRSI分割精度？

第十三章
用于快速目标识别的高分辨率遥感影像分割方法

脉冲耦合神经网络(PCNN)是一种基于猫视觉原理的简化神经网络模型。与传统神经网络相比,PCNN 无需学习或者训练就能够从复杂的背景中提取出有效信息,广泛应用于影像分割、边缘检测等领域。但是由于传统的 PCNN 阈值函数下降速度较慢,导致网络中遥感影像的分割速度也较慢。本章对阈值函数的改进展开研究,改进的阈值函数用线性递减的阈值代替了传统的指数递减阈值,从而加快了阈值下降的速度,减少了网络迭代次数。实验结果表明,利用改进的阈值函数构造 PCNN 进行遥感影像分割,可以获得更快的分割速度,能够更好地应用于快速目标识别。

13.1　引言

当脉冲耦合神经网络 PCNN 用于影像分割时[1-2],可以解决影像目标和背景区域之间的重叠问题,忽略同一区域中像素之间微小的灰度差异,同时补偿同一区域中的空间间隙,因此 PCNN 的使用非常广泛。与传统的神经网络相比,PCNN 可以在不训练的情况下实现影像分割,而分割参数的选择对于影像的分割结果至关重要[3]。复杂 PCNN 模型有几个难以确定的参数,因此,在实际应用中,人们通常使用简化的 PCNN 模型。在简化的 PCNN 模型中,网络的阈值函数是最重要的参数,对分割结果的影响最大。

在传统的 PCNN 模型中,采用指数衰减阈值函数,阈值下降缓慢。影像的阈值分割是基于影像的目标区域和影像背景之间的像素灰度特征差异来进行的。影像被认为是目标区域和背景区域的组合,每个区域具有不同的灰度。选择合适的阈值来确定影像中的每个像素应该属于目标区域还是背景区域,从而生成相应的二值图像[4]。换言之,目标与背景之间的像素灰度值差异远大于同一属性目标之间的像素灰度值差异。因此,在影像分割过程中使用指数递减的阈值函数没有必要,还会增加算法的计算时间和复杂度。

针对上述问题,本章介绍的方法使用线性递减的阈值函数来改进 PCNN 阈值函数,以降低算法的复杂性,减少影像分割时间。与经典的模糊 C 均值算法[5-7]和 Otsu 算法[8-10]相比,该方法具有更快的分割速度,能够更好地应用于快速目标识别。

13.2 简化的 PCNN 模型和算法

13.2.1 简化的 PCNN 模型

与传统的神经网络类似,如图 13-1 所示,PCNN 也是由多个 PCNN 神经元相互连接而成的反馈网络[11]。PCNN 神经元是构成 PCNN 的基本单元。每个神经元都是一个集成的、动态的、非线性的系统。它主要由三部分组成:接收域、调制域和脉冲发生器[12]。其简化模型和数学表达式具体如式(13.1)~式(13.5)所示[13-17]:

$$F_{ij}[n] = I_{ij} \tag{13.1}$$

$$L_{ij}[n] = V_L \sum_{kl} W_{ijkl} Y_{kl}[n-1] \tag{13.2}$$

$$U_{ij}[n] = F_{ij}[n](1 + \beta L_{ij}[n]) \tag{13.3}$$

$$Y_{ij}[n] = \begin{cases} 1, & U_{ij}[n] > \theta_{ij}[n-1] \\ 0, & \text{其他} \end{cases} \tag{13.4}$$

$$\theta_{ij}[n] = e^{-\alpha_\theta} \theta_{ij}[n-1] + V_\theta Y_{ij}[n-1] \tag{13.5}$$

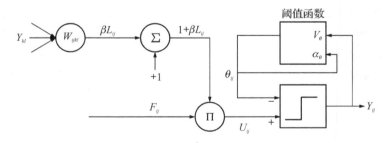

图 13-1 简化的 PCNN 模型的神经元

式(13.1)和式(13.2)表示 PCNN 的接收域,其作用是接收其他神经元的输入和外部刺激信号。接收域由两个并行通道传输,即神经元反馈输入 F_{ij} 和耦合连接输入 L_{ij}。式中:I_{ij}、下标 ij 和下标 n 分别表示影像中像素(i,j)的灰度值、对应神经元的标签和迭代次数;k 和 l 是神经元之间的连接范围;Y_{ij} 是神经元的输出,表示神经元是否被激发;V_L 表示连接幅度常数;W_{ijkl} 是神经元反馈输入场的连接矩阵。式(13.3)是调制域的数学表达式,式中:U_{ij} 和 β 分别表示神经元的内部活动项和突触连接系数。β 的作用是调节相邻神经元之间的连接强度，β 值越大，越容易触发同步脉冲的输出，输出范围也越大。式(13.4)和式(13.5)是脉冲产生部分的数学模型，由激励函数发生器、可变阈值调节器和比较器组成。式中：α_θ 和 V_θ 分别表示阈值的衰减系数和幅度系数，α_θ 调整阈值的衰减速度，V_θ 决定阈值增加的幅度。脉冲的产生主要取决于此时神经元内部的活动项 U_{ij} 的值是否大于动态阈值 θ_{ij}。如果 $U_{ij}(n) > \theta_{ij}(n)$，神经元 (i,j) 将被激发，输出值 Y_{ij} 为 1；否则，神经元不被点燃，输出为 0。随着 α_θ 值的增大，θ_{ij} 值减小的速度会更快，脉冲也更容易出现。反之，若 α_θ 较小，则 θ_{ij} 的下降速度相应较慢，脉冲的产生也更加困难。经过多次迭代后，神经元产生的脉冲数量将减少。θ_{ij} 的初始值由阈值幅度系数 V_θ 决定，如果 V_θ 的值设置得足够大，则每个神经元仅被激活一次。

13.2.2　参数的计算

1) 连接系数的计算

连接系数 β 的作用是调节相邻神经元之间的连接强度。它可以反映 PCNN 中相邻神经元点火范围的大小。β 值越大，低强度神经元被点燃的可能性越大，同步脉冲的输出范围也越大。相反，β 值越小，附近能够被点燃的神经元数量越少，点燃范围也越小[18-19]。在该算法中，原始图像的归一化标准差被用作 PCNN 中 β 的大小的度量，数学表达式具体如式(13.6)所示[20]：

$$\beta = \sigma \tag{13.6}$$

式中：σ 是归一化图像的标准差。

2) 迭代次数的计算

传统的 PCNN 分割算法需要多次手动实验才能确定准确的网络迭代次数，因此分割结果相对随机。本章阐述的方法使用最小交叉熵计算最优迭代次数，计算最小交叉熵的过程就是获取 PCNN 最佳迭代次数的过程。在每次迭代完成后，计算输出二进制和原始图像的交叉熵。比较每次计算出的交叉熵，得出最小交叉熵，此时的迭代次数就是 PCNN 的最佳迭代次数，且二值图像就是理想的自动分割结果[21]。

接下来介绍交叉熵，假设有两个概率分布 $P = \{p_1, p_2, \cdots, p_n\}$ 和 $Q = \{q_1, q_2, \cdots, q_n\}$，$D$ 表示这两个概率分布的交叉熵信息，则 D 的表达式如式(13.7)所示[22-23]：

$$D(Q, P) = \sum_{k=1}^{n} q_k \log_2 \frac{q_k}{p_k} \tag{13.7}$$

在物理意义上，D 表示概率分布 P 和 Q 之间的理论信息距离[24]。简单来说，它描述从分布 P 到 Q 的变化所带来的信息量的变化。对应于影像分割，它是指原始影像被分割后,影像所包含信息量的变化。影像分割的最优准则是最小化原始影像和分割影像之间信息量的变化。因此,应该最小化原始影像和分割影像之间的交叉熵。

接下来我们对最小交叉熵的计算过程进行简单分析。假设分布 a 表示原始影像的灰度分布,每个元素 b 表示不同灰度级的灰度分布,分布 c 表示分割影像(二值图像)的灰度分布,则:[22-23]

$$N = \sum_{i=0}^{L-1} n_i \tag{13.8}$$

$$h_i = \frac{n_i}{N} \tag{13.9}$$

$$p_i = ih_i \tag{13.10}$$

$Q = \{\mu_1, \mu_2\}$,其中

$$\mu_1 = \frac{\sum_{j=1}^{t-1} jh_j}{\sum_{j=1}^{t-1} h_j} \tag{13.11}$$

$$\mu_2 = \frac{\sum_{j=t}^{L} jh_j}{\sum_{j=t}^{L} h_j} \tag{13.12}$$

式中:L 表示原始影像的灰度;n_i 表示划分为第 i 层灰度值的像素个数;N 表示原始影像的像素个数;H 表示原始影像的统计直方图;μ_1 和 μ_2 分别表示分割后的二值影像中目标区域和背景区域的平均灰度值;t 表示影像分割过程中使用的阈值。

由式(13.7)很容易推导出概率分布 P 和 Q 之间交叉熵的计算公式,具体如式(13.13)所示:[22-23]

$$\begin{aligned}
D(t) &= \sum_{j=1}^{t-1} jh_j \log\left(\frac{jh_j}{j\mu_1}\right) + \sum_{j=t}^{L} jh_j \log\left(\frac{jh_j}{j\mu_2}\right) \\
&= \sum_{j=1}^{t-1} jh_j \log\left(\frac{h_j}{\mu_1}\right) + \sum_{j=t}^{L} h_j \log\left(\frac{h_j}{\mu_2}\right)
\end{aligned} \tag{13.13}$$

因此,在影像分割的迭代过程中,交叉熵最小的迭代次数就是影像分割的最优迭代次数。

13.3　改进的阈值函数

式(13.5)为阈值函数,其中,将 V_θ 设置为一个较大的值。假设将动态阈值初

始化为 0，$V_\theta=255$，$\alpha_\theta=0.1$。当 $n=0$ 时，则 $U_{ij}[0]=F_{ij}[0]=I_{ij}>0$，$\theta_{ij}[0]=0$，$U_{ij}>\theta_{ij}$，$Y_{ij}[0]=1$。此时，$\theta_{ij}$ 也受该神经元的影响，从 0 增加到 255。经过一段时间后，θ_{ij} 随 n 呈指数下降趋势，U_{ij} 暂时小于 θ_{ij}，Y_{ij} 始终为 0，直到 θ_{ij} 降至某个值，即当 $n=n_1$ 时，U_{ij} 再次大于 θ_{ij}，神经元开始第二次点火，Y_{ij} 再次升高。假设当 $n=8$ 时，神经元第二次点火，即动态阈值减少了 8 次，依次为 230.733 5、208.776 3、188.908 6、170.931 6、154.665 3、139.947 0、126.629 3 和 114.578 9。第一次下降了 24.266 5；第二次减少 21.957 2；第三次下跌 19.867 7。可以观察到阈值的变化呈指数下降的形式，如图 13-2 所示。

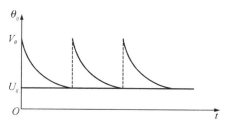

图 13-2　标准的阈值函数

但是如果网络实时性要求较高或者网络数据量极大时，阈值以指数递减的形式下降得很慢，从而影响网络的分割速度。为了解决这个问题，我们尝试将阈值的变化表示为线性下降，而非原始的指数下降的形式，具体如图 13-3 所示。假设每次迭代时动态阈值的下降速度都与第一次相同，即减少了 24.266 5，那么当 $n=6$ 时，动态阈值已经下降到 109.401，满足了第二次点火的条件，并且节省了另外两次迭代的操作时间。类似地，在第三次、第四次……时，迭代次数都会相应减少，最终减少迭代总数，从而节省计算时间并且提高网络的分割速度。

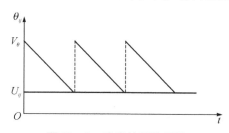

图 13-3　改进的阈值函数

改进的阈值函数可以表示为：

$$\theta_{ij}[n]=\theta_{ij}[n-1]-d+V_\theta Y_{ij}[n-1] \tag{13.14}$$

d 的值由标准阈值函数首次迭代的阈值变化确定，具体如下：

$$d=\theta_{ij}[1]-e^{-\alpha_\theta}\theta_{ij}[1] \tag{13.15}$$

随着阈值的减小，网络的迭代次数也随之减少，其近似值也由标准阈值函数首次迭代的阈值变化决定。具体表达式如下：

$$n' = \frac{\theta_{ij}[1] - \theta_{ij}[n]}{d} \tag{13.16}$$

式中：n'表示新的迭代次数。

13.4　影像分割实验和结果分析

13.4.1　影像分割步骤

基于 PCNN 的遥感影像分割步骤具体如下：

步骤 1：对原始遥感影像进行滤波处理。一般来说，遥感影像包含噪声和其他无用信息。滤波处理能够抑制噪声、去除无用信息、提取并突出影像的空间信息。本章的实验过程中使用中值滤波。

步骤 2：初始化 PCNN。根据待输入的遥感影像，设置并初始化 PCNN 中的相应参数，包括 V_L、W_{ijkl}、β、α_θ 和 V_θ。

步骤 3：使用最小交叉熵准则自适应地确定 PCNN 分割的最佳迭代次数。

步骤 4：在耦合状态下启动 PCNN 网络，并对遥感影像进行点火分割。如果未达到迭代次数，则继续下一次点火。如果达到迭代次数，则停止网络并生成分割结果图。

基于 PCNN 的遥感影像分割流程图见图 13-4。

13.4.2　实验环境和参数设置

为了验证前述方法的有效性，通过仿真实验，将其实际应用于三幅遥感影像的分割过程。实验测试环境为 Windows 7、主频 3.40 GHz、内存 8 GB 的 PC。使用的工具是 MATLAB R2013b。

基于传统和改进的阈值函数，设计了两种不同的 PCNN，即传统的 PCNN 和改进的 PCNN，用于遥感影像的分割。然后，将这两个模型与模糊 C 均值算法和 Otsu 算法进行比较。实验过程中使用了三幅遥感影像，影像 1,2,3 的大小分别为 623 像素×427 像素，615 像素×461 像素，277 像素×277 像素，灰度级均为 256。神经网络的参数设置具体如表 13-1 所示。

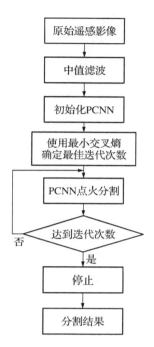

图 13-4　基于 PCNN 的遥感影像分割流程图

表 13-1　PCNN 参数表

参数	V_L	W	α_θ	V_θ	β	n	
						PCNN	改进的 PCNN
影像 1					0.153 6	16	9
影像 2	0.2	$[0.707\ 1\ 0.707;1\ 0\ 1;0.707\ 1\ 0.707]$	0.1	255	0.182 0	15	8
影像 3					0.143 9	10	6

13.4.3　影像分割结果分析

采用上述四种方法依次对三幅影像进行分割,影像 1、影像 2 和影像 3 的分割结果分别如图 13-5、图 13-6 和图 13-7 所示,每种方法的收敛时间具体见表 13-2。

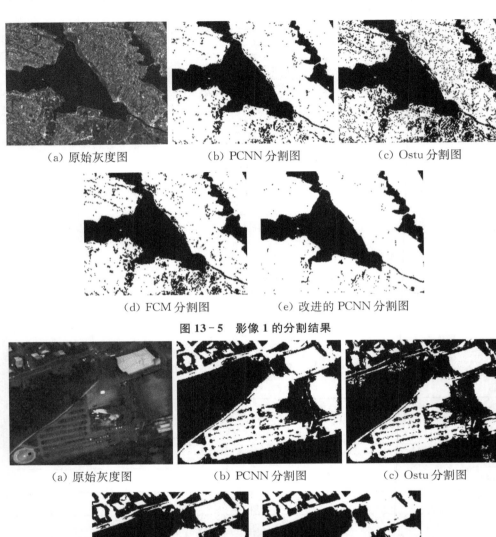

（a）原始灰度图　　　　　　（b）PCNN 分割图　　　　　　（c）Ostu 分割图

（d）FCM 分割图　　　　　（e）改进的 PCNN 分割图

图 13-5　影像 1 的分割结果

（a）原始灰度图　　　　　　（b）PCNN 分割图　　　　　　（c）Ostu 分割图

（d）FCM 分割图　　　　　（e）改进的 PCNN 分割图

图 13-6　影像 2 的分割结果

（a）原始灰度图

（b）PCNN 分割图

（c）Ostu 分割图

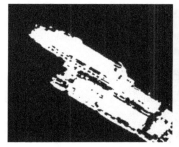
（d）FCM 分割图

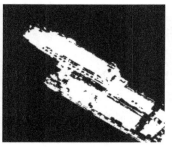
（e）改进的 PCNN 分割图

图 13-7　影像 3 的分割结果

表 13-2　不同分割方法的收敛时间　　　　　　　　　　　　　　　　单位：s

影像分割方法	影像 1	影像 2	影像 3
PCNN	11. 041 807	26. 258 983	4. 102 289
Otsu	0. 140 431	2. 531 051	0. 263 684
FCM	16. 518 150	31. 735 326	5. 798 680
改进的 PCNN	6. 180 282	13. 949 493	2. 054 532

由表 13-2 可知，对于影像 1，改进前的 PCNN 的收敛时间为 11. 041 807 s，分割效果良好。Otsu 算法虽然分割时间最短，仅为 0. 140 431 s，但如图 13-5（c）所示，其分割效果最差。由于 FCM 影像分割过程是影像像素的迭代过程，因此 FCM 算法的分割时间最长，为 16. 518 150 s。因此，该算法的时间复杂度较大，分割效果也比较差。改进后的 PCNN 的分割时间为 6. 180 282 s，与改进前的 PCNN 相比，分割时间减少了近一半，分割效果显著提高。

继续分析影像 2 和影像 3 的分割结果，由表 13-2 可知，对影像 2 和 3，Otsu 算法的分割时间最短，但如图 13-6（c）和图 13-7（c）所示，其分割效果也最差。FCM 算法的分割时间最长，时间复杂度较大，分割效果也较差。改进后的 PCNN 分割时间同样比改进前的 PCNN 缩短了近一半，分割效果也得到增强。

三幅影像的分割结果显示,对于主要目标的分割,使用 Otsu 和 FCM 算法时,分割结果不清晰。尤其是 Otsu 算法分割图中可以观察到大量的噪声点,影像的边缘分割也比较粗糙,分割效果最差。当 PCNN 和改进的 PCNN 用于影像分割时,启动耦合状态下的 PCNN[25] 网络,相邻的神经元之间会发生耦合,因此具有相似特性的神经元可以同时激发放电脉冲,点火次数大致相同。这种现象解决了 Otsu 和 FCM 算法中的空间不相干问题,并且完整地保留了影像的区域信息。因此,PCNN 和改进的 PCNN 的影像分割效果良好,而改进的 PCNN 的分割速度显著提高。

13.5　结论

本章介绍的影像分割方法改进了传统的 PCNN 模型,提出一种新的阈值函数来改进传统 PCNN 的阈值下降速度,从而减慢网络中遥感影像的分割过程。改进的阈值函数用线性递减阈值代替指数递减阈值,提高了阈值下降的速度,并且减少了网络迭代的次数。基于此改进的阈值函数设计了一种改进的 PCNN 用于遥感影像分割,并进行了仿真实验。实验过程中比较了 PCNN、改进的 PCNN、模糊 C 均值和 Otsu 算法的影像分割效果。实验结果表明,改进算法能够有效地提高遥感影像的分割速度。

参考文献

[1] XU G Z, LI X Y, LEI B J, et al. Unsupervised color image segmentation with color-alone feature using region growing pulse coupled neural network [J]. Neurocomputing, 2018, 306: 1 - 16.

[2] ZHOU D G, SHAO Y H. Region growing for image segmentation using an extended PCNN model[J]. IET Image Processing, 2018, 12(5): 729 - 737.

[3] SHEN J, HAN L, XU M X, et al. Focused-region segmentation for refocusing images from light fields[J]. Journal of Signal Processing Systems, 2018, 90(8/9): 1281 - 1293.

[4] CHEN J Q, GUAN B L, WANG H L, et al. Image thresholding segmentation based on two dimensional histogram using gray level and local entropy information [J]. IEEE Access, 2017, 6: 5269 - 5275.

[5] CHEN Y Y, LIANG Z W. Closed-loop detection algorithm using visual words[J]. International Journal of Robotics and Automation, 2014, 29(2):

155 – 161.

[6] WANG L, YE X F, WANG G B, et al. A fast hierarchical MRF sonar image segmentation algorithm [J]. International Journal of Robotics and Automation, 2017, 32(1): 18 – 54.

[7] ZHAO F, LIU H Q, FAN J L, et al. Intuitionistic fuzzy set approach to multi-objective evolutionary clustering with multiple spatial information for image segmentation[J]. Neurocomputing, 2018, 312: 296 – 309.

[8] SATAPATHY S C, SRI MADHAVA R N, RAJINIKANTH V, et al. Multi-level image thresholding using Otsu and chaotic bat algorithm[J]. Neural Computing and Applications, 2018, 29(12): 1285 – 1307.

[9] RAPAKA S, KUMAR P R. Efficient approach for non-ideal iris segmentation using improved particle swarm optimisation-based multilevel thresholding and geodesic active contours[J]. IET Image Processing, 2018, 12(10): 1721 – 1729.

[10] LI J F, TANG W Y, WANG J, et al. Multilevel thresholding selection based on variational mode decomposition for image segmentation[J]. Signal Processing, 2018, 147: 80 – 91.

[11] SHEN Y, ZHANG X, HAN H, et al. Research of image segmentation technology based on PCNN[J]. Modern Electronics Technique, 2014(2): 38 – 41.

[12] WEI S, HONG Q, HOU M S. Automatic image segmentation based on PCNN with adaptive threshold time constant[J]. Neurocomputing, 2011, 74(9): 1485 – 1491.

[13] ZHOU X. Study of image segmentation based on pulse coupled neural networks[J]. Beijing: Beijing Jiaotong University, 2016.

[14] ZHOU D G, GAO C, GUO Y C. A coarse-to-fine strategy for iterative segmentation using simplified pulse-coupled neural network [J]. Soft Computing, 2014, 18(3): 557 – 570.

[15] SZEKELY A G, LINDBLAD T. Parameter adaptation in a simplified pulse-coupled neural network[J]. International Society for Optics and Photonics, 1999, 3728: 278 – 285.

[16] ZHOU D G, ZHOU H, GAO C, et al. Simplified parameters model of PCNN and its application to image segmentation[J]. Pattern Analysis and Applications, 2016, 19(4): 939 – 951.

[17] XIAO Z H, SHI J, CHANG Q. Image segmentation with simplified PCNN [C]//2009 2nd International Congress on Image and Signal Processing.

October 17 – 19，2009，Tianjin，China. IEEE，2009：1 – 4.

[18] YANG N，CHEN H J，LI Y F，et al. Coupled parameter optimization of PCNN model and vehicle image segmentation[J]. Journal of Transportation Systems Engineering and Information Technology，2012，12(1)：48 – 54.

[19] CHEN Y L，PARK S K，MA Y D，et al. A new automatic parameter setting method of a simplified PCNN for image segmentation[J]. IEEE Transactions on Neural Networks，2011，22(6)：880 – 892.

[20] HUANG G. Research on image segmentation algorithm based on pulse coupled neural network[D]. Xi'an：Xidian University，2013.

[21] MA Y D，DAI R L，LI L. Automated image segmentation using pulse coupled neural networks and image's entropy[J]. Journal of China Institute of Communications，2002，23(1)：46 – 50.

[22] LI C H，LEE C K. Minimum cross entropy thresholding[J]. Pattern Recognition，1993，26(4)：617 – 625.

[23] LI C H，TAM P K S. An iterative algorithm for minimum cross entropy thresholding[J]. Pattern Recognition Letters，1998，19(8)：771 – 776.

[24] BRINK A D，PENDOCK N E. Minimum cross-entropy threshold selection [J]. Pattern Recognition，1996，29(1)：179 – 188.

[25] NIE R. Research on theory analysis and applications for critical characteristics pulse coupled neural network[D]. Kunming：Yunnan University，2013.

思考题

1. 什么是脉冲耦合神经网络？说明其优缺点以及模型参数的计算方法。
2. 阐述改进 PCNN 阈值函数的方法和依据。
3. 如何用改进后的 PCNN 模型分割高分辨率遥感影像用于快速目标识别？